『十二五』国家重点图书出版规划项目

国家出版基金资助项目

国家出版基金项目
NATIONAL PUBLICATION FOUNDATION

民国乡村建设

晏阳初

华西实验区档案选编·经济建设实验

伍

⑤

目录

华西实验区农业组蔬菜产区概况调查表（调查地点：重庆市第十区） 9-1-260（57）

中華平民教育促進會華西实验区農業组
格式—中—1.1950.1.31.

蔬菜產區概況調查表

存檔號数＿＿號

（1）地点 重庆市 縣 第十區 鄉 24 保 4 甲 [illegible] 小地名
（2）園主姓名 王[illegible] （3）農場面積 0.6 畝 （4）土地所有权 個人
（5）勞工数量 18 日 （6）調查週年期 1 年自1949年2月15日起至1949年2月4日止
（6）調查員姓名 王[illegible] 宋衍祥

已制卡

（甲）蔬菜栽培及虫害情形

	蔬菜名称	種苗来源	生長時期	栽培面積	產（斤）量	蟲害名稱	為害時期	主用防治法	損失數量	為害程度%	說設
第一季	三月豆	[illegible]	[illegible]	0.4畝	800斤						
	南瓜	[illegible]	[illegible]	0.2畝	600斤	[illegible]	2-3月	—	100斤	15%	
第二季											
第三季											

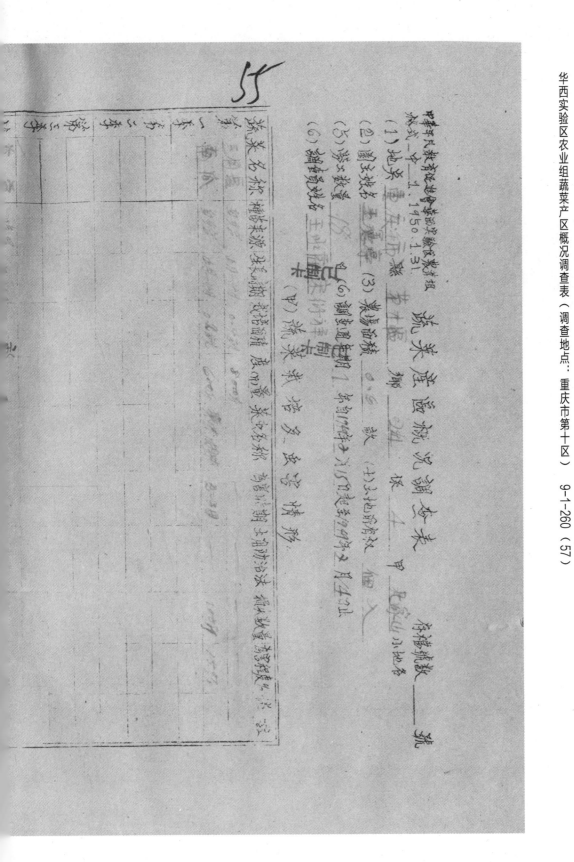

(五)施肥状况

蔬菜名称	肥料种类	来源	施用时期	施用数量(市)	是否缺乏	备考
[illegible]	[illegible]	自给	7月—12月	600斤	缺	
[illegible]	灰，粪水	〃	7月—11月	600斤	〃	
[illegible]	灰，粪水	〃	7月—11月	500斤	〃	
三月豆	粪水	〃	7月—4月	1000斤	〃	
南瓜	粪水	〃	1月—4月	800斤	〃	

(六)[illegible]状况

少部份自运至磁器口零售，大部份运至重庆由菜贩零售

华西实验区农业组蔬菜产区概况调查表（调查地点：重庆市第十区）　9-1-260（57）

华西实验区农业组蔬菜产区概况调查表（调查地点：重庆市第十区） 9-1-260（58）

59

中华平民教育促进会华西实验区农业组
公式—中—1.1950.1.31

蔬菜产区概况调查表

存档号数____号

（1）地点 重庆市 县 第十区 乡 24 保 4 甲 石宝山 小地名

（2）园主姓名 王汉卿 （3）农场面积 0.8 亩 （4）土地所有权 个人

（5）劳工数量 24 日 （6）调查周年期 1 年自49年2月15日起至49年2月4日止

（6）调查员姓名 王水蓉 宋衍福

已制卡

已制卡

（甲）蔬菜栽培及虫害情形

	蔬菜名称	种苗来源	生长时期	栽培面积	产量	病虫名称	为害时期	土用防治法	损失数量	为害程度%	备注
第一季	三月豆	自留	1月—4月	0.4亩	1000斤	地蚕	2月—3月		100斤	10%	
	黄瓜	〃	1月—4月	0.2	800斤	守瓜、地蚕	2月—3月		150斤	18%	
	南瓜	〃	1月—4月	0.2	500斤	守瓜，地蚕	2月—3月		50	10%	
第二季											
第三季											

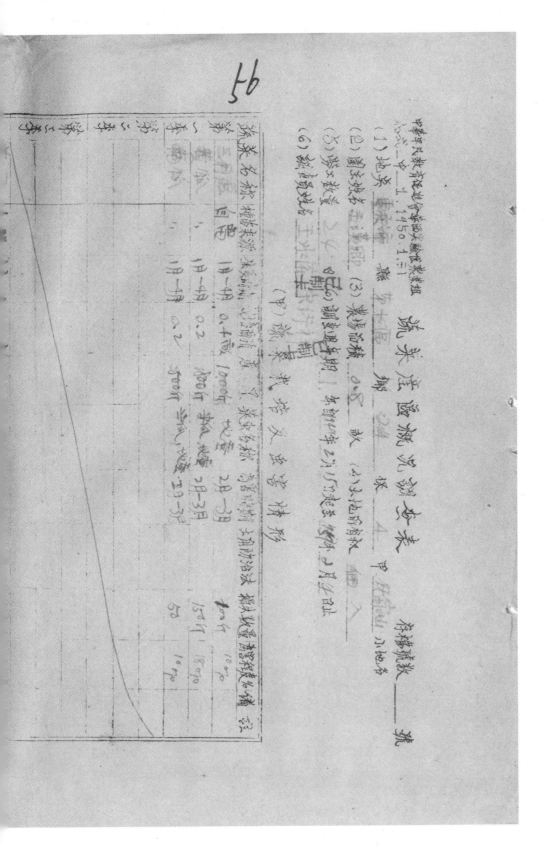

季	白菜	〃	8月—12月	0.2	400斤	猪叶虫	8月—9月		50	12%

(乙)施肥狀況

蔬菜名稱	肥料種類	來源	施用時期	施用數量(斤)	是否缺乏	備註
三月豆	人糞尿	自給	1月—3月	1500斤	缺	
黃瓜	〃	〃	1月—3月	1000斤	〃	
南瓜	〃	〃	1月—3月	600斤	〃	
萵苣	〃	〃	8月—12月	1000斤	〃	
莧菜	〃	〃	8月—11月	1000斤	〃	
白菜	〃	〃	8月—11月	800斤	〃	

(丙)略述運銷狀況

一部份運到綠溪口去售，大部份由菜販運至重庆去售，菜販抽10%

105

华西实验区农业组蔬菜产区概况调查表（调查地点：重庆市第十区）　9-1-260（58）

华西实验区农业组蔬菜产区概况调查表（调查地点：重庆市第十区） 9-1-260（59）

57

中華平民教育促進會華西實驗區農業組
表式 中 1. 1950.1.31.

蔬菜產區概況調查表

存檔號數____號

(1) 地點 重慶市 縣 第十區 鄉 24 保 3 甲 梁沱 小地名
(2) 園主姓名 周全安 (3) 農場面積 1.2 畝 (4) 土地所有權 佃入
(5) 勞工數量 3 (6) 調查週年期 1949年2月15日起至1950年2月14日止
(7) 調查員姓名 王兆[illegible]

(甲) 蔬菜栽培及蟲害情形

	蔬菜名稱	種苗來源	生長時期	栽培面積	產(市)量	菜蟲名稱	為害時期	主用防治法	損失數量	為害程度%	備註
第一季	三月瓜	自育	1月-4月	0.8畝	1300斤		2月-3月		300斤	23%	
	黃瓜	自育	1月-4月	0.2	500斤	守瓜、地蠶	2月-3月		100斤	20%	
	南瓜	自育	1月-4月	0.2	700斤	〃	2月-3月		100斤	16%	
第二季											
第三季											

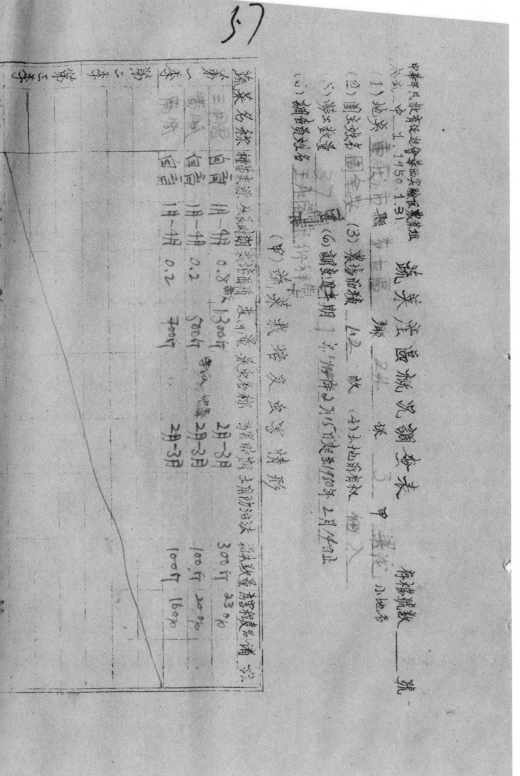

芋	莲菜	8月-12月	0.2	500斤	8月-9月	100斤	20%

(乙)施肥状况

蔬菜名称	肥料种类	来源	施用时期	施用数量(斤)	是否缺乏	备注
三月豆	人粪尿	自给,买	1月—3月	1500斤	缺	以经济情况而定购肥数量
黄瓜	〃	自给,买	1月—3月	600斤	〃	
南瓜	〃	〃	1月—3月	600斤	〃	
莴苣	粪尿	〃	8月—12月	1200斤	〃	
菠菜	灰粪尿	〃	8月—11月	1000斤	〃	
萝卜	〃	〃	8月—11月	1000斤	〃	

(丙)略述运销状况

除由销售及零星挑担过路运售，大部由菜商运至重庆出售，菜商抽10%

106

华西实验区农业组蔬菜产区概况调查表（调查地点：重庆市第十区） 9-1-260（59）

华西实验区农业组蔬菜产区概况调查表（调查地点：重庆市第十区） 9-1-260（60）

中華平民教育促進會華西實驗區農業組
格式 甲 1 1950.1.31.

蔬菜產區概況調查表

存檔號數 ______ 號

(1)地点 重慶市 縣 第十區 鄉 24 保 3 甲 梁沱 小地名

(2)園主姓名 周芝福 (3)農場面積 1 畝 (4)土地所有权 佃入

(5)勞工數量 3人 (6)調查周年期 1 年 自1949年2月15日起至1950年2月14日止

(7)調查員姓名 宋衍祥 王永康

(甲) 蔬菜栽培及虫害情形

	蔬菜名稱	種苗來源	生長時期	栽培面積(畝)	產量(斤)	病虫名稱	為害時期	採用防治方法	損失數量(斤)	為害程度%	備註
第一季	三月豆	自留	1月—4月	0.8畝	1000斤				100斤	10%	
	南瓜	自留	1月—4月	0.2	300斤	蚜虫、地蚕	2月—3月		50斤	12%	
第二季											
第三季											

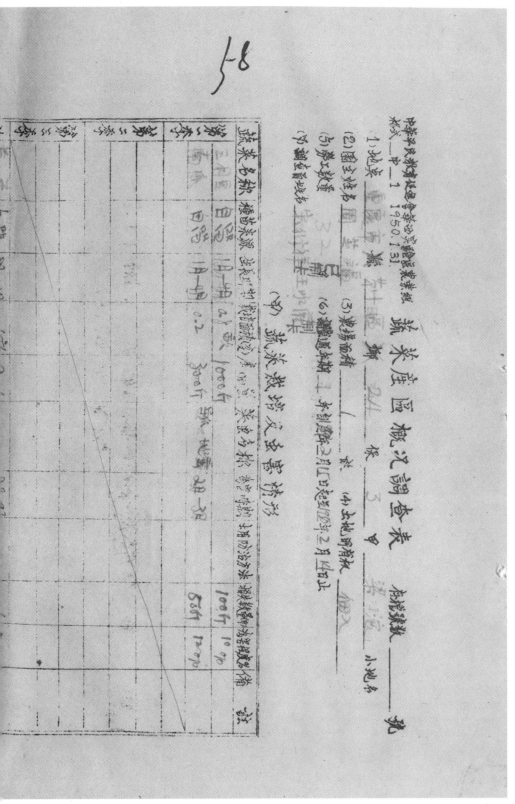

（乙）施肥狀況

蔬菜名称	肥料種類	來源	施用時期	施用数量(斤)	是否缺乏	備註
三月豆	人糞尿	自給	2月—3月	1200斤	缺	
南瓜	〃	〃	1月—3月	500斤	〃	
萵苣	〃	〃	8月—12月	1000斤	〃	
青菜	灰糞尿	〃	8月—11月	800斤	〃	
茄子	灰糞尿	〃	8月—11月	500斤	〃	

（丙）略述運銷狀況

自運至河邊各碼頭出售，大部份由菜販子運至重慶出售，菜販抽10%。

华西实验区农业组蔬菜产区概况调查表（调查地点：重庆市第十区） 9-1-260（60）

华西实验区农业组蔬菜产区概况调查表（调查地点：重庆市第十区） 9-1-260（65）

63

中华平民教育促进会华西实验区农业组
格式 中 1.1950.1.31

蔬菜产区概况调查表

存档号数____号

(1)地点 重庆市 县 第十区 乡 24 保 4 甲 [illegible] 小地名

(2)园主姓名 秦德成 (3)农场面积 3.4 亩 (4)土地所有权 自有

(5)劳工数量 110 工 (6)调查年期 自1949年2月13日起至1950年2月12日止

(6)调查员姓名 王兆[illegible] 宋衍[illegible]

(甲)蔬菜栽培及虫害情形

	蔬菜名称	种苗来源	生长时期	栽培面积	产(斤)量	菜虫名称	为害时期	采用防治法	损失数量	为害程度%	备注
第一季	三月豆	自留、购买	1月—4月	1.5亩	4000斤	地蚕虫[illegible]	2月—3月		300斤	9%	
	南瓜	,,	1月—4月	0.8亩	2000斤	蚜虫、地蚕	2月—3月		200斤	10%	
第二季	豇豆	,,	3月—6月	1.3亩	3000斤	地蚕	3—4月		100斤	6%	
第三季											

子	白菜	〃	十—12	1.0畝	800斤	[illegible]	8月—11月		200斤	20%

（乙）施肥狀況

蔬菜名称	肥料種類	來源	施用時期	施用数量（斤）	是否缺乏	備註
三月豆	人糞尿 [illegible]	自給 [illegible]	1月—3月	~~4500~~斤	缺	
南瓜	〃	自給，買	1月—3月	2000斤	〃	
豇豆	〃	〃	3月—5月	3000斤	〃	
萝卜	〃	〃	8月—11月	4000斤	〃	
蓮花白	〃	〃	8月—12月	2200斤	〃	
白菜	〃	〃	7月—11月	1200斤	〃	

（丙）略述運銷狀況

挑至磁器口菜市去售一小部份，大部由菜販運到重慶去售，菜販抽60%

112

华西实验区农业组蔬菜产区概况调查表（调查地点：重庆市第十区）　9-1-260（65）

华西实验区农业组蔬菜产区概况调查表（调查地点：重庆市第十区） 9-1-260（66）

中华平民教育促进会华西实验区农业组
格式 中 1 1950.1.31.

蔬菜产区概况调查表

存档号数＿＿＿号

(1)地点 重庆市 县 第十区 乡 24 保 4 甲 [illegible] 小地名

(2)园主姓名 袁德华 (3)农场面积 3 亩 (4)土地所有权 自有

(5)劳工数量 90 工日 (6)调查年期 1 年自1950年2月1日起至1950年2月12日止

(7)调查员姓名 [illegible]

(8) 蔬菜栽培及虫害情形

	蔬菜名称	种苗来源	生长时期	栽培面积(亩)	产(斤)量	蔬虫名称	为害时期	采用防治方法	损失数量(斤)	为害程度%	备注
第一季	三月豆		1月—4月	1.2亩	3000斤	蚜虫	2月—3月		300斤	10%	
	黄瓜		1月—4月	1.0	2000斤	瓜守、地蚕	2月—3月		400斤	20%	
	南瓜		1月—4月	0.8	2500斤	〃 〃	2月—3月		400斤	18%	
第二季											
第三季											

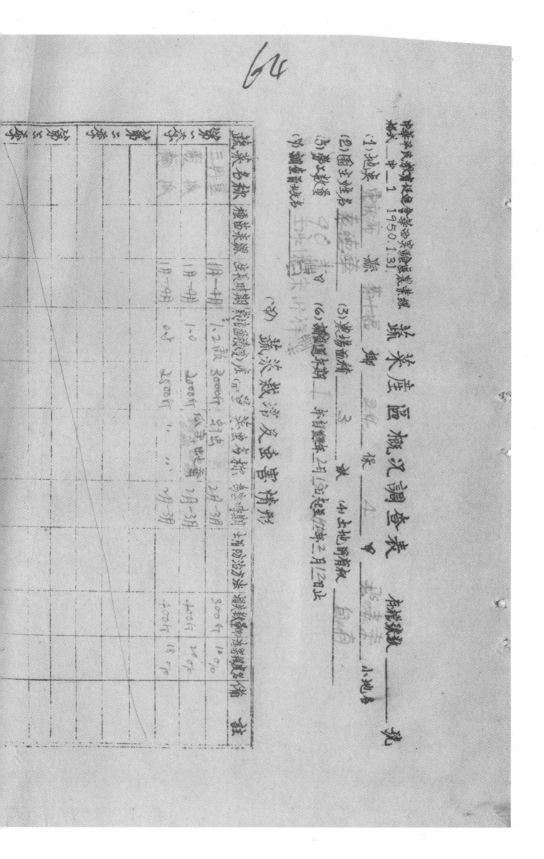

芋	洋白菜	8月–12月	0.6	1600斤	猪叶虫，蚀	8月–1月	4000斤	25%

(乙) 施肥狀況

蔬菜名稱	肥料種類	來源	施用時期	施用数量(斤)	是否缺乏	備註
三月豆	[illegible]	[illegible]	1月–3月	3000斤	缺	
黄瓜	〃	〃	1月–3月	2000斤	〃	
南瓜	〃	〃	1月–3月	2000斤	〃	
茴苕	〃	〃	8月–11月	3000斤	〃	
蒿苣	〃	〃	7月–12月	2000斤	〃	
洋白菜	〃	〃	8月–11月	1500斤	〃	

(丙) 略述運銷狀况

少部份運銷磁器口菜市出售，大部由菜販運往重庆。

113

华西实验区农业组蔬菜产区概况调查表（调查地点：重庆市第十区） 9-1-260（66）

华西实验区农业组蔬菜产区概况调查表（调查地点：巴县屏都乡） 9-1-260（3）

中華平民教育促進會華西實驗區農業組
格式 中 1.1950.1.31

蔬菜產區概况調查表

存檔號數＿＿＿號

（1）地点 巴 縣 [illegible] 鄉＿＿＿保 二 甲 [illegible] 小地名

（2）園主姓名 [illegible] （3）農場面積 [illegible] 畝 （4）土地所有权 [illegible]

（5）勞工數量 [illegible] 日 （7）調查週年期 係自 [illegible] 年 月 日起至 [illegible] 年 月 日止

（6）調查員姓名 [illegible]

（甲）蔬菜栽培及虫害情形

	蔬菜名稱	種苗來源	生長時期	栽培面積	產（斤）量	病虫名稱	為害時期	采用防治法	損失數量	為害程度%	備註
第一季	[illegible]	[illegible]	3—5月	[illegible]	[illegible]	[illegible]	[illegible]	[illegible]	60	1%	
	茄子	〃	[illegible]	100	300	〃	[illegible]		60	2%	
	[illegible]	〃	2—7月	300	1400						
第二季	[illegible]	〃	3—8月	120	900						
	[illegible]	〃	4—9月	160	650						
第三季	[illegible]	〃	6—12月	200	15000						
	菠菜	〃	8—12月	40	150						

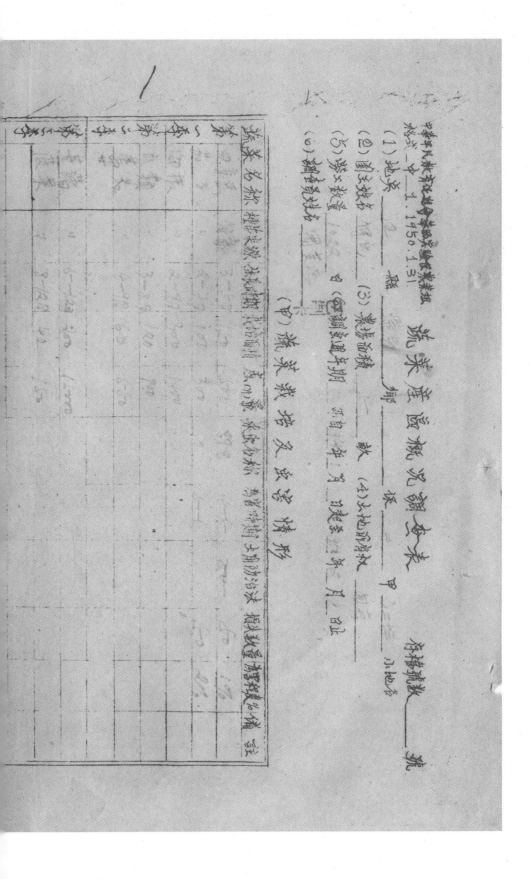

（乙）施肥狀況

蔬菜名稱	肥料種類	來源	施用時期	施用數量(斤)	是否缺乏	備註
[illegible]	[illegible]	[illegible]	[illegible]	[illegible]	不	
青菜	[illegible]	[illegible]	Y	[illegible]	不	
[illegible]	[illegible]	[illegible]	Y	[illegible]	不	

（丙）略述運銷狀況

[illegible]

华西实验区农业组蔬菜产区概况调查表（调查地点：巴县屏都乡） 9-1-260（3）

华西实验区农业组蔬菜产区概况调查表（调查地点：巴县屏都乡） 9-1-260（4）

中華平民教育促進會華西實驗區農業組
表式 中 1 1950.1.31.

蔬菜產區概況調查表

存檔號數________號

(1)地点 巴 縣 屏都 鄉 12 保 9 甲 小河溝 小地名

(2)園主姓名 黄永康 (3)農場面積 12 畝 (4)土地所有权 自有

(5)勞工数量 3.5×365 日 (6)調查週年期 1 年自卅八年2月11日起至卅九年2月11日止

(7)調查員姓名________

(甲) 蔬菜栽培及虫害情形

	蔬菜名稱	種苗来源	生長時期	栽培面積(市)方	產(市)量	害虫名稱	為害時期	所用防治方法	損失數量(市)	為害程度%	備註
第一季	茄子	自有	2月-5月	420	5,000	土蚕	生長期	人工捕捉	150	30%	
	辣椒	〃	2月-3月	240	400						
	包心白菜	〃	12月-6月	240	5,000	青虫	生長期	红砒	100	33%	
第二季	蘿蔔	〃	2月-5月	120	4,000	〃					
	菠菜	〃	1月-3月	30	500						
	莧菜	〃	3月-6月	30	200						
第三季											
											比手 俞世水

小	黄芽白菜	〃	10月—11月	60	5000		

（乙）施肥状况

蔬菜名称	肥料種類	來源	施用時期	施用数量(斤)	是否缺乏	備註
包心白菜	人糞尿	買	生長期	16000	是	
蘿蔔	〃	〃	〃	18000	〃	
茄子	〃	〃	〃	5000（3）	〃	
辣椒	〃	〃	〃	3000	〃	
莴菜	〃	〃	〃	4000	〃	
黄芽白菜	〃	〃	〃	2000	〃	
莧菜	〃	〃	〃	1000	〃	

（丙）略述運銷狀況

①運銷數量：包心白菜2000斤，蘿蔔11000斤，茄子5000斤。　②銷售方式：運往重庆批发。

③銷運市場：重庆两路口菜市。　④運輸工具：木船。

⑤運輸需時：數小時。　⑥運銷費用：按菜價收入成15%。

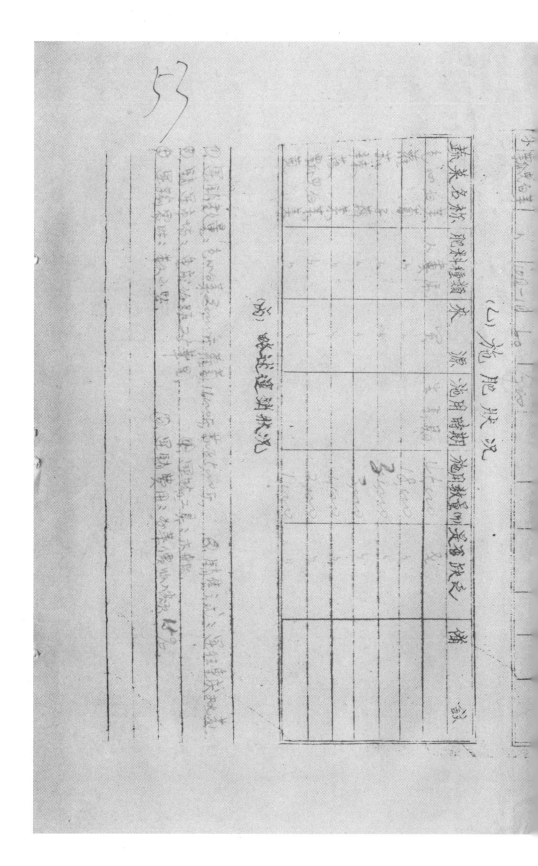

华西实验区农业组蔬菜产区概况调查表（调查地点：巴县屏都乡） 9-1-260（5）

中华平民教育促进会华西实验区农业组
格式 中-1 1950.1.31.

蔬菜產區概況調查表

存檔號數________號

(1)地点 巴 縣 屏都 鄉 10 保 [illegible] 甲 [illegible] 小地名

(2)園主姓名 刘富林 (3)農場面積 13 方 (4)土地所有权 自有

(5)勞工数量 2×365 日 (6)調查週年期 1 年自 年 3月 日起至 年 月 1日止

(7)調查員姓名________

(甲) 蔬菜栽培及虫害情形

	蔬菜名稱	種苗來源	生長時期	栽培面積(方丈)	產(斤)量	害虫名稱	為害時期	施用防治方法	損失數量(斤)	為害程度%	備註
第一季	包心白菜	自有	12月-6月	180	1500	青虫		施放毒餌			
	茄子	〃	3月-6月	240	500	土蚕		人工捕捉			
	辣椒	〃	3月-7月	180	800						
第二季	蒜苗	〃	3月-7月	120	700						
	莧菜	〃	3月-7月	30	700						
	萵筍	〃	1月-3月	30	900						
第三季											[illegible]

芥菜	〃	1110-3月	60	2500

（乙）施肥狀況

蔬菜名称	肥料種類	來　源	施用時期	施用数量(斤)	是否缺乏	備　考
包心白菜	人糞尿	買	生長期	4500	否	
茄子	〃			3000	〃	
蕃茄	〃			1800	〃	
[illegible]	〃				〃	
[illegible]	〃			4000	〃	
[illegible]	〃			3000	〃	
[illegible]	〃			3000	〃	

（丙）略述運銷狀況

①運銷數量：包心白菜約4000斤，蕃茄1500斤，茄子5000斤。②販運方法：肩挑。

③販售市場：重庆，相距二十華里。④運輸工具：木船。

⑤運銷需時：數小時。⑥運銷費用：[illegible]

华西实验区农业组蔬菜产区概况调查表（调查地点：巴县屏都乡）　9-1-260（5）

华西实验区农业组蔬菜产区概况调查表（调查地点：巴县屏都乡） 9-1-260（6）

中華平民教育促進會華西实验区農業组
形式—中—1.1950.1.31

蔬菜產區概況調查表

存檔號數＿＿＿號

（1）地点＿＿＿縣＿＿＿鄉＿＿＿保＿＿＿甲＿＿＿小地名

（2）園主姓名＿＿＿（3）農場面積＿＿＿畝（4）土地所有权＿＿＿

（5）勞工数量＿＿＿日（6）調查週年期 系自＿年＿月＿日起至＿年＿月＿日止

（6）調查員姓名＿＿＿

（甲）蔬菜栽培及虫害情形

	蔬菜名稱	種苗來源	栽培時期	栽培面積	產（斤）量	病虫名稱	為害時期	採用防治法	損失數量	為害程度%	備註
第一季	[illegible]	[illegible]	2—9	600	8000	[illegible]	[illegible]	[illegible]	[illegible]	[illegible]	
	[illegible]		2—6	600	2000						
第二季											
第三季											

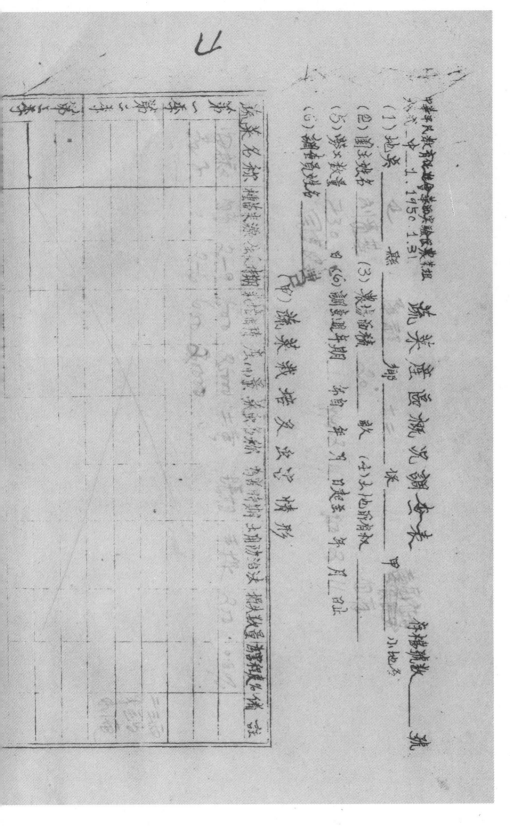

（乙）施肥状况

蔬菜名称	肥料种类	来源	施用时期	施用数量（斤）	是否缺乏	备注
包心白菜	人粪尿	[illegible]	[illegible]	[illegible]	[illegible]	
[illegible]				[illegible]		
[illegible]				[illegible]		

（丙）略述运销状况

[illegible]

华西实验区农业组蔬菜产区概况调查表（调查地点：巴县屏都乡） 9-1-260（7）

中華平民教育促進會華西實驗區農業組
格式 中 1.1950.1.31

蔬菜產區概況調查表

存檔號數＿＿＿號

（1）地點＿巴＿縣＿[illegible]＿鄉＿十二＿保＿＿＿甲＿[illegible]＿小地名
（2）園主姓名＿[illegible]＿（3）農場面積＿[illegible]＿畝 （4）土地所有权＿[illegible]＿
（5）勞工數量＿[illegible]＿日 （6）調查週年期 自＿年＿月＿日起至＿年＿月＿日止
（6）調查員姓名＿[illegible]＿

（甲）蔬菜栽培及虫害情形

	蔬菜名稱	種苗來源	生長時期	栽培面積	產（斤）量	菜虫名稱	為害時期	土用防治法	損失數量	為害程度%	備註
第一季	[illegible]	[illegible]	[illegible]	[illegible]	[illegible]	[illegible]	[illegible]	[illegible]	[illegible]	[illegible]	
	[illegible]	[illegible]	[illegible]	620	350						
第二季											[illegible]
第三季											
第	[illegible]	[illegible]	8-2月	300	4000						

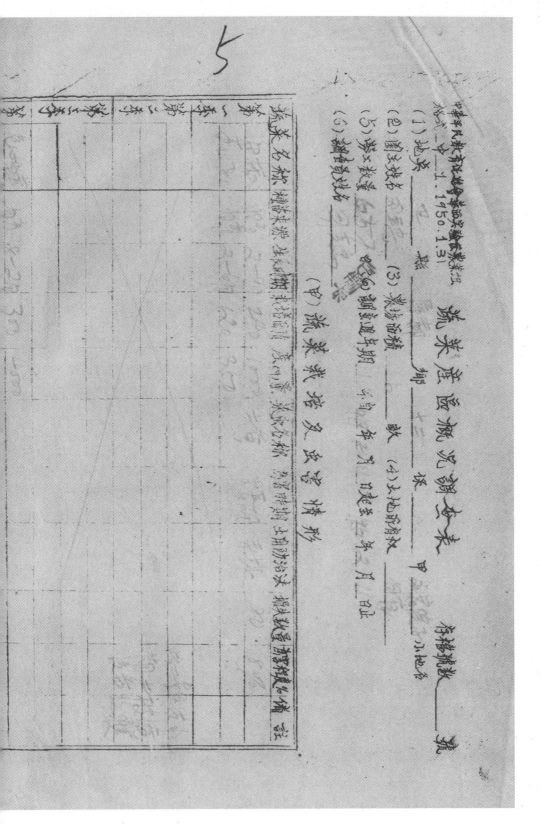

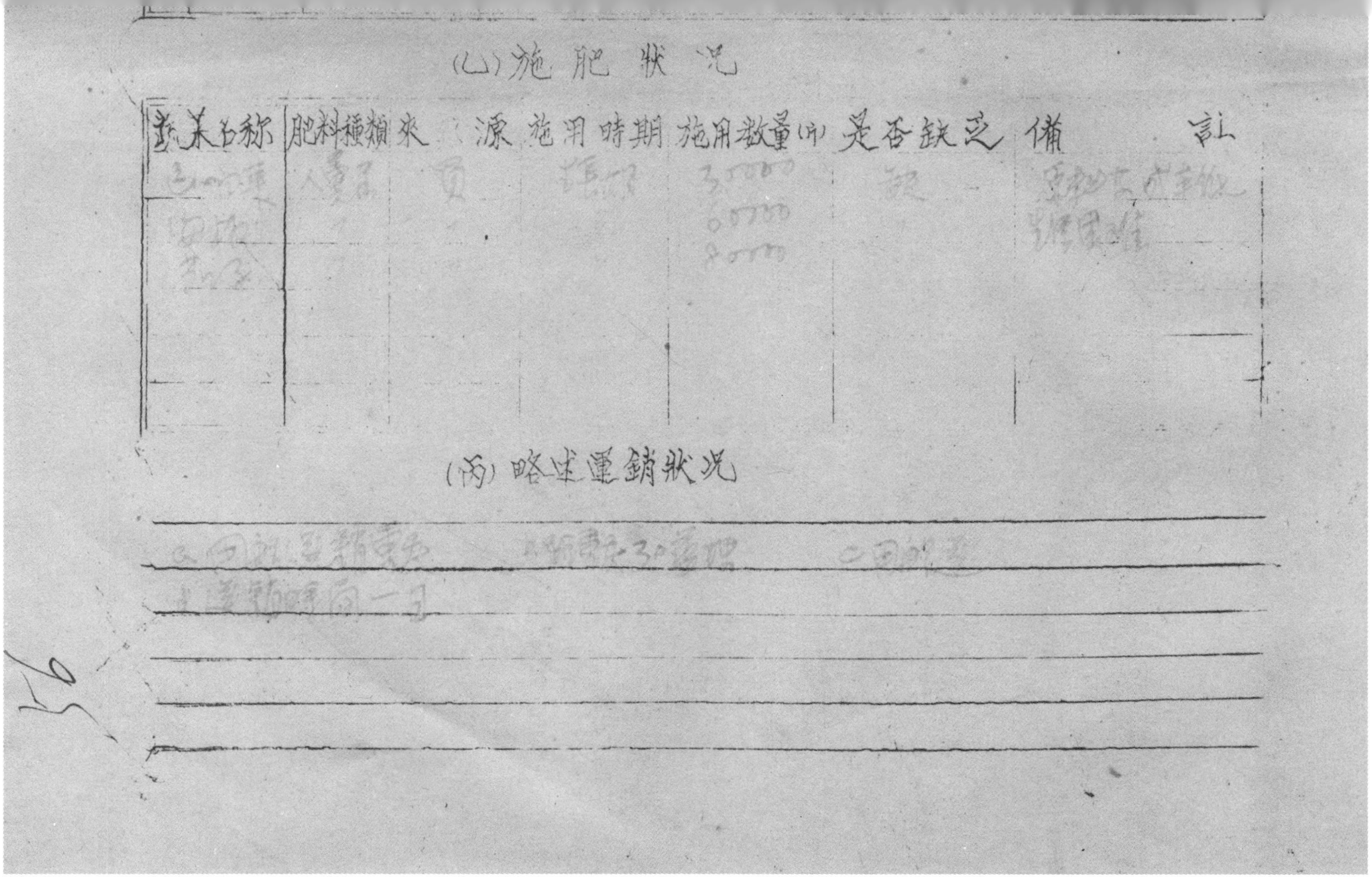

(乙)施肥狀况

蔬菜名称	肥料種類	來源	施用時期	施用数量(斤)	是否缺乏	備註
[illegible]	[illegible]	[illegible]	[illegible]	[illegible]	[illegible]	[illegible]

(丙)略述運銷狀况

[illegible]

华西实验区农业组蔬菜产区概况调查表（调查地点：巴县屏都乡）　9-1-260（7）

华西实验区农业组蔬菜产区概况调查表（调查地点：巴县屏都乡） 9-1-260（8）

中华平民教育促进会华西实验区农业组
格式—中—1.1950.1.31.

蔬菜产区概况调查表

存档号数＿＿＿＿号

（1）地点＿＿[illegible]＿＿县＿＿[illegible]＿＿乡＿＿十三＿＿保＿＿[illegible]＿＿甲＿＿＿＿小地名

（2）园主姓名＿＿[illegible]＿＿（3）农场面积＿＿[illegible]＿＿亩（4）土地所有权＿＿[illegible]＿＿

（5）劳工数量＿＿[illegible]＿＿日（6）调查周年期＿＿年自＿＿年＿＿月＿＿日起至＿＿年＿＿月＿＿日止

（6）调查员姓名＿＿[illegible]＿＿

（甲）蔬菜栽培及虫害情形

	蔬菜名称	种苗来源	生长时期	栽培面积	产（斤）量	菜虫名称	为害时期	土用防治法	损失数量	为害程度%	备注
第一季	[illegible]	自育	[illegible]	[illegible]	[illegible]						
	[illegible]	[illegible]	[illegible]	[illegible]	1000	[illegible]	[illegible]	[illegible]	[illegible]	[illegible]	
第二季	[illegible]	自育	十一月	30	300						
	[illegible]		[illegible]	[illegible]	[illegible]	[illegible]	[illegible]				
第三季	[illegible]	自育	[illegible]	40	350						
	[illegible]		[illegible]	30	[illegible]						

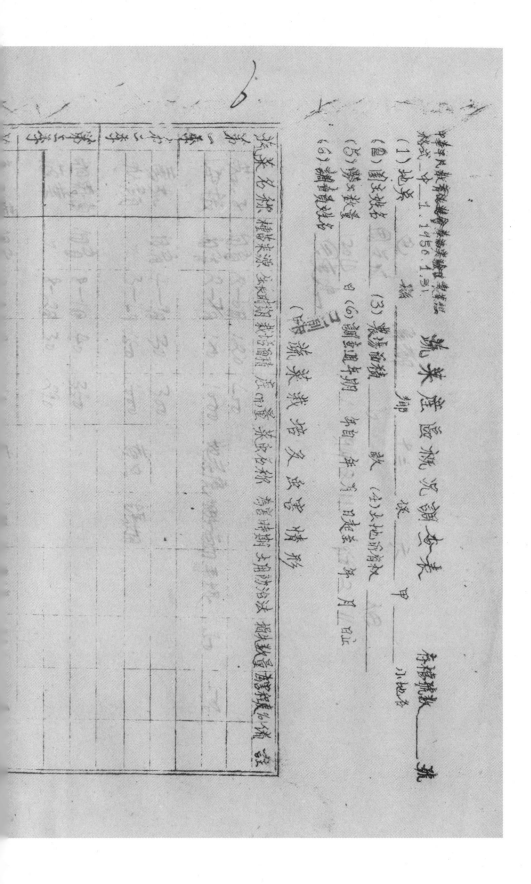

（七）施肥状况

蔬菜名称	肥料种類	來源	施用時期	施用数量(斤)	是否缺乏	備考
包心白菜	粪尿	買	生長期	5000	缺	[illegible]
[illegible]				4000		
[illegible]				6000		

（八）略述運銷状况

a. [illegible]　b. [illegible]　c. [illegible]

d. [illegible]　e. [illegible]

华西实验区农业组蔬菜产区概况调查表（调查地点：巴县屏都乡）　9-1-260（8）

华西实验区农业组蔬菜产区概况调查表（调查地点：巴县屏都乡） 9-1-260（9）

中华平民教育促进会华西实验区农业组
表式＿中＿1 1950.1.31.

蔬菜產區概況調查表

存檔號數＿＿＿＿號

(1)地点＿[illegible]＿縣＿屏都＿鄉＿十二＿保＿八＿甲＿郭家院子＿小地名
(2)園主姓名＿郭文美＿ (3)農場面積＿8＿畝 (4)土地所有权＿自产＿
(5)勞工數量＿2.365＿日 (6)調查週年期＿年自[illegible]年＿月＿日起至[illegible]年＿12月＿日止
(7)調查員姓名＿[illegible]＿

(甲) 蔬菜栽培及虫害情形

	蔬菜名称	種苗来源	生長時期	栽培面積(方丈)	产(市)量	菜虫名称	為害時期	土用防治方法	损失数量(市斤)	為害程度%	備註
第一季	春白菜	自育	[illegible]	280	10000斤	青虫	苗期时	人工捕	2000	18%	
	莲花白	〃	[illegible]	80	2000	猿叶虫	幼时	〃	500	25%	
	茄子	〃	[illegible]	080	4000斤	椿象	开花时	〃	80	18%	
第二季	包心菜	〃	[illegible]	480	20000斤	青虫	苗期时	人工捕	4000	18%	
第三季											

（乙）施肥狀況

蔬菜名称	肥料種類	來源	施用時期	施用数量(斤)	是否缺乏	備註
[illegible]	人糞尿	[illegible]	生長時	[illegible]	[illegible]	
茄子	〃	〃	〃	800	否	
[illegible]	〃	〃	〃	800	否	

（丙）略述運銷狀況

[illegible]

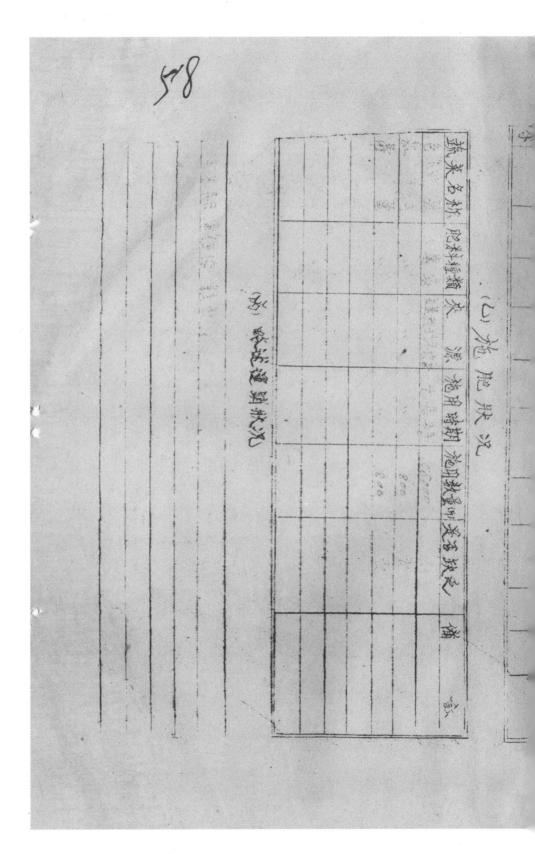

华西实验区农业组蔬菜产区概况调查表（调查地点：巴县屏都乡） 9-1-260（10）

8

中华平民教育促进会华西实验区农业组
式 中 1 1950.1.31

蔬菜產區概況調查表

存檔號數________號

(1)地点 巴 縣 屏都 鄉 十二 保 八 甲 刘家院子 小地名

(2)園主姓名 刘松林 (3)農場面積 12 畝 (4)土地所有权 [illegible]

(5)勞工數量 3x365 日 (6)調查週年期 1 年自1949年2月10日起至1950年2月11日止

(7)調查員姓名 [illegible]

(甲) 蔬菜栽培及虫害情形

	蔬菜名稱	種苗來源	生長時期	栽培面積(方丈)	產(斤)量	害虫名稱	為害時期	採用防治方法	損失數量(斤)	為害程度%	備註
第一季	蓮白菜	自育	2月-10月	600	12000	青虫	起心時	[illegible]	2500	18%	
	茄子	〃	2月-8月	100	500	[illegible]虫	幼時	〃	500	10%	
	[illegible]	〃	2月-9月	100	800	[illegible]	幼時	〃	140	15%	
第二季	包心菜	〃	7-2月	600	20000	青虫	起心時	红砒加草灰	2000	18%	
第三季											

(乙)施肥狀況

蔬菜名称	肥料種類	來源	施用時期	施用数量(斤)	是否缺乏	備註
包心菜	人糞尿	購於鄉	生長時	610000	否	
茄子	人糞尿	〃	〃	10800	否	

(丙)略述運銷狀况

用木船運往重庆销售.

59

华西实验区农业组蔬菜产区概况调查表（调查地点：巴县屏都乡） 9-1-260（10）

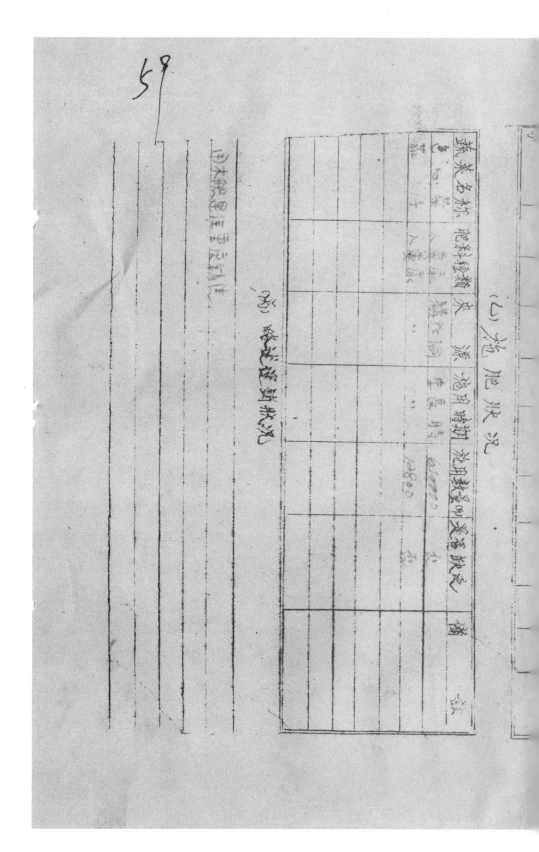

华西实验区农业组蔬菜产区概况调查表（调查地点：巴县屏都乡） 9-1-260（11）

中華平民教育促進會華西實驗區農業組
式 中 1 1950.1.31.

蔬菜產區概況調查表

存檔號數＿＿＿＿號

(1)地点＿＿＿＿縣＿＿＿＿鄉＿＿＿＿保＿＿＿＿甲＿＿＿＿小地名

(2)園主姓名＿＿＿＿ (3)農場面積 6 畝 (4)土地所有权＿＿＿＿

(5)勞工數量＿＿＿＿ (6)調查週年期＿＿年自＿年＿月＿日起至＿年＿月＿日止

(7)調查員姓名＿＿＿＿

(甲) 蔬菜栽培及虫害情形

	蔬菜名称	種苗来源	生長時期	栽培面積(方丈)	產(市斤)量	菜虫名称	為害時期	土用防治方法	損失數量(市斤)	為害程度%	備註
第一季	茄子	自留	2月-8月	[illegible]	2000	[illegible]	開花時	無	[illegible]	[illegible]	
	海椒	〃	3月-9月	80	800	地老虎	幼時	無	[illegible]	10%	
第二季	包心菜	自留	[illegible]	180	7200	青虫	苞心時	[illegible]	[illegible]	8%	
	[illegible]	〃	[illegible]	180	5000	猿葉虫	苗時	無	[illegible]	[illegible]	
第三季											

（乙）施肥狀況

菜名稱	肥料種類	來源	施用時期	施用數量(斤)	是否缺乏	備 註
包心菜	人糞尿	購於街	生長時	[illegible]	否	
[illegible]	〃	〃	〃	[illegible]	〃	
茄子	〃	〃	〃	15,000	〃	
海椒	〃	〃	〃	2,000	〃	

（丙）略述運銷狀況

因本鄉僅供重慶銷售。

华西实验区农业组蔬菜产区概况调查表（调查地点：巴县屏都乡） 9-1-260（11）

华西实验区农业组蔬菜产区概况调查表（调查地点：巴县屏都乡）　9-1-260（12）

10

中华平民教育促进会华西实验区农业组
式 中 1 1950.1.31.

蔬菜產區概況調查表

存檔號數＿＿＿＿號

(1)地点＿＿＿縣＿＿＿鄉＿＿＿保＿＿＿甲＿＿＿小地名

(2)園主姓名＿＿＿ (3)農場面積＿＿＿畝 (4)土地所有权＿＿＿

(5)勞工數量＿＿＿日 (6)調查週年期＿年自＿年＿月＿日起至＿年＿月＿日止

(7)調查員姓名＿＿＿

(甲) 蔬菜栽培及虫害情形

	蔬菜名称	種苗来源	生長時期	栽培面積(方)	產量(斤)	菜虫名称	為害時期	土用防治方法	損失數量(斤)	為害程度%	備註
第一季	[illegible]	[illegible]	[illegible]	[illegible]	20000	青虫	總時	人工捉	5000	18%	
	[illegible]	〃	[illegible]	[illegible]	2000	地老虎	苗期	〃	600	18%	
	[illegible]	〃	[illegible]-8月	[illegible]	600	椿象	[illegible]	〃	100	18%	
第二季	包心菜	〃	[illegible]	600	5000	青虫	總時	人工捉	5000	18%	
	青菜	〃	[illegible]	120	1000						
第三季											

(乙)施肥狀況

蔬菜名称	肥料種類	來源	施用時期	施用数量(斤)	是否缺乏	備考
包心菜	糞水	[illegible]	生長時	8000	否	
青菜	〃	〃	〃	20000	否	
茄子	〃	〃	〃	20000	〃	
海椒	〃	〃	〃	18000	〃	

(丙)略述運銷狀況

用木船運往重庆銷售。

6

华西实验区农业组蔬菜产区概况调查表（调查地点：巴县屏都乡）　9-1-260（12）

华西实验区农业组蔬菜产区概况调查表（调查地点：巴县屏都乡） 9-1-260（13）

F.U.平民教育促进会华西实验区农业组
格式__中__1 1950.1.31

蔬菜產區概況調查表

存檔號數________號

(1)地点 [illegible] 縣 [illegible] 鄉 [illegible] 保 [illegible] 甲 [illegible] 小地名

(2)園主姓名 [illegible] (3)農場面積 [illegible] 畝 (4)土地所有權 [illegible]

勞工數量 [illegible] 日 (6)調查週年期 一 年自 [illegible] 年 [illegible] 月 [illegible] 日起至 [illegible] 年 [illegible] 月__日止

(7)調查員姓名 [illegible]

(甲) 蔬菜栽培及虫害情形

蔬菜名称		種苗来源	生長時期	栽培面積(方丈)	産(斤)量	菜虫名称	為害時期	採用防治方法	損失數量(斤)	為害程度%	備註
第一季	春白菜	[illegible]	[illegible]	500	20000	青虫	[illegible]	[illegible]	[illegible]	[illegible]	
	[illegible]	[illegible]	[illegible]	[illegible]	[illegible]	[illegible]	[illegible]	[illegible]	600	[illegible]	
	茄子	〃	[illegible]	121	600	[illegible]	[illegible]	[illegible]	[illegible]	[illegible]	
第二季	白心菜	〃	[illegible]	[illegible]	[illegible]	青虫	[illegible]	[illegible]	5000	[illegible]	
	青菜	〃	[illegible]	[illegible]	[illegible]						
第三季											

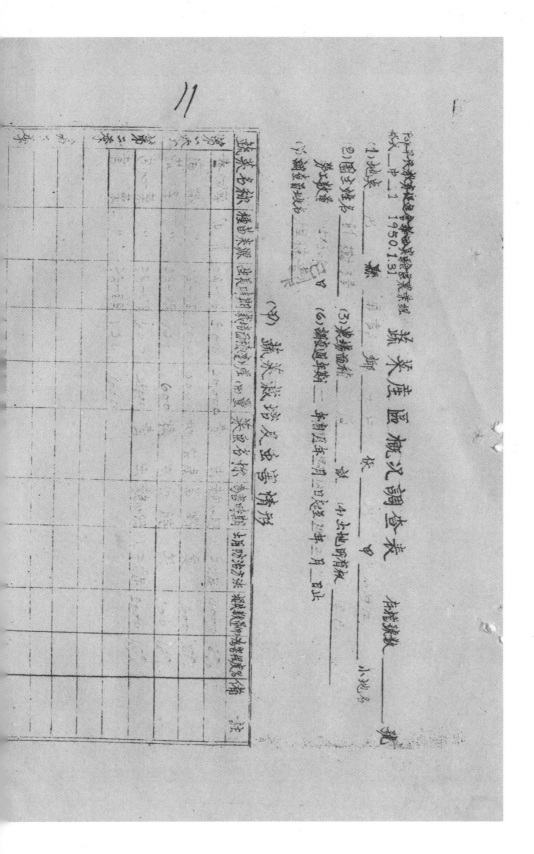

（乙）施肥狀況

蔬菜名称	肥料種類	來　源	施用時期	施用數量(斤)	是否缺乏	備　註
包心菜	[illegible]	[illegible]	[illegible]	3000	不	
青菜	〃		〃	2000	〃	
茄子	〃	〃	〃	12000	〃	
[illegible]	〃	〃	〃	8000	〃	

（丙）略述運銷狀況

[illegible]

华西实验区农业组蔬菜产区概况调查表（调查地点：巴县屏都乡）　9-1-260（13）

华西实验区农业组蔬菜产区概况调查表（调查地点：巴县屏都乡） 9-1-260（14）

12

中华平民教育促进会华西实验区农业组
格式 中 1 1950.1.31

蔬菜产区概况调查表

存档号数 ______ 号

(1)地点 巴 县 屏都 乡 12 保 6 甲 ______ 小地名

(2)园主姓名 [illegible] (3)农场面积 六 亩 (4)土地所有权 佃

(5)劳工数量 1.5×365 日 (6)调查周年期 [illegible] 年自 年 月 日起至 年 月 日止

(7)调查员姓名 ______

(甲) 蔬菜栽[illegible]及虫害情形

	蔬菜名称	种苗来源	生长时期	栽培面积(亩)	产量(斤)	害虫名称	为害时期	主要防治方法	损失数量(斤)	为害程度%	备注
第一季	[illegible]	[illegible]	3月-4月	3.0	600						
	[illegible]		3月-6月	.60	1,200						
	[illegible]		3月-7月	3.0	1400	蚜虫	成熟期				
第二季											
	番茄		7月-9月	3.2	1120						
第三季											

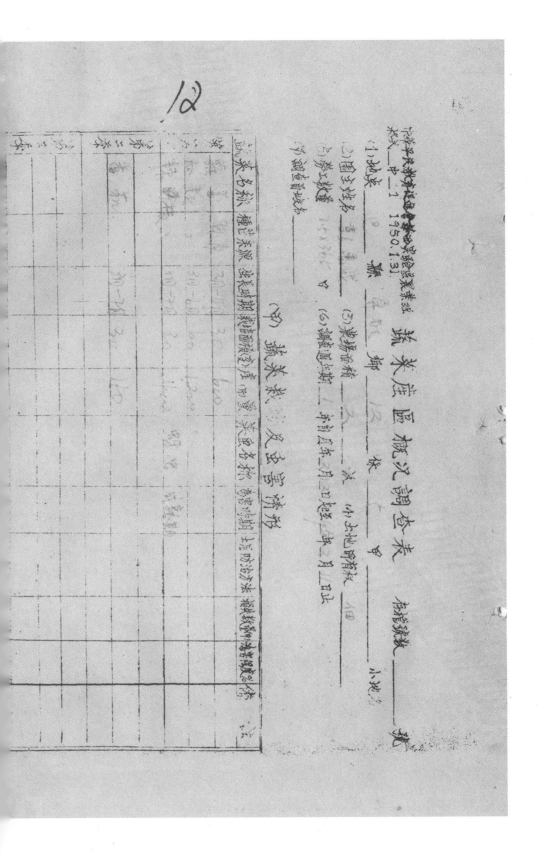

李莴笋	〃	1200-1300	20	500	

（乙）施肥狀況

蔬菜名称	肥料種類	來源	施用時期	施用数量(斤)	是否缺乏	備註
包心白菜	人糞尿	買	生長期	5000	缺	
莴笋	〃	〃	〃	4000	不	
蘿蔔	〃	〃	〃	3000	〃	
瓜類	〃	〃	〃	3000	〃	
辣椒	〃	〃	〃	6000	〃	
番茄	〃	〃	〃	4000	〃	

（丙）略述運銷狀況

①運銷數量：包心白菜1500斤，瓜類1200斤，蘿蔔600斤。②運銷方式：直售或零售。
③運銷市場：城區機關、工廠、住户。④運輸需時：半小時。
⑤運輸工具：工人挑運。

63

华西实验区农业组蔬菜产区概况调查表（调查地点：巴县屏都乡） 9-1-260（14）

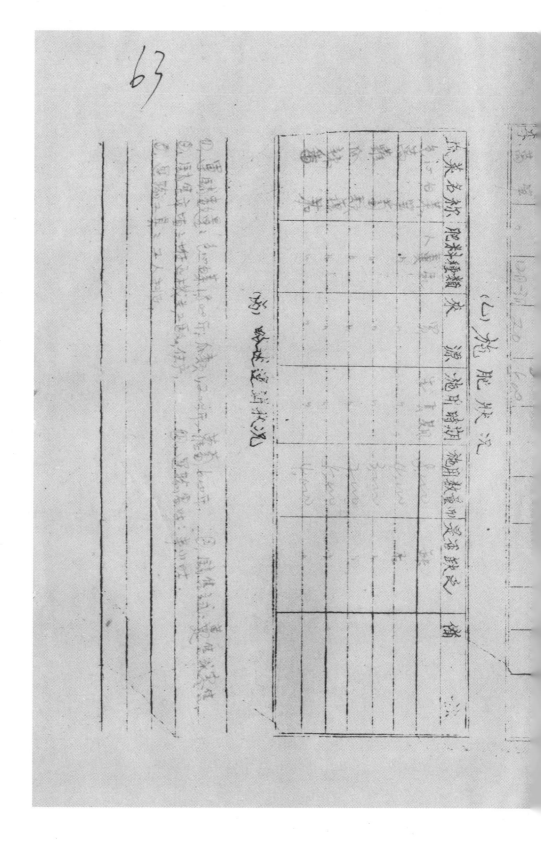

华西实验区农业组蔬菜产区概况调查表（调查地点：巴县屏都乡） 9-1-260（15）

中華平民教育促進會華西實驗區農業組
格式 中 1 1950.1.31

蔬菜產區概况調查表

存檔號數________號

(1)地点 巴 縣 屏都 鄉 12 保 6 甲 ________ 小地名

(2)園主姓名 冉 (3)農場面積 3 畝 (4)土地所有权 佃

(5)勞工數量 21365 日 (6)調查週年期 1 年自 年 2月8日起至 年 2月1日止

(7)調查員姓名________

111

(甲) 蔬菜栽培及虫害情形

	蔬菜名称	種苗来源	生長時期	栽培面積(方丈)	産量(斤)	害虫名称	為害時期	採用防治方法	損失數量(斤)	為害程度%	備註
第一季	莴笋	买来	11月-3月	30	120						
	瓜类	自有	3月-7月	90	1400	蚜虫					
	辣椒	〃	3月-8月	30	120	土蚕		人工捉			
第二季	番茄	〃	3月-8月	30	70						
第三季											
	包心白菜	买来	8月-12月	120	600	青虫	生长期	[illegible]			

64

（乙）施肥狀況

蔬菜名稱	肥料種類	來源	施用時期	施用數量(斤)	是否缺乏	備考
包心白菜	人糞尿	買	生長期	20000	缺	
蘿蔔	〃	〃		4000	足	
[illegible]菜	〃	〃		12000	〃	
青菜	〃	〃		6000	〃	
韭菜	〃	〃		6000	〃	

（丙）略述運銷狀況

①包心白菜日運銷6000斤，蘿蔔日銷1700斤，[illegible]日銷1400斤。②運銷市場為城內各機關工廠。

③運銷工具為人直接挑往市場，距市場約一里許。④銷售方式為批發式。

⑤運銷所需時間為一（或二）小時許。

华西实验区农业组蔬菜产区概况调查表（调查地点：巴县屏都乡） 9-1-260（15）

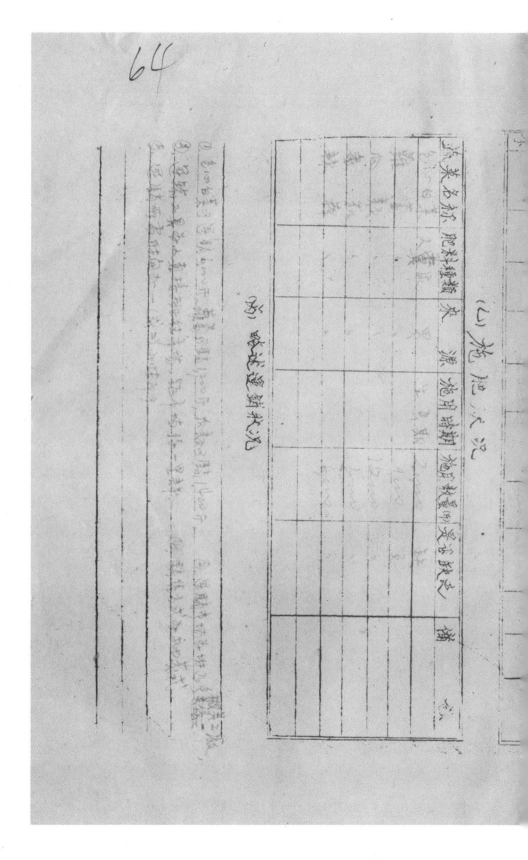

华西实验区农业组蔬菜产区概况调查表（调查地点：巴县屏都乡） 9-1-260（16）

中華平民教育促進會華西實驗區農業組
格式：中—1 1950.1.31.

蔬菜產區概況調查表

存檔號數＿＿＿＿號

(1) 地点 巴 縣 屏都 鄉 12 保 8 甲 [illegible] 小地名

(2) 園主姓名 [illegible] (3) 農場面積 5 畝 (4) 土地所有权 自有

(5) 勞工數量 2×365 日 (6) 調查周年期 [illegible] 年 2 月 12 日起到 [illegible] 年 2 月 11 日止

(7) 調查員姓名 [illegible]

已制卡

(甲) 蔬菜栽培及虫害情形

	蔬菜名稱	種苗來源	生長時期	栽培面積(方丈)	產量(市斤)	害虫名稱	為害時期	使用防治方法	損失數量(市斤)	為害程度%	備註
第一季	茄子	自育	2月-6月	180	2,200	土蚕	生長期	人工捕捉			
	辣椒	〃	2月-7月	60	300	〃	〃	〃			
	[illegible]	〃	3月-6月	30	800						
第二季	莴笋	〃	12月-3月	30	400						
第三季											

111

今	菠 菜	〃	10月-1月	30	5000			

(乙)施肥狀況

蔬菜名稱	肥料種類	來源	施用時期	施用數量(斤)	是否缺乏	備註
包心白菜	人糞尿	買	結期一成熟期	16000	是	
[illegible]	〃	〃		7000	〃	
冬 寒	〃	〃		8000	〃	
蘿 蔔	〃			7600	〃	
萵 筍	〃	〃		13000	〃	
菠 菜	〃			900		

(丙)略述運銷狀況

(一)運銷數量：包心白菜15000斤，[illegible]斤，蘿蔔6000斤。 (二)銷售方式：運往重慶批售。
(三)銷售市場：重慶，相距二十華里。 (四)運輸工具：木船。
(五)運輸時間：兩三小時可到。

華西實驗區農業組蔬菜產區概況調查表（調查地點：巴縣屏都鄉） 9-1-260（16）

华西实验区农业组蔬菜产区概况调查表（调查地点：巴县屏都乡） 9-1-260（17）

中华平民教育促进会华西实验区农业组
式 中 1 1950.1.31

蔬菜產區概況調查表

存檔號數＿＿＿＿號

(1)地点 巴 縣 屏都 鄉 12 保 [illegible] 甲 [illegible] 小地名

(2)園主姓名 [illegible] (3)農場面積 [illegible] 畝 (4)土地所有權 自有

勞工數量 3×365 (6)調查周年期＿年自 年 月 日起至 年 月 日止

(7)調查員姓名 [illegible]

15

(甲) 蔬菜栽培及虫害情形

季	蔬菜名称	種苗来源	生長時期	栽培面積(方丈)	産量(斤)	菜虫名称	為害時期	防治方法	損失數量(斤)	為害程度%	備註
第一季	包菜	自育	1月-5月	300	11400	青虫	生長期	砒酸鉛	1400	10%	
	茄子	〃	3月-6月	300	8000	土蚕		人工捕捉			
	辣椒	〃	2月-7月	1200	1300						
第二季											
	[illegible]	〃	3月-6月	120	2000	—					
第三季											

子菠菜	〃	10月-1月	30	700				

66

（乙）施肥狀況

蔬菜名稱	肥料種類	來源	施用時期	施用數量(斤)	是否缺乏	備註
白菜	人糞尿	買	生長期—成熟期	45,000	否	
茄子	〃	〃	〃	32,000	〃	
兪麥	〃	〃	〃	11,000	〃	
蘿蔔	〃	〃	〃	8,000	〃	
菠菜	〃	〃	〃	1,600	〃	
韮菜	〃	〃	〃	6,000	〃	

（丙）略述運銷狀況

① 運銷數量：包心白菜50,000斤，蘿蔔15,000斤，茄子8,000斤。 ②運銷方式：運至重庆囤售。

③ 銷售市场：重庆，相距二十華里。 ④ 運输工具：木船。

⑤ 運输需时：數小时。

华西实验区农业组蔬菜产区概况调查表（调查地点：巴县屏都乡） 9-1-260（17）

华西实验区农业组蔬菜产区概况调查表（调查地点：巴县屏都乡） 9-1-260（18）

16

中華平民教育促進會華西實驗區農業組
式_甲_1 1950.1.31.

蔬菜產區概況調查表

存檔號數________號

(1)地点 巴 縣 屏都 鄉 十 保 ________甲 [illegible] 小地名

(2)園主姓名 [illegible] (3)農場面積 9 畝 (4)土地所有權 [illegible]

(5)勞工數量 4 男 (6)調查週年期___年自 年_月_日起至_年_月_日止

(7)調查員姓名 [illegible]

已編卡

(甲) 蔬菜栽培及虫害情形

	蔬菜名称	種苗来源	生長時期	栽培面積(市尺)	(市)量	害虫名称	為害時期	採用防治方法	損失數量(市斤)	為害程度%	備註
第一季	[illegible]	[illegible]	2-5月	200	5000	[illegible]	[illegible]	[illegible]	[illegible]	[illegible]	
	[illegible]	[illegible]	[illegible]	200	9000	[illegible]	[illegible]	[illegible]	200	[illegible]	
第二季	[illegible]	[illegible]	[illegible]	100	[illegible]	[illegible]	[illegible]	[illegible]	[illegible]	[illegible]	
	[illegible]	[illegible]	6-8月	500	10000	[illegible]	[illegible]	[illegible]	[illegible]	[illegible]	
	[illegible]	〃	3-8月	300	6000	[illegible]	[illegible]	[illegible]	[illegible]	[illegible]	
第三季	[illegible]		[illegible]	300	5000	[illegible]	[illegible]	[illegible]	[illegible]	[illegible]	
	[illegible]	〃	[illegible]	300	5000	[illegible]	[illegible]	[illegible]	[illegible]	[illegible]	

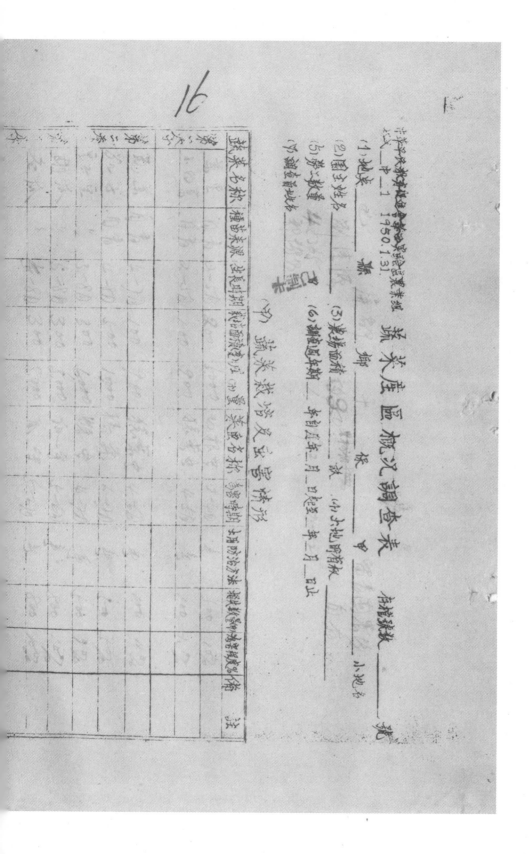

67

（乙）施肥狀況

蔬菜名称	肥料種類	來源	施用時期	施用数量(斤)	是否缺乏	備註

（丙）略述運銷狀況

华西实验区农业组蔬菜产区概况调查表（调查地点：巴县屏都乡）　9-1-260（18）

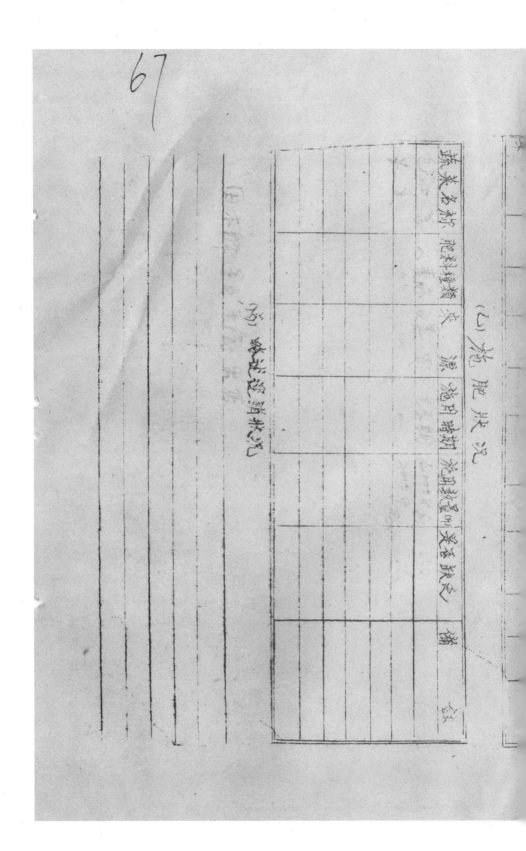

华西实验区农业组蔬菜产区概况调查表（调查地点：巴县屏都乡） 9-1-260（19）

中華平民教育促進會華西實驗區農業組　**蔬菜產區概況調查表**　存檔號數________號
格式＿中＿1　1950.1.31

(1)地点＿巴＿縣＿屏都＿鄉＿十＿保＿三＿甲＿＿＿小地名
(2)園主姓名＿熊[illegible]成＿　(3)農場面積＿3＿畝　(4)土地所有权＿自有＿
(5)勞工數量＿2×365＿工　(6)調查過年期＿年自＿年＿月＿日起至＿年＿月＿日止
(7)調查員姓名＿郭[illegible]＿

(甲)蔬菜栽培及虫害情形

	蔬菜名稱	種苗來源	生長時期	栽培面積(方)	產量	害虫名稱	為害時期	採用防治方法	損失數量(斤)	為害程度%	備註
第一季	菜豆	自有	3-5月	20	500	切根虫	3-4月	无	50	1/3	
	小白菜	〃	2-5月	10	70	猿叶虫	4-5月	无	10	1/3	
第二季	茄子	〃	4-8月	100	2000	椿象	6-7月	无	100	1/3	
第三季	包心白菜	〃	7-11月	100	1000	青虫	8-10月	无	100	1/3	

(乙)施肥状况

蔬菜名称	肥料种类	来源	施用时期	施用数量(斤)	是否缺乏	备註
包心菜	[illegible]	人粪尿	生长期	4000斤	否	
茄子	人粪尿	[illegible]	生长期	2000斤	否	

(丙)略述运销状况

用木船载至重庆出售

68

华西实验区农业组蔬菜产区概况调查表（调查地点：巴县屏都乡） 9-1-260（20）

18

中华平民教育促进会华西实验区农业组
表式 中 1 1950.1.31.

蔬菜产区概况调查表

存档号数______号

(1)地点 巴 县 屏都 乡 10 保 ______ 甲 碾子湾 小地名

(2)园主姓名 王茂轩 (3)农场面积 10 亩 (4)土地所有权 自有

(5)劳工数量 4×365 日 (6)调查周年期 1 年自[illegible]年2月10日起到[illegible]年2月9日止

(7)调查员姓名 [illegible]

已制卡

(甲) 蔬菜栽培及虫害情形

蔬菜名称		种苗来源	生长时期	栽培面积(方丈)	产(市斤)量	病虫名称	为害时期	土用防治方法	损失数量(市斤)	为害程度%	备注
第一季	茄子	自育	2月-5月	240	2800	土蚕	生长期	人工捉			
	辣椒	〃	2月-6月	270	250	蚜虫					
	菠菜	〃	12月-3月	30	150						
第二季	莴苣	〃	11月-3月	180	190						
	[illegible]	〃	3月-7月	180	1400	蚜虫					
	番茄	〃	3月-7月	30	800						
第三季	甘蓝	自育	8月-11月	480	840						
	红萝卜	〃	8月-1月	180	1220						

芥青菜	〃	11月-3月	120	820

(乙)施肥状况

蔬菜名称	肥料種類	來源	施用時期	施用数量(斤)	是否缺乏	備考
包心白菜	人糞尿	买	生育期	2500	否	
蘿蔔	〃	〃	〃	1000	〃	
茄子	〃	〃	〃	2700	〃	
辣椒	〃	〃	〃	2000	〃	
瓜類	〃	〃	〃	1300	〃	
甘藷	〃	〃	〃	800	〃	
青菜	〃	〃	〃	700	〃	

(丙)略述運銷狀況

69

华西实验区农业组蔬菜产区概况调查表（调查地点：巴县屏都乡） 9-1-260（20）

华西实验区农业组蔬菜产区概况调查表（调查地点：巴县屏都乡） 9-1-260（21）

中華平民教育促進會華西實驗區農業組
格式＿中＿1 1950.1.31.

蔬菜產區概況調查表

存檔號數＿＿＿＿號

(1)地点 巴 縣 屏都 鄉 上 保 5 甲＿＿＿＿小地名

(2)園主姓名 胡慶雲 (3)農場面積 18 畝 (4)土地所有权 自有

(5)勞工數量 5×365 日 (6)調查週年期 一 年自49年2月9日起至50年2月8日止

(7)調查員姓名＿＿＿＿

(甲)蔬菜栽培及虫害情形

季別	蔬菜名称	種苗来源	生長時期	栽培面積(丈)	產量(斤)	害虫名称	為害時期	所用防治方法	損失數量(斤)	為害程度%	備註
第一季	茄子	自有	12-6月	600	9,000	土蚕	3-5月	人工捉	600	6.6%	
	萵苣	〃	12-3月	240	1,200						
	四季豆	〃	3-6月	240	1,800	蚜虫	4-5月		180	10%	
第二季											由地主傳叙 江迅二三 李梅召洪 水泥儂點
第三											

四季	蘿蔔	〃	9—1月	390	15,000	〃	10-12月	〃	6,000	40%	
	青菜	〃	12-3月	90	1,200						

（乙）施肥狀況

蔬菜名稱	肥料種類	來源	施用時期	施用數量(斤)	是否缺乏	備註
茄子	人糞尿	買		90,000	[illegible]	
萵苣	〃	〃		6,000	〃	
大蒜	〃	〃		4,000	〃	
包包白菜	〃	〃		100,000	〃	
蘿蔔	〃	〃		40,000	〃	
青菜	〃	〃		8,000	〃	

（丙）略述運銷狀況

70

华西实验区农业组蔬菜产区概况调查表（调查地点：巴县屏都乡） 9-1-260（21）

华西实验区农业组蔬菜产区概况调查表（调查地点：巴县屏都乡） 9-1-260（22）

中華平民教育促進會華西實驗區農業組
格式 中 1 1950.1.31.

蔬菜產區概況調查表

存檔號數 ______ 號

(1)地点 巴 縣 屏都 鄉 8 保 3 甲 [illegible] 小地名

(2)園主姓名 王太云 (3)農場面積 3.5 畝 (4)土地所有权 (佃)

(5)勞工數量 365 日 (6)調查週年期 1 年自49年2月9日起至50年2月8日止

(7)調查員姓名 ______

(甲) 蔬菜栽培及虫害情形

	蔬菜名称	種苗来源	生長時期	栽培面積(方丈)	產量(斤)	菜虫名称	為害時期	所用防治方法	損失數量(斤)	為害程度%	備註
第一季	蘿蔔	自留	2-4月	60	1,400	葉猿虫	3月	红砒	200	14%	
	茄子	〃	2-5月	120	1,800	土蚕	3-4月	人工捉	250	14%	
	[illegible]	〃	3-6月	60	1,400	蚜虫	4-5月		100	7.1%	
第二季											[illegible]
第三季											

四季	蘿蔔	〃	9-1月	150	4500	〃	10-12月	42000	300	7%

(乙)施肥狀況

蔬菜名称	肥料種類	來源	施用時期	施用数量(斤)	是否缺乏	備 註
茄子	人糞尿	自	生長期	26000	否	
海椒	〃	〃		8000	〃	
包包白菜	〃	〃		18000	〃	
蘿蔔	〃	〃		7000	〃	

(丙)略述運銷狀況

71

华西实验区农业组蔬菜产区概况调查表（调查地点：巴县屏都乡） 9-1-260（23）

21

中華平民教育促進會華西實驗區農業組
格式 中—1 1950.1.31

蔬菜產區概況調查表

存檔號數______號

(1)地點 巴 縣 屏都 鄉 8 保 3 甲 七塊 小地名
(2)園主姓名 留一禹 (3)農場面積 2 畝 (4)土地所有權 自有
(5)勞工數量 365 日 (6)調查週年期 1 年自1949年2月9日起至1950年2月8日止
(7)調查員姓名______

(甲) 蔬菜栽培及虫害情形

	蔬菜名称	種苗来源	生長時期	栽培面積(方丈)	產量(市斤)	虫害名称	為害時期	採用防治方法	損失數量(市斤)	為害程度%	備註
第一季	茄子	自有	2—5月	60	1400	土蚕	3—4月	人工捉	400	30%	
第二季											二三兩季为洪水淹没时期不能栽種
第三季											

四季

（乙）施肥状况

蔬菜名称	肥料种类	来源	施用时期	施用数量（斤）	是否缺乏	备注
茄子	人粪尿	买	生长期	1500	缺	
萝卜	"	"	"	3000	否	

（丙）略述运销状况

72

华西实验区农业组蔬菜产区概况调查表（调查地点：巴县屏都乡）　9-1-260（23）

华西实验区农业组蔬菜产区概况调查表（调查地点：巴县屏都乡） 9-1-260（24）

中华平民教育促进会华西实验区农业组
格式 中—1 1950.1.31.

蔬菜產區概況調查表

存檔號數______號

(1)地點 巴 縣 屏都 鄉 8 保 3 甲 七块 小地名

(2)園主姓名 [illegible] (3)農場面積 2 畝 (4)土地所有权 自有

(5)勞工數量 365 日 (6)調查週年期 1 年 自1949年2月9日起至1950年2月8日止

(7)調查員姓名______

(甲) 蔬菜栽培及虫害情形

	蔬菜名称	種苗来源	生長时期	栽培面積(方丈)	(市)斤量	菜虫名称	為害时期	使用防治方法	損失数量(市)	為害程度%	備註
第一次	萝蔔	自有	2-4月	30	2,000	青虫	3月	红砒	200	10%	
	茄子	"	2-5月	30	600	土蚕	3-4月	人工捉			
第二次											二三两季为防水灾不能栽种
第三次											

四季	红白菜	〃	8-2月	30	800	青虫	10-1月	红砒	400	50%

（乙）施肥状况

蔬菜名称	肥料種類	來　源	施用時期	施用数量(斤)	是否缺乏	備　註
蘿蔔	人糞尿	買	生長期	2000	缺	
茄子	〃	〃	〃	[illegible]00	〃	
包心菜	〃	〃	〃	3000		

（丙）略述運銷狀況

华西实验区农业组蔬菜产区概况调查表（调查地点：巴县屏都乡） 9-1-260（25）

23

中華平民教育促進會華西實驗區農業組
式 中 1 1950.1.31.

蔬菜產區概況調查表

存檔號數______號

(1)地點 巴 縣 屏都 鄉 十 保 三 甲 老旧湾 小地名
(2)園主姓名 蒲明章 (3)農場面積 2.5 畝 (4)土地所有權 自有
(5)勞工數量 1.5×365日 (6)調查週年期 1 年自1949年3月8日起至1950年3月8日止
(7)調查員姓名______

(8)蔬菜栽培及虫害情形

	蔬菜名称	種苗來源	生長時期	栽培面積(方丈)	產量(斤)	害虫名称	為害時期	採用防治方法	損失數量(斤)	為害程度%	備註
第一季	茄子	自有	2-5月	90	1200	土蚕	3-4月	人工捉	400	20%	
	瓜類	〃	3-6月	80	4000	蚜虫	4-5月		100	10%	
第二季											二三两季为洪水淹没时期
第三季											

(七)施肥状况

蔬菜名称	肥料种类	来源	施用时期	施用数量(斤)	是否缺乏	备註
包包菜	人粪尿	买	生长期	15,000	缺	
大蒜	〃	〃	〃	5,000	〃	
茄子	〃	〃	〃	2,000	〃	
萝蔔	〃	〃	〃	1,000	〃	

(八)略述运销状况

74

华西实验区农业组蔬菜产区概况调查表（调查地点：巴县屏都乡） 9-1-260（25）

华西实验区农业组蔬菜产区概况调查表（调查地点：巴县屏都乡） 9-1-260（26）

中华平民教育促进会华西实验区农业组
表式 农甲 1 1950.1.31

蔬菜产区概况调查表

存档號数______號

（1）地点 巴 县 屏都 乡 8 保 3 甲 [illegible] 小地名

（2）园主姓名 [illegible] （3）农场面积 1.5 亩 （4）土地所有权 自有

（5）劳工数量 1.5×365 日 （6）调查周年期 1 年自[illegible]年2月[illegible]日起至[illegible]年2月[illegible]日止

（7）调查员姓名______

（7）蔬菜栽培及虫害情形

	蔬菜名称	种苗来源	生长时期	栽培面积（方）	产量（斤）	虫害名称	为害时期	采用防治方法	损失数量（斤）	为害程度%	备注
第一季	茄子	自育	2月-5月	60	1000	土蚕	3月-4月	人工捉	360	20%	
	[illegible]	〃	3月-6月	30	800	蚜虫	4月-5月		100	12%	
第二季											
第三季	莴笋	自采	8月-12月	30	150						

四季	蘿蔔	〃	9-1月	60	2,000	〃	10月-12月	〃	150	1/10

(乙) 施肥狀況

蔬菜名稱	肥料種類	來源	施用時期	施用數量(斤)	是否缺乏	備註
包包白菜	人糞尿	買	生長期	13,000	否	
蘿蔔	〃	〃	〃	9,000	否	
茄子	〃	〃	〃	16,000	〃	
瓜類	〃	〃	〃	7,000	〃	
菠菜	〃	〃	〃	2,000		

(丙) 略述運銷狀況(如……)

75

华西实验区农业组蔬菜产区概况调查表（调查地点：巴县屏都乡） 9-1-260（26）

华西实验区农业组蔬菜产区概况调查表（调查地点：巴县屏都乡） 9-1-260（27）

25

中华平民教育促进会华西实验区农业组
格式——中二1 1950.1.31.

蔬菜產區概況調查表

存檔號數________號

（1）地点 [illegible] 縣 屏都 鄉 [illegible] 保 [illegible] 甲________小地名

（2）園主姓名 [illegible] （3）農場面積 [illegible] 畝 （4）土地所有权 自有

（5）勞工數量 [illegible] 日 （6）調查週年期____年自__年__月__日起至__年__月__日止

（7）調查員姓名 [illegible]

已制卡

（甲）蔬菜栽培及虫害情形

	蔬菜名称	種苗来源	生長時期	栽培面積(方)	產量(斤)	蔬虫名称	為害時期	土用防治方法	損失數量(斤)	為害程度%	備註
第一季	海椒	自育	2-7月	60	800						
	茄子	〃	2-7月	60	1200						
第二季	[illegible]	自育	4-8月	50	1500	[illegible]	4-6月	[illegible]	200	20%	
	豇豆	〃	4-8月	40	800	蚜虫	6-8月	[illegible]	200	20%	
第三季	[illegible]	自育	7-11月	60	[illegible]	青虫	8-10月	手捉	400	10%	
	[illegible]	自育	9-3月	30	1500	猿叶虫	9-10月	〃	100	9%	
	[illegible]	自育	[illegible]	[illegible]	[illegible]	〃	[illegible]	[illegible]	[illegible]	[illegible]	

（乙）施肥狀況

蔬菜名称	肥料種類	來源	施用時期	施用数量(斤)	是否缺乏	備考
[illegible]	人糞尿	購買	生长期	1500斤	缺	
白菜	″		″	3000斤	″	

（丙）略述運銷狀況

大[illegible]在场上出卖

76

华西实验区农业组蔬菜产区概况调查表（调查地点：巴县屏都乡）　9-1-260（27）

华西实验区农业组蔬菜产区概况调查表（调查地点：巴县屏都乡） 9-1-260（28）

中華平民教育促進會華西實驗區農業組
格式 中 1 1950.1.31.

蔬菜產區概況調查表

存檔號數____號

(1)地点 巴 縣 屏都 鄉 2 保 1 甲 ____ 小地名
(2)園主姓名 陈[illegible] (3)農場面積 10 畝 (4)土地所有权 佃自楊[illegible]
(5)勞工數量 7×360 日 (6)調查週年期 年自 年 月 日起至 年 月 日止
(7)調查員姓名____

(甲) 蔬菜栽培及虫害情形

	蔬菜名称	種苗来源	生長時期	栽培面積(丈)	產(斤)量	病虫名称	發生時期	采用防治方法	損失數量(斤)	為害程度%	備註
第一季	菜豆	自育	2-5月	300	1,000	地老虎	2-5月	人工挖			
	小白菜	自育	2-4月	120	800	青虫	3-4月	人工捉	100	12%	
第二季	瓜类	自育	3-7月	300	10,000	瓜守	4-5月	红砒	2,000	20%	
	番茄	自育	3-7月	100	2,500	地老虎	3-5月	人工挖	500	20%	
	辣椒	自育	4-8月	100	500	地老虎	4-5月	人工挖	50	10%	
第三季	茄子	自育	4-8月	100	800						

（乙）施肥狀況

蔬菜名稱	肥料種類	來源	施用時期	施用數量(斤)	是否缺乏	備 註
包心菜	人糞尿	买	生长期	4000	不	
瓜類	〃 〃 〃	〃	〃	3,000	〃	
菜豆	〃 〃	〃	〃	1,000	〃	

（丙）略述運銷狀況

[illegible]

华西实验区农业组蔬菜产区概况调查表（调查地点：巴县屏都乡） 9-1-260（28）

华西实验区农业组蔬菜产区概况调查表（调查地点：巴县屏都乡）　9-1-260（29）

27

中華平民教育促進會華西实验區農業組
格式 中 1　1950.1.31.

蔬菜產區概況調查表

存檔號數＿＿＿號

(1)地点 巴 縣 屏都 鄉 九 保 八 甲 [illegible] 小地名

(2)園主姓名 [illegible]　(3)農場面積 20 畝　(4)土地所有权 [illegible]

(5)勞工數量 4×365 日　(6)調查適宜期 一 年自 [illegible] 年 [illegible] 月 [illegible] 日起至 [illegible] 年 [illegible] 月 [illegible] 日止

(7)調查員姓名＿＿＿

(甲) 蔬菜栽培及虫害情形

	蔬菜名称	種苗来源	生長時期	栽培面積(方丈)	產(斤)量	菜虫名称	發生時期	土用防治方法	損失數量(斤)	為害程度%	備註
第一季	茄子	自有	2月-7月	500	16,000	椿象	花期	[illegible]	3,000	18%	
	海椒	〃	2月-7月	300	6000	地老虎	苗期	[illegible]	1,000	18%	
	南瓜	〃	2月-7月	400	15,000	[illegible]	幼时	[illegible]	3,000	20%	
第二季	包心白	〃	6月-7月	600	30,000	青虫	[illegible]	[illegible]	5,000	18%	
	萵苣	〃	10月-2月	400	20,000	猿葉虫	[illegible]	[illegible]	6,000	25%	
	芥菜	〃	8月-2月	200	10,000	猿葉虫	[illegible]	[illegible]	2,000	20%	
第三季											

(乙)施肥狀況

蔬菜名称	肥料種類	來　源	施用時期	施用数量(斤)	是否缺乏	備　註
茄子	人糞尿	自家[illegible]	生长期	8000斤	否	
[illegible]	〃	〃	〃	15000斤	否	

(丙)略述運銷狀況

[illegible]木船[illegible]運至重慶銷售

78

华西实验区农业组蔬菜产区概况调查表（调查地点：巴县屏都乡）　9-1-260（29）

华西实验区农业组蔬菜产区概况调查表（调查地点：巴县屏都乡） 9-1-260（30）

28

中華平民教育促進會華西實驗區農業組
格式 中 1 1950.1.31

蔬菜產區概況調查表

存檔號數______號

(1)地点 巴 縣 屏都 鄉 九 保 八 甲 [illegible] 小地名
(2)園主姓名 [illegible] (3)農場面積 40 畝 (4)土地所有权 [illegible]
(5)勞工数量 5×365 日 (6)調查週期 一 年自[illegible]年2月9日起至[illegible]年2月8日止
(7)調查員姓名 [illegible]

(甲)蔬菜栽培及虫害情形

	蔬菜名称	種苗来源	生長時期	栽培面積(方)	產量(斤)	害虫名称	為害時期	所用防治方法	損失数量(斤)	為害程度%	備註
第一季	茄子	自育	2月-7月	800	26000	椿象	花期	無	4800	17%	
	海椒	" "	2月-7月	1000	20000	地老虎	苗期	無	3200	19%	
	南瓜	" "	2月-7月	600	19800	瓜守	幼時	無	5000	20%	
第二季	包心菜	" "	6月-2月	1600	80000	青虫	抱心時	人工捉	12800	18%	
	蘿蔔	" "	10月-2月	800	40000	猿葉虫	十月間	無	9600	21%	
第三季											

季

79

(乙) 施肥狀況

蔬菜名称	肥料種類	來源	施用時期	施用数量(斤)	是否缺乏	備註
包心白	人糞尿	購於渝	生長期	40000斤	否	
茄子	人糞尿	" "	"	13000斤	否	
蘿蔔	"	"	"	13000斤	否	

(丙) 略述運銷狀況

用木船運至重慶、銷售

华西实验区农业组蔬菜产区概况调查表（调查地点：巴县屏都乡） 9-1-260（30）

华西实验区农业组蔬菜产区概况调查表（调查地点：巴县屏都乡） 9-1-260（31）

中華平民教育促進會華西實驗區農業組
格式 中 1 1950.1.31.

蔬菜產區概況調查表

存檔號數 ______ 號

(1)地点 巴 縣 屏都 鄉 五 保 八 甲 [illegible] 小地名
(2)園主姓名 [illegible] (3)農場面積 35 畝 (4)土地所有权 [illegible]
(5)勞工數量 [illegible] 日工 (6)調查週年期 年自 年 月 日起至 年 月 日止
(7)調查員姓名 [illegible]

(甲) 蔬菜栽培及虫害情形

	蔬菜名称	種苗来源	生長時期	栽培面積(方丈)	產量(斤)	害虫名称	為害時期	采用防治方法	損失數量(斤)	為害程度%	備註
第一季	茄子	自育	2月-7月	8000	20000	椿虫	花期	無	4800	18%	
	辣椒	"	2月-7月	500	10000	地老虎	初時	無	1800	18%	
	海椒	"	2月-7月	700	14000	"	初時	無	2100	18%	
第二季	包心菜	"	8月-2月	1200	57000	青虫	包心時	人工捉	13000	25%	
	蘿蔔	"	9月-2月	800	32000	猿葉虫	1月間	無	8000	20%	
第三季	包心菜										
	蘿蔔										
	辣椒										

季

(乙)施肥狀況

蔬菜名稱	肥料種類	來源	施用時期	施用数量(斤)	是否缺乏	備註
包心菜	人糞尿	購於渝	生長時	30000斤	否	
蘿蔔	〃	〃	〃	15000斤	否	
辣椒	〃	〃	〃	5000斤	否	

(丙)略述運銷狀況

因未能運往重庆市銷售

80

华西实验区农业组蔬菜产区概况调查表（调查地点：巴县屏都乡） 9-1-260（32）

中華平民教育促進會華西實驗區農業組
格式 中 1 1950.1.31

蔬菜產區概況調查表

存檔號數 ______ 號

(1)地点 巴 縣 屏都 鄉 九 保 八 甲 金家灣 小地名
(2)園主姓名 王清華 (3)農場面積 40 畝 (4)土地所有权 何孝树
(5)勞工數量 5×365 個 (6)調查週年期 年自 年 2 月 9 日起至 年 2 月 8 日止
(7)調查員姓名 郭敏昌、程時富

(甲) 蔬菜栽培及虫害情形

	蔬菜名称	種苗來源	生長時期	栽培面積(方丈)	產量(斤)	蔬菜虫名称	為害時期	採用防治方法	損失數量(斤)	為害程度%	備註
第一季	瓜類	自育	2月-7月	500	20000	瓜蚜	苗時	無	2000斤	21%	低地不能栽植,防水淹
第二季	包心菜	自育	7月-2月	1000	50000	青虫	苞心時	人工捉	6000	68%	
	蓮菜	〃	9月-2月	200	12000	蚜虫	苗時	無	5000	17%	
	青菜	〃	9月-2月	200	6000	蚜虫	幼時	無	1000	6%	
第三季	蘿蔔	〃	10月-2月	600	30000	猿葉虫	〃	無	6000	20%	

（乙）施肥狀況

蔬菜名称	肥料種類	來源	施用時期	施用数量(斤)	是否缺乏	備註
包[illegible]菜	[illegible]	購[illegible]	生長時	2000斤	不	
菠菜	人糞尿	〃	〃	8,000斤	不	
青菜	〃	〃	〃	4000斤	不	
[illegible]	〃	〃		2000斤	不	

（丙）略述運銷狀況

[illegible]

华西实验区农业组蔬菜产区概况调查表（调查地点：巴县屏都乡） 9-1-260（33）

中華平民教育促進會華西實驗區農業組
格式__中__1 1950.1.31.

蔬菜產區概況調查表

存檔號數______號

(1)地点 巴 縣 屏都 鄉 [illegible] 保 [illegible] 甲 黄角樹 小地名

(2)園主姓名 侯銀山 (3)農場面積 20 畝 (4)土地所有权 黄吳氏

(5)勞工數量 [illegible] 日 (6)調查週年期__年自__年__月__日起至__年__月__日止.

(7)調查員姓名 郭錫男 程瑞彬

(8) 蔬菜栽培及虫害情形

	蔬菜名稱	種苗来源	生長時期	栽培面積(方丈)	產(斤)量	害虫名称	为害時期	土用防治方法	損失數量(斤)	為害程度%	備註
第一季	包心菜	自育	8月-2月	500	35,000	青虫	9-11月	[illegible]	5,000	15%	
	蘿蔔	〃 〃	11月-3月	300	15,000	猿葉虫	11月中旬	[illegible]	2,000	12%	
	萵筍	〃 〃	10月-2月	200	7,000	蚜虫	10月-11月	[illegible]	500	8%	
第二季	芥菜	〃	10月-4月	100	5,000						
	菠菜	〃 〃	9月-2月	100	1,500						
第三季	茄子	自育	2月-6月	300	5,000	椿象	4-5月	[illegible]	1,000	20%	
	辣椒	〃 〃	2月-8月	300	4,000	地老虎	3-4月	[illegible]	400	15%	
	胡瓜	〃 〃	3月-8月	200	3,000	[illegible]	4-5月	[illegible]	300	10%	

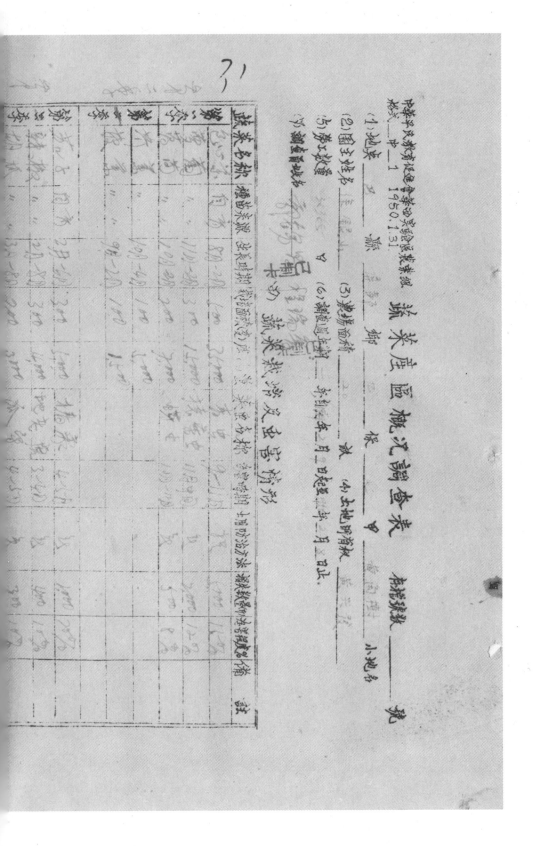

（乙）施肥狀況

蔬菜名称	肥料種類	來源	施用時期	施用数量(斤)	是否缺乏	備註
包心菜	人粪尿	购买		7500斤	否	
蘿蔔	〃	〃		3800斤	〃	
茄子	〃	〃		4000斤	〃	

（丙）略述運銷狀況

由本地運至重慶銷售，包心菜每斤8元，蘿蔔6元。

华西实验区农业组蔬菜产区概况调查表（调查地点：巴县屏都乡）　9-1-260（33）

华西实验区农业组蔬菜产区概况调查表（调查地点：巴县屏都乡）　9-1-260（34）

中華平民教育促進會華西实验区農業組
格式 中 1.1950.1.31.

蔬菜產區概況調查表

存檔號數______號

（1）地点 巴 縣 屏都 鄉 八 保 三 甲 [illegible] 小地名
（2）園主姓名 [illegible]（3）農場面積 12 畝（4）土地所有权 自有
（5）勞工数量 3/4 人（6）調查週年期 年自 年 月 日起至 年 月 日止
（6）調查员姓名 [illegible]

（甲）蔬菜栽培及虫害情形

	蔬菜名称	種苗来源	生長時期	栽培面積	產（斤）量	病虫名称	為害時期	土用防治法	損失数量	為害程度%	備註
第一季	茄子	自留	2—6月	200	600	蚜虫	5—6月		60	13%	
	海椒	自留	2—9月	300	1500	蚜虫					
	四季豆	自留	2—6月	200	1000	蚜虫	4—6月				
第二季	番茄	自留	4—9月	60	600				100	16%	
	[illegible]	自留	3—7月	200	6000	黄虫	3—5月		60	16%	
	[illegible]	自留									
第三季	[illegible]	自留	8—12月	60	200						
	红萝卜	自留	7—12月	40	400						
	[illegible]	自留	5—12月	40	1000						

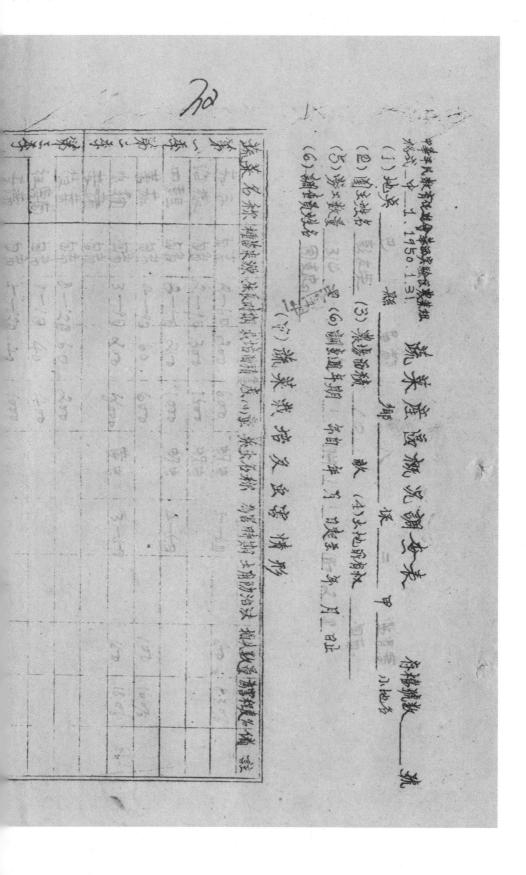

(乙)施肥狀況

蔬菜名称	肥料種類	來源	施用時期	施用数量(斤)	是否缺乏	備註
蘿蔔	人糞尿	買[illegible]	12—1月	80000斤	缺	[illegible]
包心白菜	〃	〃	生長期	50000	缺	
茄子	〃	〃	〃	80000	缺	
[illegible]	〃	〃	〃	90000	〃	
蕃茄	〃	〃	〃	100000斤		

(丙)略述運銷狀況

a. 蘿蔔[illegible] 60[illegible]　b. [illegible]　c. [illegible]

d. 距[illegible] 三十里　e. [illegible]運輸　f. 運銷時間約一日

g. 運銷費用[illegible]

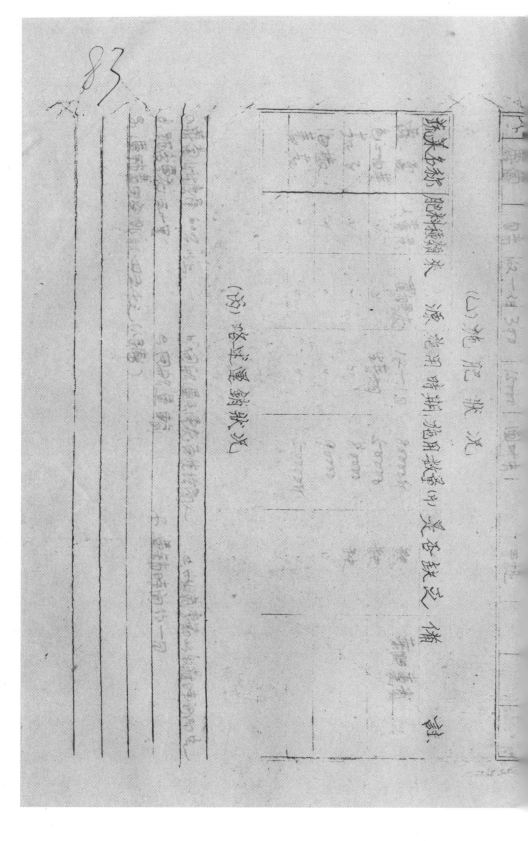

华西实验区农业组蔬菜产区概况调查表（调查地点：巴县屏都乡） 9-1-260（35）

33

中华平民教育促进会华西实验区农业组
格式—中—1.1950.1.31.

蔬菜产区概况调查表

存档号数______号

（1）地点 巴 县 屏都 乡 八 保 三 甲 [illegible] 小地名

（2）园主姓名 [illegible] （3）农场面积 九 亩 （4）土地所有权 [illegible]

（5）劳工数量 365工 日 （6）调查周年期 1 年自 [illegible] 年2月 日起至 [illegible] 年2月 1 日止

（6）调查员姓名 [illegible]

（甲）蔬菜栽培及虫害情形

蔬菜名称	种苗来源	生长时期	栽培面积	产（斤）量	病虫名称	为害时期	使用防治法	损失数量	为害程度%	备注
第一季 茄子	自育	2-6	100	3000	四老虎	生长期		50	10%	
蕃茄	〃	2-9	120	600	地老虎	幼苗期		30	15%	
四季豆	〃	3-5	80	200	蚜虫	生长期				
第二季 [illegible]	〃	3-8	50	3000	黄虫	生长期	石灰	100	30%	
[illegible]	〃	4-9	100	1200						
第三季 [illegible]	自留	8-12	60	180						
[illegible]	〃	[illegible]	200	10000						

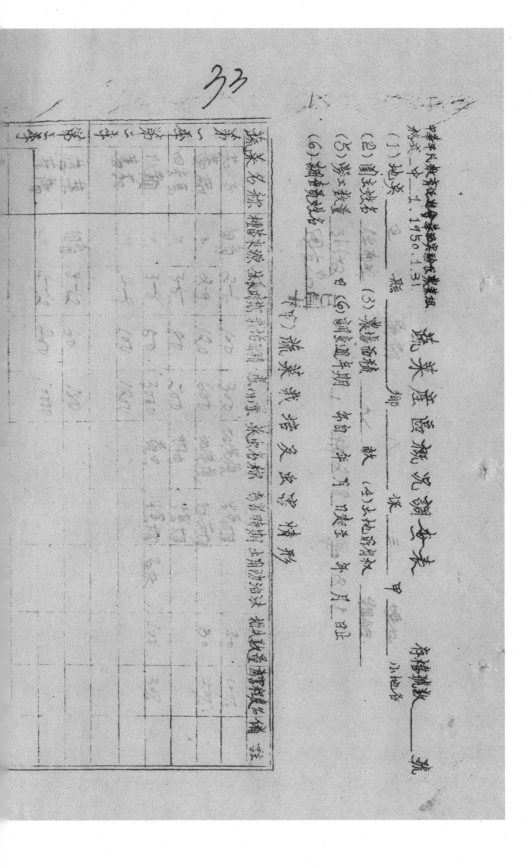

（乙）施肥狀況

蔬菜名称	肥料種類	来源	施用時期	施用数量(斤)	是否缺乏	備註
[illegible]	人糞尿	買	底肥	4800	不	
青菜	上			16000	不	
[illegible]				4000		
茄子				8000		

（丙）産品運銷狀況

a. [illegible]销售量[illegible]　　b. [illegible]商人　　c. [illegible]

d. 距[illegible]一千里　　e. [illegible]運輸　　f. 一月運銷時間約一日

g. 運輸費[illegible]4000元（人民幣）

华西实验区农业组蔬菜产区概况调查表（调查地点：巴县屏都乡） 9-1-260（36）

34

中华平民教育促进会华西实验区农业组
格式 中 1. 1950.1.31.

蔬菜产区概况调查表

存档号数＿＿＿号

（1）地点 巴 县 屏都 乡 八 保 二 甲 [illegible] 小地名
（2）园主姓名 [illegible] （3）农场面积 15 亩 （4）土地所有权 租佃
（5）劳工数量 [illegible] （6）调查周年期 自 年 月 日起至 年 2 月 2 日止
（6）调查员姓名 [illegible]

（甲）蔬菜栽培及虫害情形

	蔬菜名称	种苗来源	生长时期	栽培面积	产量	病虫名称	为害时期	防治法	损失数量	为害程度%	备注
第一季	莲花白	自育	2-5	360	12000	[illegible]	[illegible]	石灰	200	3%	
	茄子	〃	2-6	300	2000	蚜虫	〃		130	10%	
	[illegible]	〃	2-9	360	3000	〃					
第二季											
	此季为农忙期 没种菜										
第三季	[illegible]	自育	8-12月	100	500						
	红萝卜	〃	8-12	180	1200						

85

（乙）施肥狀況

蔬菜名称	肥料種類	來源	施用時期	施用數量（斤）	是否缺乏	備註
[illegible]	人糞尿	買	整期	100000	缺	
青菜	〃	〃	〃	20000	〃	
茄子	〃	〃	〃	50000	〃	
海椒	〃	〃	〃	50000	〃	

（丙）略述運銷狀況

a. [illegible] b. [illegible] c. [illegible]

d. [illegible] e. [illegible] f. [illegible]

华西实验区农业组蔬菜产区概况调查表（调查地点：巴县屏都乡） 9-1-260（36）

华西实验区农业组蔬菜产区概况调查表（调查地点：巴县屏都乡）　9-1-260（37）

35

中华平民教育促进会华西实验区农业组
六__中__1　1950.1.31

蔬菜产区概况调查表

存档号数________号

(1)地点 巴 县 屏都 乡 14 保 2 甲 彭家沟 小地名

(2)园主姓名 彭志清　(3)农场面积 5 亩　(4)土地所有权 自有

劳工数量 2×365 日　(6)调查周年期 1 年自 年2月14日起至50年2月18日止

(7)调查员姓名________

(甲) 蔬菜栽培及虫害情形

	蔬菜名称	种苗来源	生长时期	栽培面积(方)	产(市)量	害虫名称	为害时期	主用防治方法	损失数量(市)	为害程度%	备注
第一季	四季豆	自留	3—5月	150	600	蚜虫	6—5		50	10%	
	茄子	〃	2—7月	100	300	〃	5—6		6	20%	
	海椒	〃	2—9月	300	1400						
第二季											
第三季											
第四季	[illegible]	[illegible]	[illegible]	[illegible]	[illegible]	[illegible]	[illegible]				

(乙) 施肥狀況

蔬菜名称	肥料種類	來　源	施用時期	施用数量(斤)	是否缺乏	備　註
[illegible]	人[illegible]	買	[illegible]	3000	不	
包心白菜	〃	〃	〃	3000 8	〃	

(丙) 略述運銷狀況

86

华西实验区农业组蔬菜产区概况调查表（调查地点：巴县屏都乡）　9-1-260（37）

华西实验区农业组蔬菜产区概况调查表（调查地点：巴县屏都乡） 9-1-260（38）

中华平民教育促进会华西实验区农业组 表式 中 1 1950.1.31

蔬菜産區概况調查表

存檔號數＿＿＿＿號

(1)地点 巴 縣 屏都 鄉 中 保 五 甲 鄢家院 小地名

(2)園主姓名 彭兴国 (3)農場面積 5 畝 (4)土地所有权 自有

(5)勞工数量 2×365 日 (6)調查週年期 1 年自卅八年2月1日起至卅九年2月1日止

(7)調查員姓名＿＿＿＿

(甲) 蔬菜栽培及虫害情形

蔬菜名称		種苗来源	生長時期	栽培面積(方丈)	產量(斤)	害虫名称	為害時期	土用防治方法	損失數量(斤)	為害程度%	備註
第一季	四季豆	油子	3-6	180	500						
	茄子	〃	2-7	200	500						
	海椒	〃	2-9	400	1500						
第二季											
第三季											

(乙)施肥狀況

蔬菜名称	肥料種類	來　源	施用時期	施用數量(斤)	是否缺乏	備　　註
包心白	人粪尿	買	[illegible]	28000	不	
[illegible]				25000	不	

(丙)略述運銷狀況

87

华西实验区农业组蔬菜产区概况调查表（调查地点：巴县屏都乡）　9-1-260（38）

华西实验区农业组蔬菜产区概况调查表（调查地点：巴县屏都乡） 9-1-260（39）

中華平民教育促進會華西實驗區農業組
格式__中__1 1950.1.31.

蔬菜產區概況調查表

存檔號數________號

(1)地点 巴縣 縣 屏都 鄉 十一 保 一 甲 天平灣 小地名
(2)園主姓名 平愛農場 (3)農場面積 三十 畝 (4)土地所有权 佃用
(5)勞工數量 6×365 日 (6)調查適年期__ 本自民年__月__日起至__年__月__日止
(7)調查員姓名________

(甲) 蔬菜栽培及虫害情形

季别	蔬菜名稱	種苗來源	生長時期	栽培面積(方丈)	產量(斤)	害虫名称	為害時期	採用防治方法	損失數量(斤)	為害程度%	備註
第一季	蕃茄	本	3-9	120	2000	土蚕	3-4	撒石灰、樣子粉	200	20%	
	南瓜		3-10	120	1200	黄守瓜	4-5	撒草木灰石灰	500	15%	
	辣椒		3-10	300	800	土蚕	3-4	撒石灰、樣子粉	1200	30%	
第二季	小白菜		4-6	200	1200	黄条跳甲	4-5	撒灰	1000	40%	
	春甘藍		1-6	600	2000	粉蝶	4-5	捕捉	2000	50%	
	豇豆		3-8	300	1500	蚜虫	6-7月	烟草石灰撒	3500	25%	
第三季	秋黄瓜		7-9	200	1000	守瓜	8-9	撒石灰	200	20%	
	新宛豆		7-10	300	1500	猿叶虫	8-9	撒石灰	2200	30%	
	蘿蔔		3-10	200	2000	天蛾	7-8	捕捉	700	15%	
第[illegible]	甘藍		8-[illegible]	600	[illegible]	猿叶虫	8-9	撒石灰	[illegible]	[illegible]	

(乙) 施肥状况

蔬菜名称	肥料種類	來源	施用時期	施用數量(斤)	是否缺乏	備註
番茄	人	本	3.5.6.	800	不	
南瓜	糞		3.5.7.	800		
黄秧白	尿		7.9.	1000	感	
甘蓝			9.10.11.	1200		
蘿卜	廄肥		9.10.	800	缺	
萵苣	肥		10.11.12	700		
包米	甘	地	3.4.5.	600	乏	

(丙) 略述運銷狀況

华西实验区农业组蔬菜产区概况调查表（调查地点：江北县大石乡） 9-1-260（40）

38

中華平民教育促進會華西實驗區農業組　**蔬菜產區概況調查表**　存檔號數________號

格式—中—1. 1950.1.31.

(1)地点 江 北 縣 大 石 鄉 2 保 3 甲 [illegible] 小地名

(2)園主姓名 余绍[illegible] (3)農場面積 0.35 畝 (4)土地所有权 佃入

(5)勞工數量 11 日 (6)調查週年期 1 年自1949年2月11日起至1950年2月10日止

(7)調查員姓名 [illegible]

（甲）蔬菜栽培及虫害情形

	蔬菜名称	種苗来源	生長時期	栽培面積(畝)	產(斤)量	菜虫名称	為害時期	土用防治方法	損失数量(斤)	為害程度%	備考
第一季	三月豆	自有	1-4	0.35畝	1300斤						
第二季	[illegible]豆	〃	4-7	0.35畝	1100斤	[illegible] 地蚕	4-7	[illegible]	200斤	18%	
第三季											

四季	青菜	〃	8-12	0.1〃	350斤	螟虫	8-10	[illegible]	20斤	14%	[illegible]
	莴苣	〃	8-12	0.15〃	400斤						

（乙）施肥狀況

蔬菜名称	肥料種類	來源	施用時期	施用数量(斤)	是否缺乏	備註
三月豆	人畜糞尿	自有	1-3	1500斤	缺乏	
豇豆	〃	〃	4-6	1500斤	〃	
萝卜(?)	〃	〃	8-10	500斤	〃	
青菜	〃	〃	8-11	400斤	〃	
莴苣	〃	〃	8-11	500斤	〃	

（丙）略述運銷狀况

自運至[illegible]中[illegible]

华西实验区农业组蔬菜产区概况调查表（调查地点：江北县大石乡） 9-1-260（41）

39

中華平民教育促進會華西实驗區農業組
格式—中—1.1950.1.31

蔬菜產區概況調查表

存檔號數＿＿號

(1)地点 江北 縣 大石 鄉 1 保 7 甲 長嶺崗 小地名

(2)園主姓名 王二和 (3)農場面積 2.3 畝 (4)土地所有权 佃入

(5)勞工數量 2.5 日 (6)調查週年期 1 年自1949年2月11日起至1950年2月10日止

(6)調查员姓名 田光明 易明高

（甲）蔬菜栽培及虫害情形

	蔬菜名稱	種子來源	生長時期	栽培面積	產(市)量	菜虫名稱	為害時期	採用防治法	損失數量	為害程度%	備註
第一季	四季豆	[illegible]	[illegible]	[illegible]	1100斤	[illegible]	2-3月	[illegible]	120斤	10%	風災
	豇豆	[illegible]	[illegible]	[illegible]	800斤	[illegible]	2-3月		[illegible]	20%	山獸
	南瓜	自留	[illegible]	[illegible]	800斤	[illegible]	2-3月		100斤	10%	
第二季											
第三季											

（乙）施肥状况

蔬菜名称	肥料種類	來源	施用時期	施用数量（斤）	是否缺乏	備考
四季豆	人畜糞尿	人、豬、牛、[illegible]	2-5月	1000斤	稍缺	
豇豆	〃	〃	1-3月	800斤	稍缺	
南瓜	〃	〃	1-5月	750斤		
莴笋	〃	〃	7-11月	600斤		
蕹菜	〃	〃	7-12月	200斤		

（丙）略述運銷狀况

自運至阿[illegible]及大竹林出售

88

华西实验区农业组蔬菜产区概况调查表（调查地点：江北县大石乡）　9-1-260（41）

华西实验区农业组蔬菜产区概况调查表（调查地点：江北县大石乡） 9-1-260（42）

40

中華平民教育促進會華西實驗區農業組 **蔬菜產區概況調查表** 存檔號數______號

格式—中—1. 1950.1.31.

(1)地点 江北 縣 大石 鄉 1 保 3 甲 大堰溝 小地名

(2)園主姓名 劉海廷 (3)農場面積 0.3 畝 (4)土地所有权 佃入

(5)勞工數量 1.5 工日 (6)調查週年期 1 年自1949年2月1日起至1950年2月10日止

(7)調查員姓名 宋衍[illegible] 楊明高

(甲)蔬菜栽培及虫害情形

蔬菜名称		種苗来源	生長時期	栽培面積(畝)	產(斤)量	菜虫名称	為害時期	施用防治方法	損失数量(斤)	為害程度%	備考
第一季	三月豆	自	[illegible]	0.2畝	500斤	土蚕	2-3月	—	100斤	20%	
	南瓜	〃	〃	0.1畝	500斤	黄虫	〃	—	70斤	25%	
第二季	黄瓜	自	3月-7月	0.2畝	450斤	[illegible]	4-5月	—	80斤	20%	
	豇豆	〃	〃	0.1畝	250斤	[illegible]	〃	—	50斤	20%	
第三季											

四季	萵苣	〃	7-12月	[illegible]	1000斤		—	—		—	[illegible]
	白菜	〃	7-12月	[illegible]	300斤	[illegible]	8-9月	—	[illegible]	40%	

(乙)施肥狀況

蔬菜名稱	肥料種類	來源	施用時期	施用數量(市)	是否缺乏	備註
[illegible]	人畜糞尿	自有及買	1-3月	[illegible]	缺乏	
南瓜		〃	[illegible]	200斤		
黄瓜		〃	3-6月	500斤	〃	
[illegible]		〃	3-6月	300斤	〃	
[illegible]		〃	7-11月	200斤		
[illegible]		〃	7-11月	200斤		

(丙)略述運銷狀況

自運到[illegible]，[illegible]。

89

华西实验区农业组蔬菜产区概况调查表（调查地点：江北县大石乡） 9-1-260（43）

41

中华平民教育促进会华西实验区农业组
中 1、1950.1.31.

蔬菜產區概況調查表

存檔號數____號

（1）地点 江北 县 大石 乡 1 保 5 甲 大溪沟 小地名

（2）園主姓名 乔汉江 （3）農場面積 0.32 畝 （4）土地所有权 自有一部佃入一部

（5）勞工數量 11 日工 （6）調查時期 1949年2月11日起至1950年2月10日止

（6）調查員姓名 宋绍祥 杨明高 制卡

（甲）蔬菜栽培及虫害情形

	蔬菜名稱	種子來源	生長時期	栽培面積	產量	病虫名称	為害時期	主要防治法	損失數量	為害程度%	備註
第一季	三月豆	自有	1—4	0.32畝	1300斤						
第二季	豇豆	〃	4—7	0.32畝	1600斤	大肚七、土蚕	4—7	手捉、以撒灰	200斤		
	椒	〃	4—7	0.05〃	90斤	土蚕	4—5	手捉	5斤		
	茄	〃	4—7	0.05〃	50斤	土蚕	4—5	手捉	5斤		
第三季											

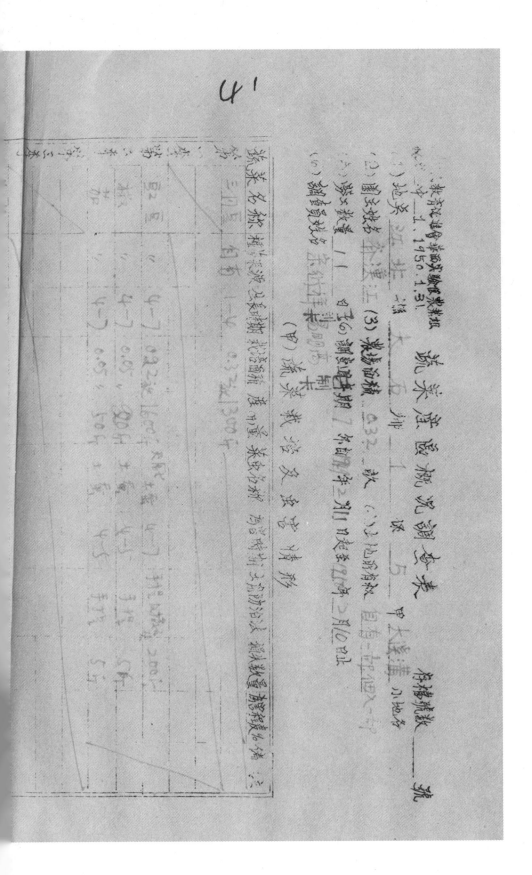

（乙）施肥狀況

蔬菜名稱	肥料種類	來源	施用時期	施用數量(斤)	是否缺乏	備註
三月豆	人糞猪牛糞尿	自有	1—3	2500斤	缺	
豇豆	〃	〃	4—6	2500斤	〃	
海椒	〃	〃	4—6	50斤	〃	
茄	〃	〃	4—6	50斤	〃	
萵苣	〃	〃	8—12	1500斤	〃	
甕菜		〃	8—11	300斤	〃	

（丙）略述運銷狀況

自運至[illegible]（嘉陵江口）或大竹林[illegible]出售，有時售給菜販

华西实验区农业组蔬菜产区概况调查表（调查地点：江北县大石乡）　9-1-260（43）

华西实验区农业组蔬菜产区概况调查表（调查地点：江北县大石乡） 9-1-260（44）

U2

中華平民教育促進會華西實驗區農業組 格式—中—1. 1950.1.31.

蔬菜產區概況調查表

存檔號數 ______ 號

(1)地点 江北 縣 大石 鄉 第1保 保 四 甲 [illegible] 小地名

(2)園主姓名 曹景宣 (3)農場面積 4 畝 (4)[illegible]

(5)勞工數量 120 日 (6)調查週年期 1 年自1949年2月10日起至1950年2月1日止

(7)調查員姓名 [illegible]

(甲)蔬菜栽培及虫害情形

蔬菜名称		種苗来源	生長時期	栽培面積(畝)	產(斤)量	菜虫名称	為害時期	土用防治方法	損失數量(斤)	為害程度%	備考
第一季	四季豆	自給	2-4月	[illegible]	[illegible]	[illegible]	[illegible]	[illegible]	[illegible]	[illegible]	
	南瓜	〃	4-6月	[illegible]	[illegible]	[illegible]	[illegible]	[illegible]	[illegible]	[illegible]	
第二季	[illegible]	[illegible]	[illegible]	0.5畝	[illegible]	[illegible]	[illegible]	[illegible]	[illegible]	[illegible]	
第三	瓢兒白	[illegible]	[illegible]	0.7畝	[illegible]	[illegible]	[illegible]	[illegible]	[illegible]	12%	

四季	豆	下	[illegible]	7-10月	[illegible]	[illegible]	[illegible]	8-9月	[illegible]	200斤	[illegible]
	甘	三	购买	8-9月	0.4亩	1000斤	[illegible]	8-9月	[illegible]	200斤	200元

(乙)施肥狀况

蔬菜名称	肥料種類	來源	施用時期	施用数量(斤)	是否缺乏	備註
四季豆	人粪尿	[illegible]	2-9月	4000斤	[illegible]	
南瓜			2-3月	3000斤		
[illegible]			8-11月	3000斤		
[illegible]			8-11月	1500斤		
[illegible]			6-8月	8000斤		

(丙)略述運銷狀况

[illegible]

华西实验区农业组蔬菜产区概况调查表（调查地点：江北县大石乡） 9-1-260（45）

45

中华平民教育促进会华西实验区农业组
格式—中—1、1950 1.31

蔬菜產區概況調查表

存檔號數＿＿號

(1)地点 江北 縣 大石 鄉 1 保 4 甲 唐家嘴 小地名

(2)園主姓名 陳金山 (3)農場面積 1 畝 (4)土地所有权 個人

(5)勞工數量 3 工 (6)調查年期 1 年自 年2月10日起至 年2月9日止

(6)調查員姓名 宋彬 劉易明

（甲）蔬菜栽培及虫害情形

蔬菜名称		種苗来源	生長時期	栽培面積	產(斤)量	菜虫名称	為害時期	土用防治法	損失數量	為害程度%	備註
第一季	三月豆	自	1-4	0.8畝	600斤						
	南瓜	〃	1-4	0.05畝	150斤	黄虫	2-3	捉之灰	50斤	33%	
	[illegible]	〃	1-5	0.05畝	200斤						
	萵苣										
第二季	辣椒	〃	3-6	0.05畝	20斤	土蠶	3-4	手捉	5斤	25%	
	茄子	〃	3-6	0.05畝	30斤	土蠶	3-4	手捉	5斤	16.6%	
第三季											

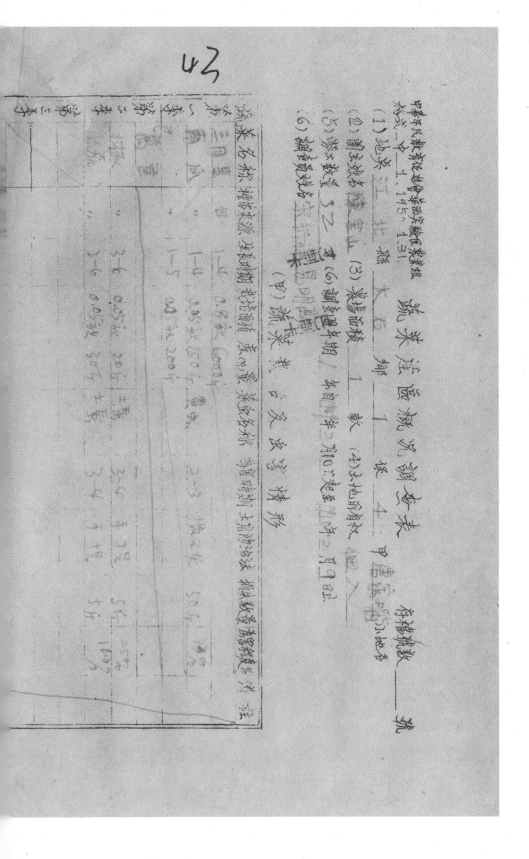

十	菠菜	〃	8-11	0.3〃	1000斤		

（乙）施肥状况

蔬菜名称	肥料种类	来源	施用时期	施用数量(斤)	是否缺乏	備考
三月豆	人畜粪尿	自有粪尿	1-3	7000斤	缺乏	
南瓜	〃	〃	1-3	300斤	〃	
萵苣	〃	〃	1-4	3000斤	〃	
椒	〃	〃	3-5	50斤	〃	
茄	〃	〃	3-5	50斤	〃	
白菜	〃	〃	8-11	3000斤	〃	

（丙）产品运销状况

[illegible]

华西实验区农业组蔬菜产区概况调查表（调查地点：江北县大石乡） 9-1-260（46）

中华平民教育促进会华西实验区农业组
[illegible] 中 1.1950.1.31.

蔬菜產區概况調查表

存檔號数＿＿號

（1）地點 江北 縣 大石 鄉 1 保 4 甲 [illegible] 小地名

（2）園主姓名 [illegible] （3）農場面積 0.5 畝 （4）土地所有权 自有

（5）勞工數量 16 工 （6）調查週年期 1949年2月10日起至1950年2月9日止

（6）調查員姓名 [illegible]

（甲）蔬菜栽培及虫害情形

	蔬菜名称	種子来源	生長時期	栽培面積	產（斤）量	菜虫名称	為害時期	土用防治法	損失數量	為害程度%	備註
第一季	三月豆	自留	[illegible]	0.3畝	700斤	[illegible]	[illegible]	[illegible]	100斤	15%	
	豌豆	自留	[illegible]	0.2畝	[illegible]	[illegible]	[illegible]		800斤	[illegible]	
第二季	辣椒	買	[illegible]	0.25畝	500斤	[illegible]		[illegible]	50斤	10%	
	茄子		[illegible]	0.25畝	450斤	[illegible]			60斤	15%	
第三季											

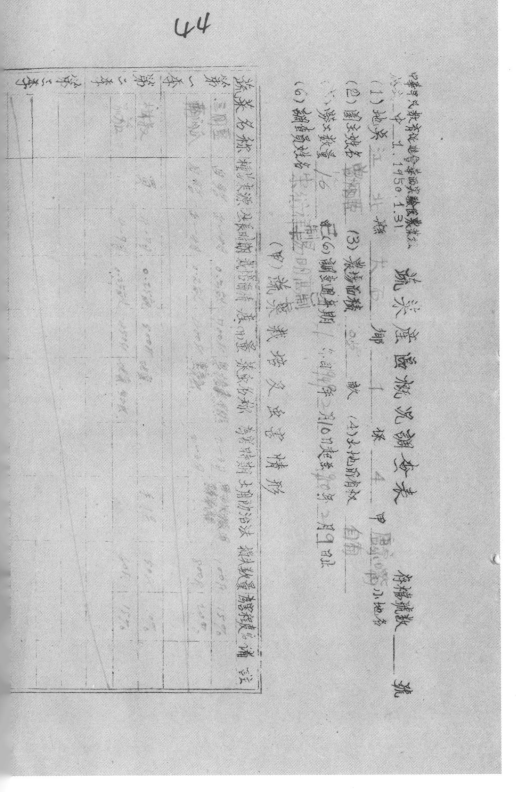

（乙）施肥状况

蔬菜名称	肥料種類	來源	施用時期	施用数量（斤）	是否缺乏	備考
三月豆	人畜糞尿	自給或買	2-3月	600斤	缺	
南瓜	〃	〃	2-3月	300斤	〃	
[illegible]	〃	〃	4-6月	1000斤	〃	
冬莧菜	〃	〃	7-11月	500斤	〃	
[illegible]笋	〃	〃	〃	600斤	〃	
萵笋	〃	〃	〃	300斤	〃	

（丙）略述運銷狀况

[illegible]

华西实验区农业组蔬菜产区概况调查表（调查地点：江北县大石乡） 9-1-260（47）

45

中華平民教育促進會華西實驗區農業組 蔬菜產區概況調查表 存檔號數＿＿＿號

格式—中—1. 1950.1.31.

(1)地点 江北 縣 大石 鄉 十 保 四 甲 唐家嘴 小地名

(2)園主姓名 曾志清 (3)農場面積 3.6 畝 (4)[illegible]

(5)勞工數量 [illegible] (6)調查週年期 [illegible]年自[illegible]年[illegible]月[illegible]日起至1950年2月9日止

(7)調查員姓名 田先[illegible]

甲)蔬菜栽培及虫害情形

蔬菜名称		種苗来源	生長時期	栽培面積	產量	菜虫名称	為害時期	土用防治方法	損失数量	為害程度%	[illegible]	註
第一季	四季豆	自給	3月-[illegible]	1.5畝	2000斤	地蚕 [illegible]	3月-7月	手捉	1000斤	50%		
	南瓜	自給	2月-6月	1.7畝	1500斤	地蚕 [illegible]	2月-6月	手捉	350斤	25%		
	茄子	自給	3月-7月	0.2畝	100	地蚕 [illegible]	3月-7月	手捉	10斤	10%		
第二季												
第三季												

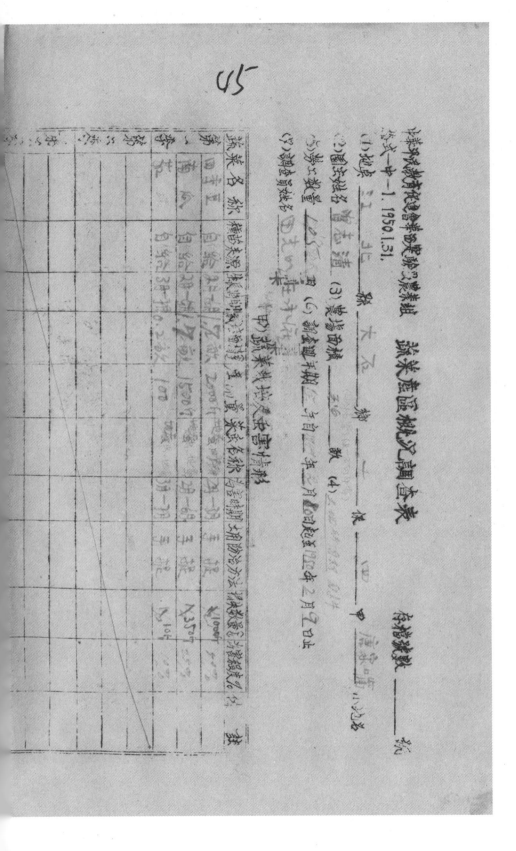

(乙)施肥狀況

蔬菜名称	肥料種類	來　　源	施用時期	施用數量(市)	是否缺乏	備
四季豆	人糞尿	買	3月	2000斤	缺	
南瓜	〃	〃	3月	1200斤	〃	
椒茄	〃	自製	3月	100斤	〃	
瓢兒白	〃	買	10—12月	1200斤	〃	
蓮花白	〃	〃	9—12月	1500斤	〃	
青菜	〃	自製	9—12月	200斤	〃	

(丙)略述運銷狀況

以上販賣，自己挑至石[illegible]口[illegible]賣，兼販挑至石[illegible]口及重慶市[illegible]

94

华西实验区农业组蔬菜产区概况调查表（调查地点：江北县大石乡）　9-1-260（47）

华西实验区农业组蔬菜产区概况调查表（调查地点：江北县大石乡） 9-1-260（48）

中華平民教育促進會華西實驗區農業組　**蔬菜產區概況調查表**　存檔號數＿＿＿＿號

格式一中一1. 1950.1.31.

(1)地点　江北　縣　大石　鄉　十　保　四　甲　廖家嘴　小地名

(2)園主姓名　[illegible]　(3)農場面積　0.03　畝　(4)

(5)勞工數量　1　名　(6)調查週年期　1　年自1949年2月12日起至1950年2月9日止

(7)調查員姓名　[illegible]

（甲）蔬菜栽培及虫害情形

蔬菜名称		種苗来源	生長時期	栽培面積(畝)	產(斤)量	菜虫名称	为害時期	土用防治方法	損失数量(斤)	为害程度%	備註
第一季	三月豆	自給	1-4	0.02	60斤						
	南瓜	〃	1-4	0.005	30斤	黄虫	2-4	[illegible]	10斤	30%	
第二季	辣椒	〃	3-6	0.0025	20斤	土蚕	3-4	手捉	5斤	25%	
	茄子	〃	3-6	0.0025	20斤	土蚕	3-4	手捉	10斤	25%	
第三季											

子	蒜苗	〃	8-10	0.9	〃	15斤			

（乙）施肥狀況

蔬菜名称	肥料種類	來　源	施用時期	施用数量(斤)	是否缺乏	備　註
三月豆	人糞尿	自有	1-3	30斤	缺	
南瓜	〃	〃	1-3	30斤	〃	
辣椒	〃	〃	3-5	40斤	〃	
牛皮菜	〃	〃	8-11	30斤	〃	
金貫菜	〃	〃	8-11	30斤	〃	
蒜苗	〃	〃	8-11	30斤	〃	

（丙）略述運銷狀况

自運至回龍或大竹林出售

95

华西实验区农业组蔬菜产区概况调查表（调查地点：江北县大石乡）　9-1-260（48）

华西实验区农业组蔬菜产区概况调查表（调查地点：江北县大石乡） 9-1-260（49）

中华平民教育促进会华西实验区农业组
水 中 1 1950.1.31

蔬菜产区概况调查表

存档号数____号

1 地点 江北 县 大石 乡 1 保 6 甲 [illegible] 小地名

(2) 农户姓名 [illegible] (3) 农场面积 0.8 亩 (4) 土地所有权 [illegible]

(5) 劳工数量 2 人 (6) 调查期年期 一年自 48 年 [illegible] 月 9 日起至 1950 年 2 月 5 日止

(7) 调查员姓名 [illegible]

已制卡 制卡

（甲）蔬菜栽培及虫害情形

	蔬菜名称	种苗来源	生长时期	栽培面积	产(市)量	病虫名称	为害时期	采用防治法	损失数量	为害程度%	备注
第一季	三月豆	自留	48-49	0.5亩	1000斤	—					
	白菜	自留	48-48	0.3亩	600斤	[illegible]	2-3月	—	0.05	16.5%	
第二季											
第三季											

9	[illegible]	[illegible]	[illegible]	0.5[illegible]	200斤

(乙)施肥状况

蔬菜名称	肥料種類	来源	施用时期	施用数量(斤)	是否缺乏	備註
三月豆	人粪尿	[illegible]		500斤	缺	
南瓜	人粪尿			300斤		
[illegible]	人粪尿			700斤		
莴苣	人粪尿			500斤		
[illegible]	人粪尿			1000斤		

(丙)略述运销状况

[illegible]

华西实验区农业组蔬菜产区概况调查表（调查地点：江北县大石乡） 9-1-260（50）

…育促進會華西實驗區農業組
…中__1、1950.1.31

蔬菜產區概况調查表

存檔號數____號

(1)地點 江北 縣 大石 鄉 [illegible] 保 6 甲 [illegible] 小地名

(2)主姓名 [illegible] (3)農場面積 [illegible] 畝 (4)土地所有权 [illegible]

(5)勞工數量 28 (6)調查週年期 自[illegible]年[illegible]月[illegible]日起至[illegible]年[illegible]月8日止

(7)調查員姓名 [illegible]

(甲)蔬菜栽培及虫害情形

蔬菜名稱	種苗来源	生長時期	栽培面積	產量	害虫名称	為害時期	使用防治法	損失數量	為害程度%	備註
三月豆	自留	[illegible]	0.5[illegible]	1200斤	[illegible]	2-3月	—	100斤	15%	
黄瓜	自留	[illegible]	0.4[illegible]	850斤	[illegible]	2-3月	—	400斤	20%	

第一季、第二季、第三季

四季	莴苣	[illegible]	[illegible]	0.3亩	650斤	—
	青菜	[illegible]	[illegible]	0.2亩	300斤	—

(乙)施肥状况

蔬菜名称	肥料种类	来源	施用时期	施用数量(斤)	是否缺乏	备注
三月豆	人粪尿	自备		800斤	缺	
黄瓜	人粪尿	自备		400斤	缺	
莲花白	人粪尿	自备		1000斤	缺	
莴苣	人粪尿	自备		500斤	缺	
青菜	人粪尿	自备		200斤	缺	

(丙)略述运销状况

[illegible]

97

华西实验区农业组蔬菜产区概况调查表（调查地点：江北县大石乡） 9-1-260（50）

华西实验区农业组蔬菜产区概况调查表（调查地点：江北县大石乡） 9-1-260（51）

47

中華平民教育促進會華西實驗區農業組
格式—甲—1 1950.1.31.

蔬菜產區概況調查表

存檔號數＿＿＿＿號

(1)地点 江北 縣 大石 鄉 1 保 1 甲 鳳棲坨 小地名
(2)園主姓名 任榮生 (3)農場面積 2 畝 (4)土地所有权 自
(5)勞工數量 60 日 (6)調查週年期 1 年自1949年2月16日起至1950年2月15日止
(7)調查員姓名＿＿＿＿

(甲) 蔬菜栽培及虫害情形

	蔬菜名称	種苗来源	生長時期	栽培面積(畝)	産量(斤)	害虫名称	為害時期	采用防治方法	損失數量(斤)	為害程度%	備註
第一季	南瓜	買	1月—4月	0.8畝	1500斤	守瓜，地蚕	2月—3月	捉	150斤	10%	
	黄瓜	買，自留	1月—4月	0.4	700斤	守瓜，地蚕	2月—3月	捉	100斤	12%	
	三月豆	買，自留	1月—4月	0.8	1000斤	地蚕			100斤	10%	
第二季											
第三季											
第[illegible]	黄[illegible]	自留	[illegible]	0.8畝	[illegible]	[illegible]	[illegible]	紅[illegible]	[illegible]	[illegible]	

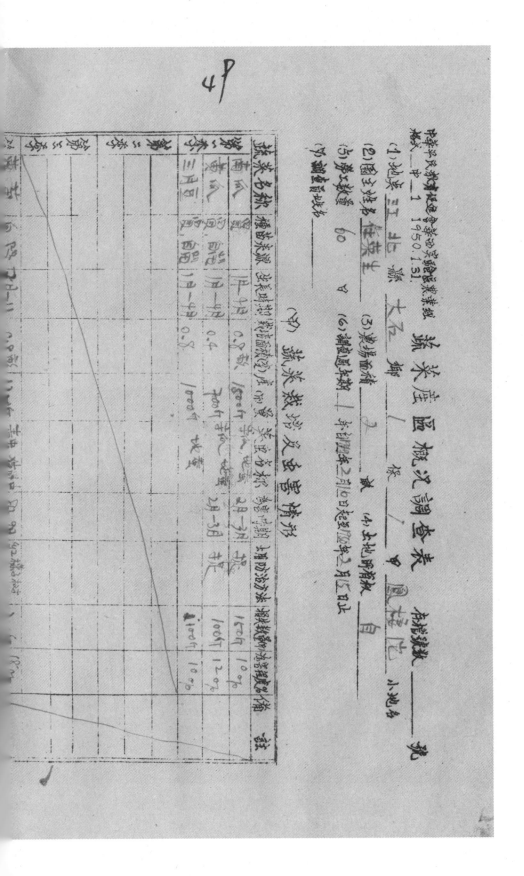

（乙）施肥狀況

蔬菜名称	肥料種類	來源	施用時期	施用数量（斤）	是否缺乏	備註
三月豆	灰、糞尿	自給、購買	1月—3月	1500斤	缺乏	
南瓜	糞尿	自給、購買	1月—3月	1500斤	缺乏	
黄瓜	糞尿	自給、購買	1月—3月	2000斤	缺乏	
蘿卜	灰、糞尿	自給、購買	8月—11月	3000斤	缺乏	
萵苣	灰、糞尿	自給、購買	8月—11月	2500斤	缺乏	
飘儿白	灰、糞尿	自給、購買	8月—10月	600斤	缺乏	

（丙）略述運銷狀况

自運磁器口零賣，或由菜販批售至重庆临江门

98

华西实验区农业组蔬菜产区概况调查表（调查地点：江北县大石乡）　9-1-260（51）

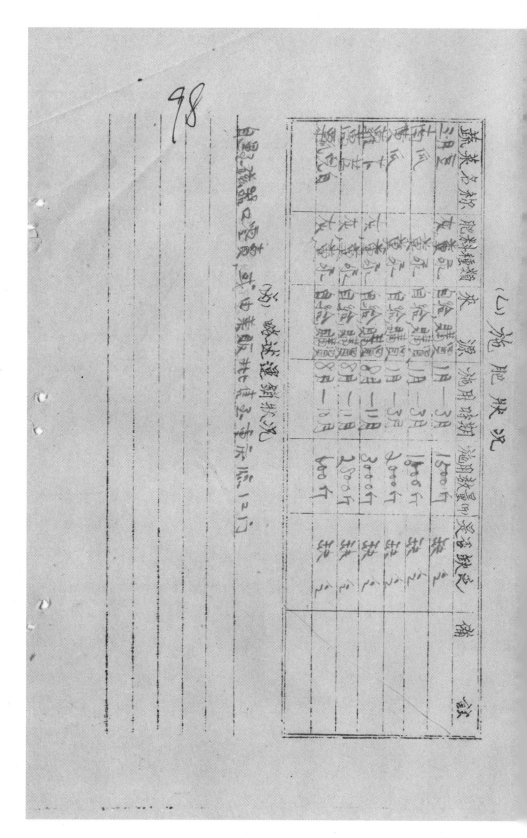

华西实验区农业组蔬菜产区概况调查表（调查地点：江北县大石乡） 9-1-260（52）

52

中華平民教育促進會華西實驗區農業組
格式 中 1 1950.1.31.

蔬菜產區概況調查表

存檔號數 ______ 號

(1)地点 江北 縣 大石 鄉 1 保 1 甲 鳳棲溪 小地名
(2)園主姓名 任富有 (3)農場面積 1.5 畝 (4)土地所有权 自有
(5)勞工數量 46 五 (6)調查週年期 1 年自49年2月16日起至50年2月15日止
(7)調查員姓名 宋衍祥、王水清

(甲) 蔬菜栽培及虫害情形

	蔬菜名称	種苗来源	生長時期	栽培面積(畝)	產量(斤)	菜虫名称	為害時期	所用防治方法	損失數量(斤)	為害程度%	備註
第一季	三月豆	買	1月—4月	0.6畝	1500斤	地蚕	2月—3月	捉	300斤	28%	
	南瓜	"	1月—4月	0.5	900斤	守瓜、地蚕	2月—3月	"	100斤	11%	
	黄瓜	"	1月—4月	0.4	800斤	守瓜、地蚕	2月—3月	"	100斤	12%	
第二季											
第三季											
[illegible]	[illegible]	買	8月—11月	0.[illegible]畝	[illegible]	猿叶虫、菜虫	8月—9月		100斤	18%	

(乙) 施肥状况

蔬菜名称	肥料种类	来源	施用时期	施用数量(斤)	是否缺乏	备註
三月豆	人粪尿	自给	1月—3月	2000斤	缺	
南瓜	〃	〃	1月—3月	1000斤	〃	
黄瓜	〃	〃	1月—3月	800斤	〃	
瓢儿白	灰、粪尿	〃	8月—10月	1500斤	〃	
莴苣	粪尿	〃	8月—11月	1000斤	〃	
羊角菜	灰、粪尿	〃	8月—11月	600斤	〃	
		〃				

(丙) 略述运销状况

自己挑到磁器口贩卖，或由菜贩运至重庆，运售菜贩抽10%左右

99

华西实验区农业组蔬菜产区概况调查表（调查地点：江北县大石乡） 9-1-260（53）

中华平民教育促进会华西实验区农业组

蔬菜產區概況調查表

存檔號數____號

填表日期 中 1、1950 1 31

（1）地点 江北縣 大石鄉 1 保 1 甲 梁沱（?）小地名

（2）農家姓名 袁德章 （3）農場面積 2 畝 （4）土地所有权 自

（5）勞工數量 不 （6）調查週年期 自1949年2月15日起至1950年2月14日止

調查員姓名 王永[illegible] 田之明

（甲）蔬菜栽培及虫害情形

	蔬菜名稱	種苗來源	生長時期	栽培面積	產（斤）量	菜虫名稱	為害時期	土用防治法	損失數量	為害程度%	備註
第一季	三月豆	購，自留	1月—4月	0.8畝	1600斤						
	四季豆	"	1月—4月	0.4	800						
	南瓜	"	1月—4月	0.8	2000	守瓜 地蚕	2月—3月		200	10%	
第二季											
第三季											

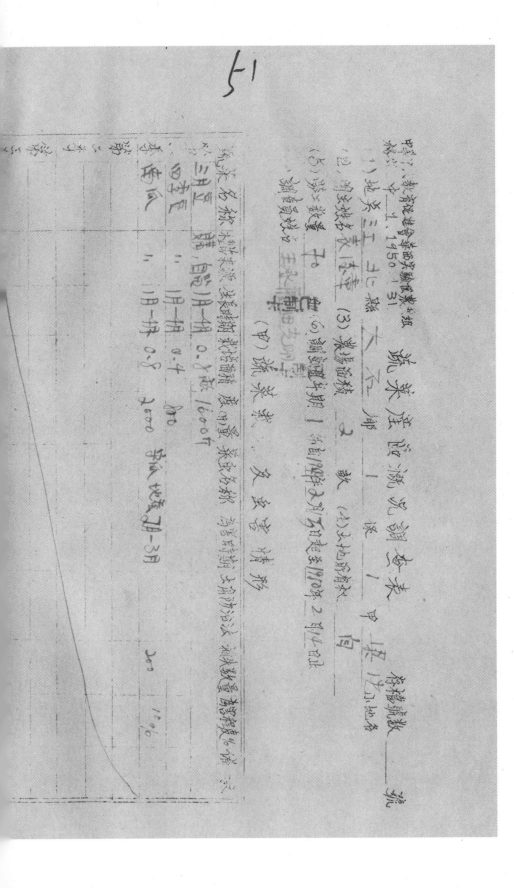

[illegible]	莴苣	〃	8月—12月	0.7	2000		8月—9月	
季	萝卜	〃	7月—11月	0.8	2000	根叶,核	8月—9月	2004斤 10%

（乙）施肥状况

蔬菜名称	肥料种类	来源	施用时期	施用数量(斤)	是否缺乏	备注
三月豆	灰,粪尿	自给,购买	1月—3月	1500斤	缺乏	
四季豆	〃	〃	1月—3月	1000斤	〃	
南瓜	〃	〃	1月—3月	1500斤	〃	
瓢儿白	〃	〃	8月—10月	1000斤	〃	
莴苣	〃	〃	8月—10月	2000斤	〃	
萝卜	〃	〃	7月—10月	1500斤	〃	

（丙）贩运运销状况

自运至磁器口菜市出售或由菜贩批售至重庆出售

100

华西实验区农业组蔬菜产区概况调查表（调查地点：江北县大石乡）　9-1-260（53）

华西实验区农业组蔬菜产区概况调查表（调查地点：江北县大石乡） 9-1-260（54）

52

（一）农业复兴促进会华西实验区农业组
（二）中 1.1950.1.31.

蔬菜产区概况调查表

存档号数＿＿号

（1）地点 江北 县 大石 乡 1 保 1 甲 梁屯 小地名
（2）园主姓名 袁炳章 （3）农场面积 1.8 亩 （4）土地所有权
（5）劳工数量 60 日 （6）调查周年期 1 年 自1949年2月15日起至1950年2月14日止
（6）调查员姓名 宋xx 易明高

（甲）蔬菜栽培及虫害情形

	蔬菜名称	种苗来源	生长时期	栽培面积	产量	菜虫名称	为害时期	采用防治法	损失数量	为害程度%	备注
第一季	四季豆	自留	1月—4月	0.5亩	1200斤	地蚕	2月—3月		200斤	18%	
	三月豆	〃	1月—4月	0.5	1500斤	地蚕	2月—3月		150斤	10%	
	南瓜	〃	1月—4月	0.8	2000斤	黄瓜地蚕	2月—3月		200	10%	
第二季											
第三季											

子萵苣	〃	8月—1月	0-7	2000斤		

(乙)施肥狀況

蔬菜名稱	肥料種類	來源	施用時期	施用數量(斤)	是否缺乏	備註
四季豆	人糞尿	自給,購買	1月—3月	1000斤	缺	
三月豆	〃	〃	1月—3月	1500斤	〃	
南瓜	〃	〃	1月—3月	2400斤	〃	
瓢兒白	〃	〃	8月—9月	600斤	〃	
莙荙	〃	〃	8月—9月	2400斤	〃	
萵苣	〃	〃	8月—9月	2200斤	〃	

(丙)略述運銷狀況

自足一少部份系孫碼口菜市出售，大部份由菜販子運至重庆

10

华西实验区农业组蔬菜产区概况调查表（调查地点：江北县大石乡）　9-1-260（54）

华西实验区农业组蔬菜产区概况调查表（调查地点：江北县大石乡） 9-1-260（55）

53

中华平民教育促进会华西实验区农业组 中—1，1950.1.31.

蔬菜产区概况调查表

存档号数____号

（1）地点 江北 县 大石 乡 1 保 1 甲 梁陀 小地名

（2）园主姓名 袁炳荣 （3）农场面积 1.5 亩 （4）土地所有权 自

（5）劳工数量 45 日 （6）调查周年期 1 年自1949年2月15日起至1950年2月14日止

（6）调查员姓名 易明 宋衍祥

（甲）蔬菜栽培及虫害情形

	蔬菜名称	种苗来源	生长时期	栽培面积	产量（斤）	菜虫名称	为害时期	采用防治法	损失数量	为害程度%	备注
第一季	黄瓜	自留	1月—4月	0.3亩	800斤	守瓜、地蚕	2月—3月	捉	100斤	16%	
	南瓜	自留	1月-4月	0.5	1200斤	守瓜、地蚕	2月-3月	捉	200斤	18%	
	三月豆	〃	1月-4月	0.5	1000斤						
	豇豆	〃	4-7月	0.2	600斤	地蚕		捉			
第二季											
第三季											

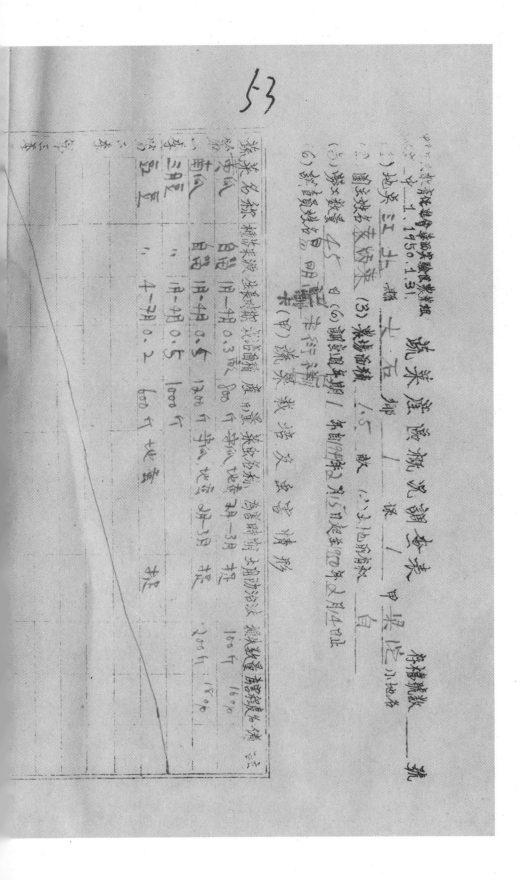

子鸡豆	〃	十月-12月	0.4	1000斤	〃		

(乙)施肥状况

蔬菜名称	肥料种类	来源	施用时期	施用数量(斤)	是否缺乏	备
黄瓜	粪尿	自给，购买	1月—3月	1000 斤	缺	
南瓜	粪尿	〃	1月—3月	1500 斤	〃	
三月豆	灰，粪尿	〃	1月—3月	800 斤	〃	
豇豆	灰，粪尿	〃	5月—6月	800 斤	〃	
萝卜	灰，粪尿	〃	8月—10月	2000 斤	〃	
青菜	灰，粪尿	〃	8月—11月	1200 斤	〃	
莴苣	粪尿	〃	十月—11月	2500 斤	〃	

(丙)略述运销状况

零卖，或由菜贩批售至重庆，或批至磁器口贩卖。

102

华西实验区农业组蔬菜产区概况调查表（调查地点：江北县大石乡） 9-1-260（56）

52

中華平民教育促進會華西实驗区農業组
格式 中—1.1950.1.31.

蔬菜產區概況調查表

存檔號數____號

（1）地点 江北 縣 大石 鄉 1 保 1 甲 梁坨 小地名

（2）園主姓名 袁海清 （3）農場面積 1.5 畝 （4）土地所有权____

（5）工数量 45 日 （6）調查週年期 1 年 自1949年2月15日起至1950年2月14日止

調查員姓名 王火鑫 田志明 制卡

（甲）蔬菜栽培及虫害情形

	蔬菜名稱	種苗来源	生長時期	栽培面積	產(斤)量	菜虫名稱	為害時期	采用防治法	損失数量	為害程度%	備註
第一季	南瓜	自給	1月-4月	0.6畝	1600斤	守瓜、地蚕	2月-3月		150斤	10%	
	三月豆	〃	1月-4月	0.5	1200斤	地蚕	2月-3月		200斤	14.0%	
	四季豆	〃	1月-3月	0.4	900斤	地蚕	2月-3月		[illegible]00斤	10.0%	
第二季											
第三季											

瓢兒白 | 4—11月 0.3 | 800斤 [illegible] | 10月 [illegible]

(乙)施肥狀況

蔬菜名称	肥料種類	來源	施用時期	施用数量(斤)	是否缺乏	備註
蘿卜	灰糞尿	自給、買	7月—10月	1500斤	缺	
萵苣	〃	〃	8月—11月	1000斤	〃	
瓢兒白	〃	〃	8月—10月	1000斤	〃	
南瓜	〃	〃	1月—3月	2000斤	〃	
三月豆	〃	〃	1月—3月	1500斤	〃	
四季豆	〃	〃	1月—3月	1000斤	〃	

(丙)略述運銷狀況

自己挑到磁器口菜市販賣，大部由菜販收去重慶出售

华西实验区农业组蔬菜产区概况调查表（调查地点：江北县大石乡） 9-1-260（56）

华西实验区农业组蔬菜产区概况调查表（调查地点：江北县大石乡）　9-1-260（61）

59

中華平民教育促進會華西實驗區農業組　蔬菜產區概况調查表　存檔號數 ______ 號

格式—中—1. 1950.1.31.

(1)地点 江北 縣 大石 鄉 2 保 4 甲 戴官山 小地名

(2)園主姓名 吴玉章 (3)農場面積 1.2 畝 (4)土地所有权：自有一部佃入一部

(5)勞工數量 36 日 (6)調查週年期 1 年自 1949 年 2 月 14 日起至 1950 年 2 月 13 日止

(7)調查員姓名 宋衍[illegible] 易明[illegible]

(甲)蔬菜栽培及虫害情形

	蔬菜名称	種苗来源	生長時期	栽培面積(畝)	產量(斤)	菜虫名称	為害時期	土用防治方法	損失數量(斤)	為害程度(%)	[illegible]
第一季	三月豆	自留	1月-4月	0.5畝	1500	地蚕	2月-3月		150斤	10%	
	南瓜	〃	1月-4月	0.3	500	地蚕 守瓜	2月-3月		50斤	10%	
第二季	豇豆	〃	3月-6月	0.8	1500	蚜虫	3月-4月		200斤	16%	
第三季											

108

5 | [illegible] | ,, | 8月—1月 [illegible] | 1000 | [illegible] 10月 [illegible] | 100斤 | [illegible]

(乙)施肥狀況

蔬菜名称	肥料種類	來源	施用時期	施用數量(市)	是否缺乏	備註
三月豆	[illegible]	[illegible]	1月—3月	1000斤	缺	
南瓜	,,	,,	1月—3月	400斤	,,	
豇豆	,,	,,	3月—5月	1200斤	,,	
萵苣	,,	,,	8月—12月	600斤	,,	
青菜	,,	,,	8月—11月	200斤	,,	
萝卜	,,	,,	8月—11月	800斤	,,	

(丙)略述運銷狀況

自運至[illegible]

华西实验区农业组蔬菜产区概况调查表（调查地点：江北县大石乡） 9-1-260（61）

华西实验区农业组蔬菜产区概况调查表（调查地点：江北县大石乡） 9-1-260（62）

中華平民教育促進會華西實驗區農業組　**蔬菜產區概況調查表**　存檔號數＿＿＿號

格式—中—1. 1950.1.31.

(1)地点 江北 縣 大石 鄉 2 保 3 甲 長田坎 小地名

(2)園主姓名 唐述成 (3)農場面積 0.5 畝 (4)土地所有權 自有

(5)勞工數量 15 工日 (6)調查迴年期 1 年自1949年二月4日起至1950年二月13日止

(7)調查員姓名 宋行涵 易明甫

(甲)蔬菜栽培及虫害情形

蔬菜名稱		種苗來源	生長時間	栽培面積(畝)	產(斤)量	害虫名稱	為害時期	采用防治方法	損失數量(斤)	為害程度%	備註
第一季	三月豆	自有	1-4	0.45	3000斤						
	南瓜	〃	1-4	0.05	500斤	黄虫	1-4	撒石灰	100斤	20%	
第二季											
第三季											

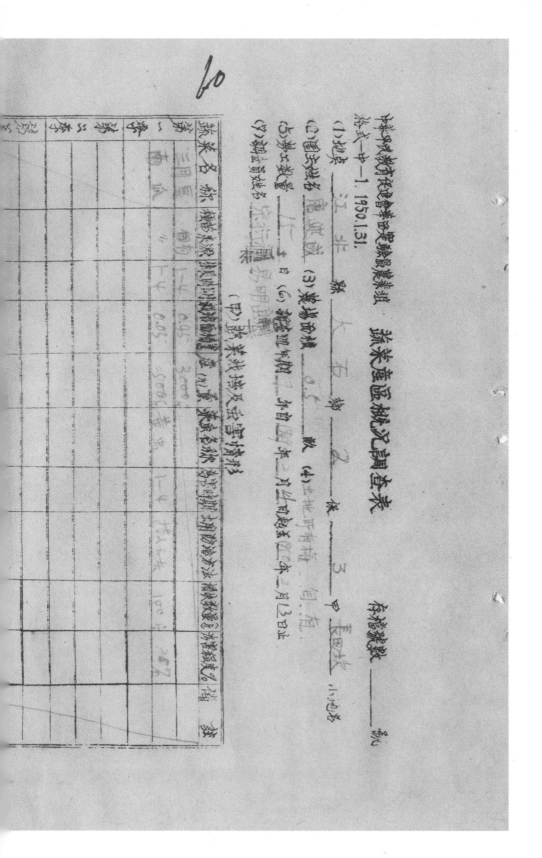

四季	白菜	〃	8-11	0.15	400斤				500斤	
	莴苣	〃	8-12	0.2	500斤					

(乙)施肥狀况

蔬菜名称	肥料種類	來源	施用時期	施用數量(市)	是否缺乏	備註
三月豆	人畜糞肥	自積自製	1-3	4000斤	缺乏	
南瓜	〃	〃	1-3	1000斤	〃	
白菜	〃	〃	8-10	400斤	〃	
青菜	〃	〃	8-10	500斤	〃	
莴苣	〃	〃	8-11	700斤	〃	

(丙)略述運銷狀况

自[illegible]大竹林[illegible]

109

华西实验区农业组蔬菜产区概况调查表（调查地点：江北县大石乡） 9-1-260（62）

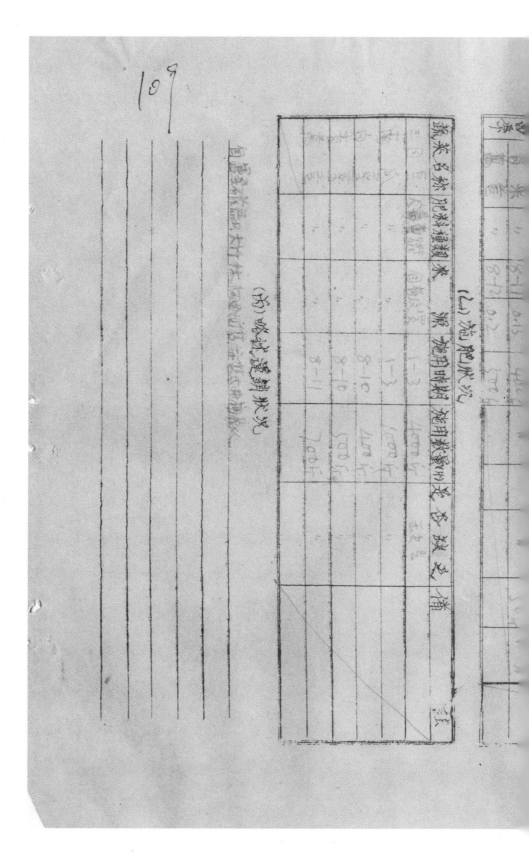

华西实验区农业组蔬菜产区概况调查表（调查地点：江北县大石乡） 9-1-260（63）

中華平民教育促進會華西實驗區農業組　**蔬菜產區概況調查表**　存檔號數 ________ 號

格式—中—1. 1950.1.31.

(1)地点 江北 縣 大石 鄉 2 保 3 甲 應家灣 小地名

(2)園主姓名 唐德林　(3)農場面積 0.3 畝　(4)土地所有权 佃入

(5)勞工數量 10 日　(6)調查週年期 1 年自 1949 年 二 月 14 日起至 1950 年 二 月 12 日止

(7)調查員姓名 宋衍林 易明昌 制卡

61

(甲)蔬菜栽培及虫害情形

蔬菜名称		種苗來源	生長時期	栽培面積畝	產量(斤)	菜虫名称	為害時期	土用防治方法	損失數量斤	為害程度%	備註
第一季	三月豆	自有	1-4	0.3畝	1200斤						
第二季	豇豆	"	4-7	0.3畝	1000斤	豆象蟲	4-7	手捉撒灰	200斤	20%	
第三季											

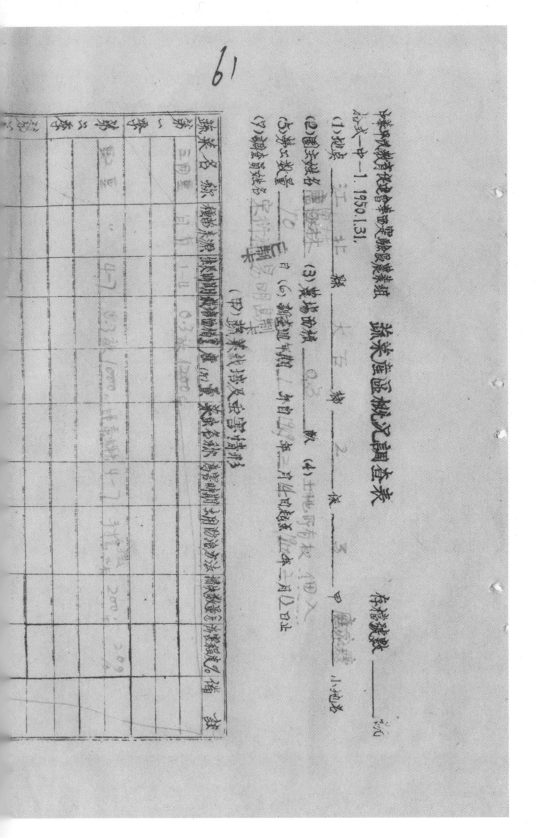

四季	蓮花白	[illegible]	8-12	6.1	200斤
	萵苣	自有	8-12	6.1	300斤

（乙）施肥狀况

蔬菜名稱	肥料種類	來源	施用時期	施用數量(斤)	是否缺乏	備註
[illegible]豆	[illegible]	自備	1-3	1500斤	缺乏	
豇豆	〃	〃	4-6	1500斤	〃	
番茄	〃	〃	8-10	200斤	〃	
蓮花白	〃	〃	8-11	500斤	〃	
萵苣	〃	〃	8-11	500斤	〃	

（丙）略述運銷狀况

[illegible]

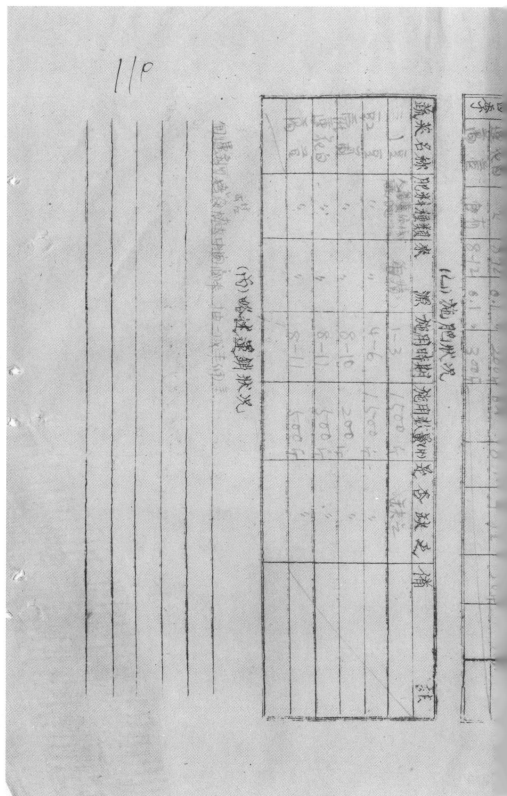

华西实验区农业组蔬菜产区概况调查表（调查地点：江北县大石乡） 9-1-260（64）

62

中华平民教育促进会华西实验区农业组
格式 中 1 1950.1.31

蔬菜产区概况调查表

存档号数 ______ 号

(1)地点 江北 县 大石 乡 十 保 8 甲 袁王阁 小地名

(2)园主姓名 李德芳 (3)农场面积 [illegible] 亩 (4)土地所有权 佃入

(5)劳工数量 33 [illegible] (6)调查週年期 [illegible] 年自[illegible]年2月12日起至[illegible]年2月12日止

(7)调查员姓名 [illegible]

(甲) 蔬菜栽培及虫害情形

蔬菜名称		种苗来源	生长时期	栽培面积(亩)	产(斤)量	病虫名称	为害时期	施用防治方法	损失数量(斤)	为害程度%	备注
第一季	四季豆	自	1-4	[illegible]亩	1600斤	[illegible]	[illegible]	[illegible]	500斤	11%	
	南瓜	〃	1-4	0.05亩	200斤	黄守瓜	2-4	〃	50斤	25%	
	豇豆	〃	3-5	0.15亩	700斤	[illegible]		〃	200斤	30%	
第二季											
第三季	白菜	自	7-10	0.4	8000	[illegible]	7-9	手捉	2000	25%	
	萝卜	自	7-10	0.3	8000	[illegible]	7-9	手捉	2000斤	16.6%	
	[illegible]	〃	7-11	0.05	3000						

（乙）施肥狀况

蔬菜名稱	肥料種類	來　源	施用時期	施用數量(斤)	是否缺乏	備　　註
四季豆	人糞尿	[illegible]	1-3	[illegible]	缺乏	
[illegible]	〃	〃	1-3	500斤	〃	
豇豆	〃	〃	2-4	1000斤	〃	
[illegible]	〃	〃	7-9	2000斤	〃	
[illegible]	〃	〃	7-9	2000斤	〃	
[illegible]	〃	〃	7-10	2000斤	〃	

（丙）略述運銷狀况

由[illegible]

华西实验区农业组蔬菜产区概况调查表（调查地点：江北县大石乡）　9-1-260（64）

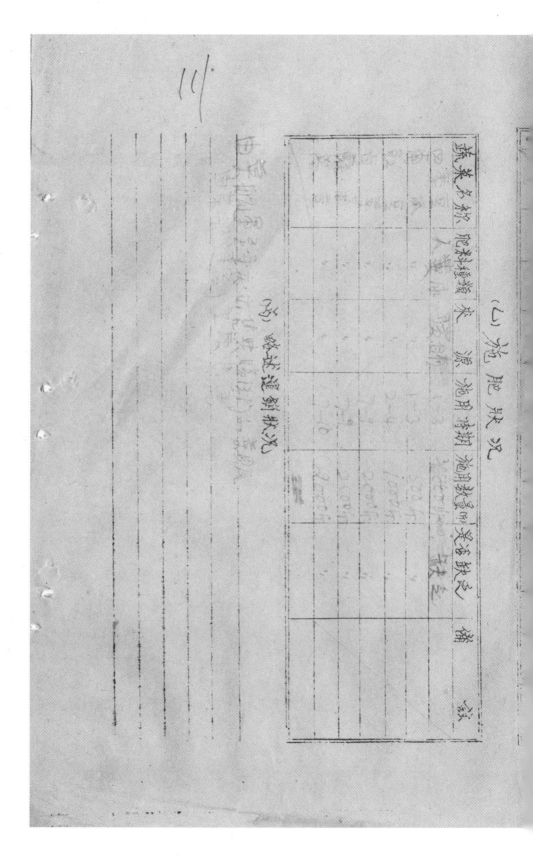

华西实验区农业组蔬菜产区概况调查表（调查地点：江北县大石乡） 9-1-260（67）

65

中華平民教育促進會華西实驗區農業組
格式_中_1.1950.1.31.

蔬菜產區概況調查表

存檔號數____號

(1)地点 江北 縣 大石 鄉 11 保 6 甲 白廟岩 小地名
(2)園主姓名 伍紹華 (3)農場面積 1.5 畝 (4)土地所有权 佃入
(5)勞工数量 46 日 (6)調查週年期 1 年自1949年2月13日起至1950年2月12日止
(6)調查員姓名 曾光明 易明良

(甲)蔬菜栽培及虫害情形

	蔬菜名稱	種苗来源	生長時期	栽培面積	產(斤)量	病虫名稱	為害時期	防治法	損失数量	為害程度%	註
第一季	三月豆	自留	1月-4月	0.7畝	1500斤	地蚕	2月-3月		5斤	3%	
	南瓜	〃	1月-4月	0.2	150	黄瓜、地蚕	2月-3月		10斤	8%	
	豇豆	〃	2月-5月	0.3	400	蚜虫、地蚕	2月-4月		20斤	5%	
第二季	茄子	〃	3月-6月	0.3	300	二十八星、地蚕	3月-4月		20斤	8%	
	椒	〃	3月-6月	0.1	150	地蚕、[illegible]	3月-4月		5斤	10%	
第三季	黄秧白	〃	7月-11月	0.5	1000	猿叶虫、青虫	8月-9月		150斤	14%	
	蓮花白	買	7月-11月	0.5	1000	青虫、猿叶虫	8月-9月		150斤	14%	

[illegible]

（二）施肥狀況

蔬菜名稱	肥料種類	來源	施用時期	施用數量（斤）	是否缺乏	備考
三月豆	人糞 猪糞 草灰	買[illegible]	1月—3月	1000斤	缺	
南瓜	〃	〃	1月—3月	200斤	〃	
瓢兒白	〃	〃	7月—10月	2000斤	〃	
蓮花白	〃	〃	7月—10月	2000斤	〃	
白菜	〃	〃	8月—11月	1500斤	〃	
萵苣	〃	〃	8月—10月	1200斤	〃	

（四）[illegible]運[illegible]狀況

[illegible]

华西实验区农业组蔬菜产区概况调查表（调查地点：江北县大石乡）　9-1-260（67）

华西实验区农业组蔬菜产区概况调查表（调查地点：江北县大石乡） 9-1-260（68）

99

中华平民教育促进会华西实验区农业组
办式 中 1. 1950.1.31.

蔬菜产区概况调查表

存档号数______号

（1）地点 江 北 县 大 石 乡 1 保 4 甲 唐家嘴 小地名

（2）园主姓名 唐叔清 （3）农场面积 0.5？ 亩 （4）土地所有权 自有

（5）劳工数量 7 日 （6）调查周年期间 年自1949年2月13日起至1950年2月12日止

（6）调查员姓名 由志明 易明宣制

（甲）蔬菜栽培及虫害情形

季别	蔬菜名称	种苗来源	生长时期	培植面积	产量	害虫名称	为害时期	采用防治法	损失数量	为害程度%	备注
第一季	三月豆	买	2-4月	全	450斤	[illegible]	2-4月	[illegible]	100斤	25%	
第一季											
第二季	椒	买	5-7月	[illegible]	200斤	[illegible]	4-7月	无	70斤	30%	
第二季	茄	〃	5-7月	[illegible]	[illegible]	[illegible]	2-6月	无	60斤	30%	
第三季											

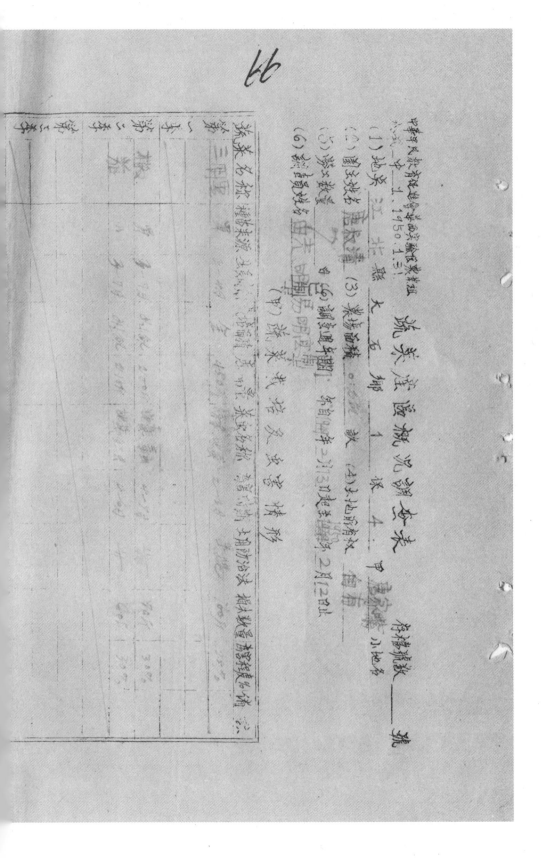

（乙）施肥状况

蔬菜名称	肥料种类	来源	施用时期	施用数量（斤）	是否缺乏	备考
三月豆	自有	人粪猪粪	2-3月	300斤	缺乏	
椒		[illegible]	4-10月	100斤	[illegible]	
茄		[illegible]	4-6月	80斤	[illegible]	
莴苣		[illegible]	9-11月	250斤	[illegible]	

（丙）略述运销状况

自城船运到河边装竹筏运售

115

华西实验区农业组蔬菜产区概况调查表（调查地点：江北县大石乡）　9-1-260（68）

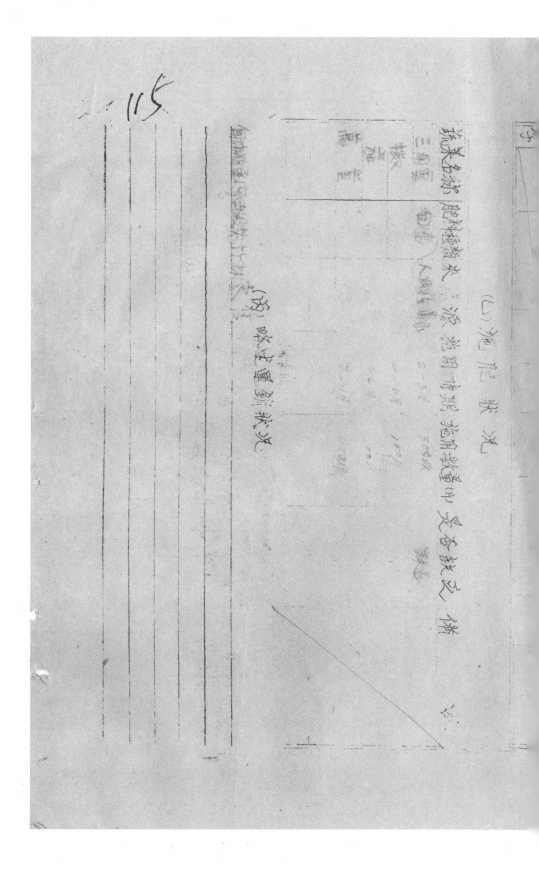

华西实验区农业组蔬菜产区概况调查表（调查地点：江北县大石乡）　9-1-260（69）

中华平民教育促进会华西实验区农业组
格式—中—1、1950.1.31.

蔬菜产区概况调查表

存档号数＿＿＿号

(1)地点 江北 县 大石 乡 1 保 5 甲 瓦厂嘴 小地名
(2)园主姓名 陈远林 (3)农场面积 0.5 亩 (4)土地所有权 佃入
(5)劳工数量 1.6 日工 (6)调查周年期 1 年 自1949年2月12日起至1950年2月11日止
(6)调查员姓名 宋衍祥 杨明高

(甲)蔬菜栽培及虫害情形

	蔬菜名称	种苗来源	生长时期	栽培面积	产(斤)量	菜虫名称	为害时期	土用防治法	损失数量	为害程度%	备注
第一季	三月豆	自有	1—4	0.45亩	3000斤						
	南瓜	〃	1—4	0.05亩	100斤	黄虫	2—4	捕灭	50斤	50%	
第二季											
第三季											

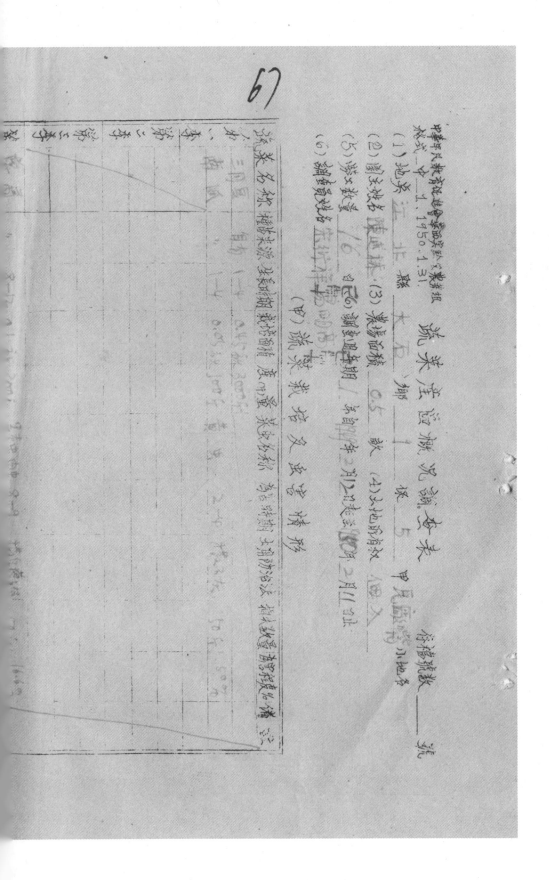

116

(乙)施肥状况

蔬菜名称	肥料種類	來源	施用時期	施用數量(市)	是否缺乏	備註
三月豆	人粪尿	自有	1-3	5000斤	缺乏	
[illegible]	〃	〃	1-3	200斤	〃	
[illegible]	〃	〃	8-11	500斤	缺乏	
[illegible]	〃	〃	8-11	1000斤	〃	
[illegible]	〃	〃	8-12	1000斤	〃	

(丙)蔬菜運銷状况

自運重[illegible]或大竹镇[illegible]

华西实验区农业组蔬菜产区概况调查表（调查地点：江北县大石乡）　9-1-260（69）

华西实验区农业组蔬菜产区概况调查表（调查地点：江北县大石乡） 9-1-260（70）

中華平民教育促進會華西實驗區農業組
格式 中 1. 1950.1.31.

蔬菜產區概況調查表

存檔號數 ____ 號

(1) 地点 [illegible] 縣 [illegible] 鄉 一 保 [illegible] 甲 [illegible] 小地名

(2) 園主姓名 [illegible] (3) 農場面積 [illegible] 畝 (4) 土地所有权 [illegible]

(5) 勞工数量 74 [illegible] (6) 調查週年期 係自 [illegible] 年 [illegible] 月2日起至 [illegible] 年 2 月11日止

(7) 調查員姓名 [illegible]

已制卡　已制卡

(甲) 蔬菜栽培及虫害情形

蔬菜名称	種苗来源	生長時期	栽培面積	產(斤)量	菜虫名称	為害時期	土用防治法	損失数量	為害程度%	備注
[illegible]	[illegible]	28-48	2500斤	1.5畝	[illegible]	2-3[illegible]	—	400斤	10%	
[illegible]	[illegible]	[illegible]	[illegible]	1畝	[illegible]	2-3[illegible]	[illegible]	300斤	10%	

（乙）施肥状况

蔬菜名称	肥料种类	来源	施用时期	施用数量(斤)	是否缺乏	备考
莲花白	人粪尿	购买	7—8月	5000斤	缺	
[illegible]			[illegible]	4000斤		
[illegible]			[illegible]	500斤		
[illegible]			[illegible]	2500斤		
[illegible]			[illegible]	1600斤		

（丙）略述运销状况

[illegible]

华西实验区农业组蔬菜产区概况调查表（调查地点：江北县大石乡） 9-1-260（71）

69

中華平民教育促進會華西實驗區農業組
格式 中 1 1950.1.31.

蔬菜產區概況調查表

存檔號數 ________ 號

(1) 地点 江北 縣 大石 鄉 一 保 [illegible] 甲 [illegible] 小地名

(2) 園主姓名 [illegible] (3) 農場面積 1 畝 (4) 土地所有权 [illegible]

(5) 勞工數量 3 (6) 調查週年期 年自 年 月 日起至 年 月 日止

(7) 調查員姓名 [illegible]

(甲) 蔬菜栽培及虫害情形

	蔬菜名称	種苗来源	生長時期	栽培面積(畝)	产量(斤)	病虫名称	為害時期	施用防治方法	損失数量(斤)	為害程度%	備註
第一季	[illegible]	[illegible]	[illegible]	[illegible]	[illegible]	[illegible]	[illegible]	—			
	[illegible]	[illegible]	[illegible]	[illegible]	[illegible]	[illegible]	[illegible]	—			
第二季											
第三季											

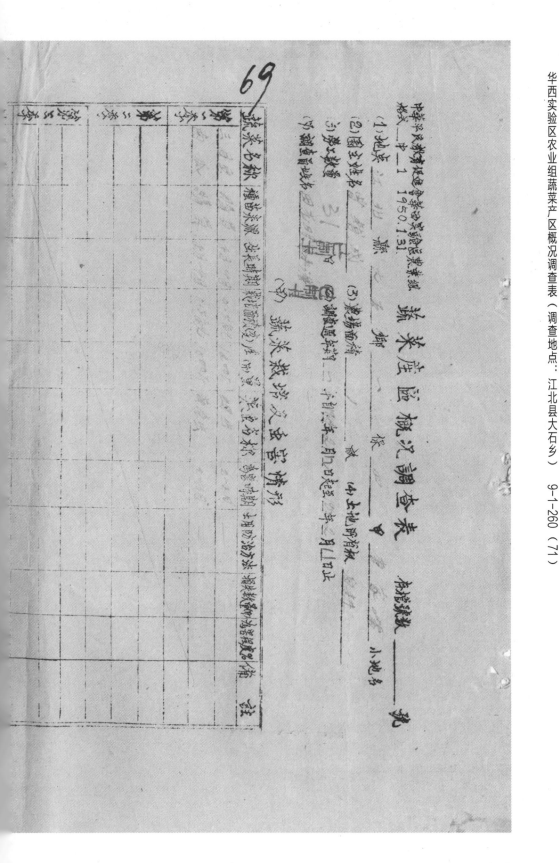

118

(七) 施肥狀況

蔬菜名稱	肥料種類	來源	施用時期	施用數量(市)	是否缺乏	備註
[illegible]	[illegible]	[illegible]	[illegible]	[illegible]	[illegible]	
[illegible]			7—11月	[illegible]		
[illegible]			7—11月	[illegible]		
[illegible]			2—3月	[illegible]		
[illegible]			2—3月	[illegible]		

(八) 略述運銷狀況

[illegible]

华西实验区农业组蔬菜产区概况调查表（调查地点：江北县大石乡） 9-1-260（71）

华西实验区农业组蔬菜产区概况调查表（调查地点：江北县大石乡） 9-1-260（72）

70

中华平民教育促进会华西实验区农业组　**蔬菜产区概况调查表**　存档号数＿＿＿＿号

格式—中—1. 1950.1.31.

(1) 地点 江　北 县 大　石 乡 2 保 3 甲 [illegible] 小地名

(2) 园主姓名 [illegible]　(3) 农场面积 1.2 亩　(4) 土地所有权（佃入）

(5) 劳工数量 35 日　(6) 调查之年期 1 年自 1949 年 2 月 11 日起至 1950 年 2 月 10 日止

(7) 调查员姓名 [illegible]

（甲）蔬菜栽培及虫害情形

蔬菜名称		种苗来源	生长时期	栽培面积（亩）	产量（斤）	菜虫名称	为害时期	采用防治方法	损失数量（斤）	为害程度%	备　考
第一季	[illegible]	[illegible]	[illegible]	1.2 亩	[illegible]	[illegible]	[illegible]	[illegible]	[illegible]	[illegible]	
第二季											
第三季											

(乙)施肥狀況

蔬菜名称	肥料種類	來　　源	施用時期	施用數量(斤)	是否缺乏	備　　註
萵苣	人糞尿	自備或購	9—11月	1000斤	缺	
蘿蔔	〃	〃	7—9月	800斤	缺	
青菜	〃	〃	9—11月	500斤	缺	
三月菜	〃	〃	[illegible]	2000斤	缺	

(丙)略述運銷狀況

自運至河边市售或售与中间商人，抽三成佣金。

华西实验区农业组蔬菜产区概况调查表（调查地点：江北县大石乡）　9-1-260（72）

璧山县第一辅导区优良品种推广统计表（一九四九年六月） 9-1-197（114）

璧山縣第一輔導區優良品種推廣統計表 三十八年六月

推廣地區	水稻（斤）		油籽（斤）	桐苗（株）	南瑞苕（斤）
	中農4號	中農34號			
合計	30.7	4.8	400	8,000	1950
城南觀音閣農業生產合作社	3.0			500	
城南東嶽廟農業生產合作社				500	
城北黄泥灣農業生產合作社				2,000	
城北雷家灣農業生產合作社	3.0				
城北楊家祠農業生產合作社	8.1			1,500	346
城北温家灣農業生產合作社	10.0			2,000	500
城北三佣灘農業生產合作社	21.2			1,000	500

城北鄉農業推廣繁殖站	1.2	2.4	200		1024
獅子鄉農業推廣繁殖站	1.2	2.4	200		500
其他				500	

璧山四寶閣文具印刷紙號印製

璧山县第一辅导区优良品种推广统计表（一九四九年六月） 9-1-197（114）

璧山县第四辅导区农业推广繁殖站存放水稻良种仓库登记表数份　9-1-165（48）

25

璧山縣第四輔導區農業推廣繁殖站存放水稻良種倉庫登記表（　）本

一、表証農家姓名　嚴樹輝

二、倉庫所在地小地名　千家坵杜家填蕭家老房子

三、倉庫建築

1、牆壁（請填明磚牆、土牆、抑是夾壁或土牆）

圍倉夾壁

2、地面（土面、三合土地面抑為樓板）

石底土面

3、容量（市石）

（1）高度（丈）

（2）長度（丈）

（3）寬度（丈）

4、位置（離公路、

璧山县第四辅导区农业推广繁殖站存放水稻良种仓库登记表数份 9-1-165（49）

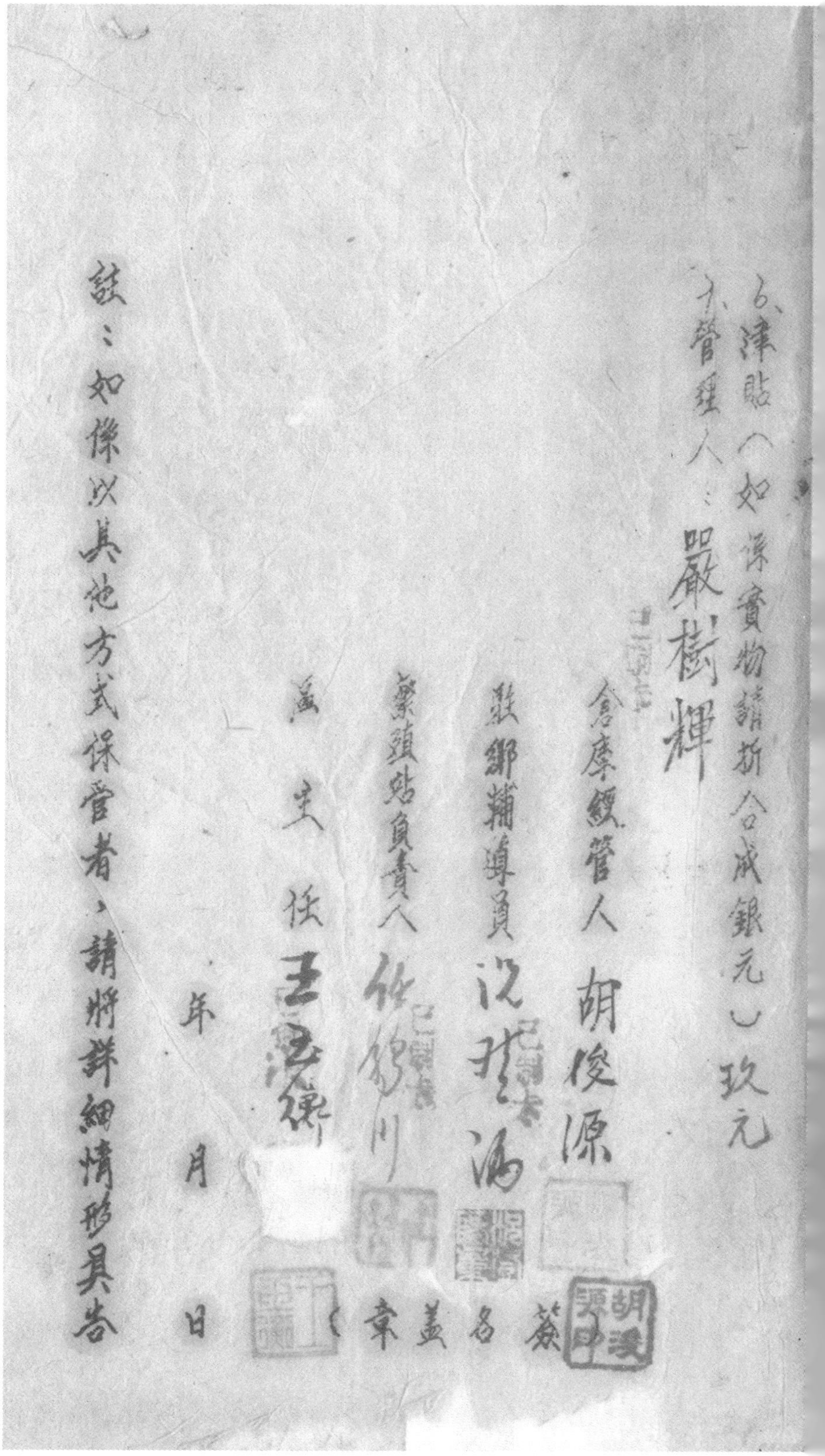
6、津貼（如係實物請折合成銀元）玖元

7、管理人：嚴樹輝

倉庫經管人 胡俊源

駐鄉輔導員 沈[illegible]鴻

繁殖站負責人 伍鶴川

主 任 王[illegible]德

（簽名蓋章）

年 月 日

註：如係以其他方式保管者，請將詳細情形具告

璧山县第四辅导区农业推广繁殖站存放水稻良种仓库登记表数份 9-1-165（50）

26

璧山縣第四輔導區 農業推廣繁殖站收購

水稻良種登記表（正）本

一、表證農家姓名 鍾四丹
二、品種名稱 中農四三水稻
三、品種來源 華西實驗區
四、品種純度（%） 九十九
五、栽培面積（市畝） 叁拾伍畝
六、總收穫量（市石） 壹佰貳拾石
七、收購數量（市石） 肆拾石
八、當地市價（每市石） 貳元伍角 圓
九、總價 壹佰元 圓

璧山县第四辅导区农业推广繁殖站存放水稻良种仓库登记表数份　9-1-165（50）

[illegible]

駐鄉輔導員　江[illegible]　簽名

繁殖站負責人　任錦川　蓋

區　主　任　王玉衡（章）

三十八年十月十一日

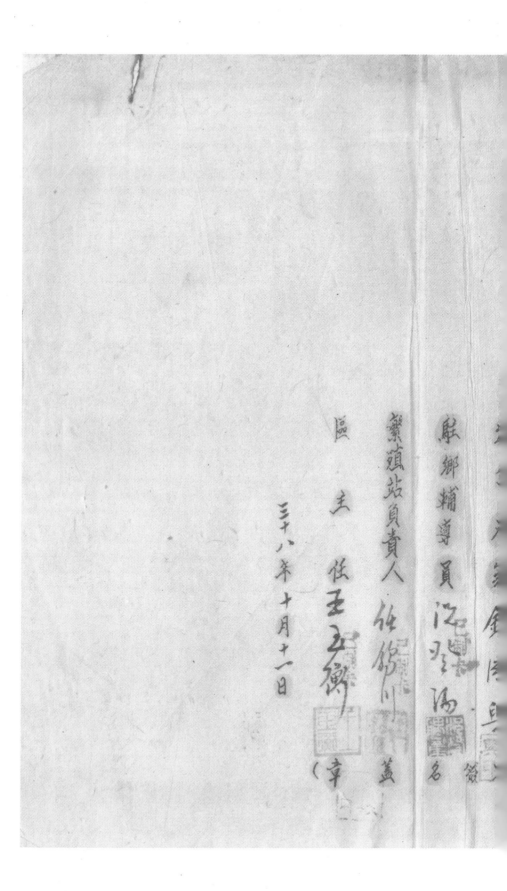

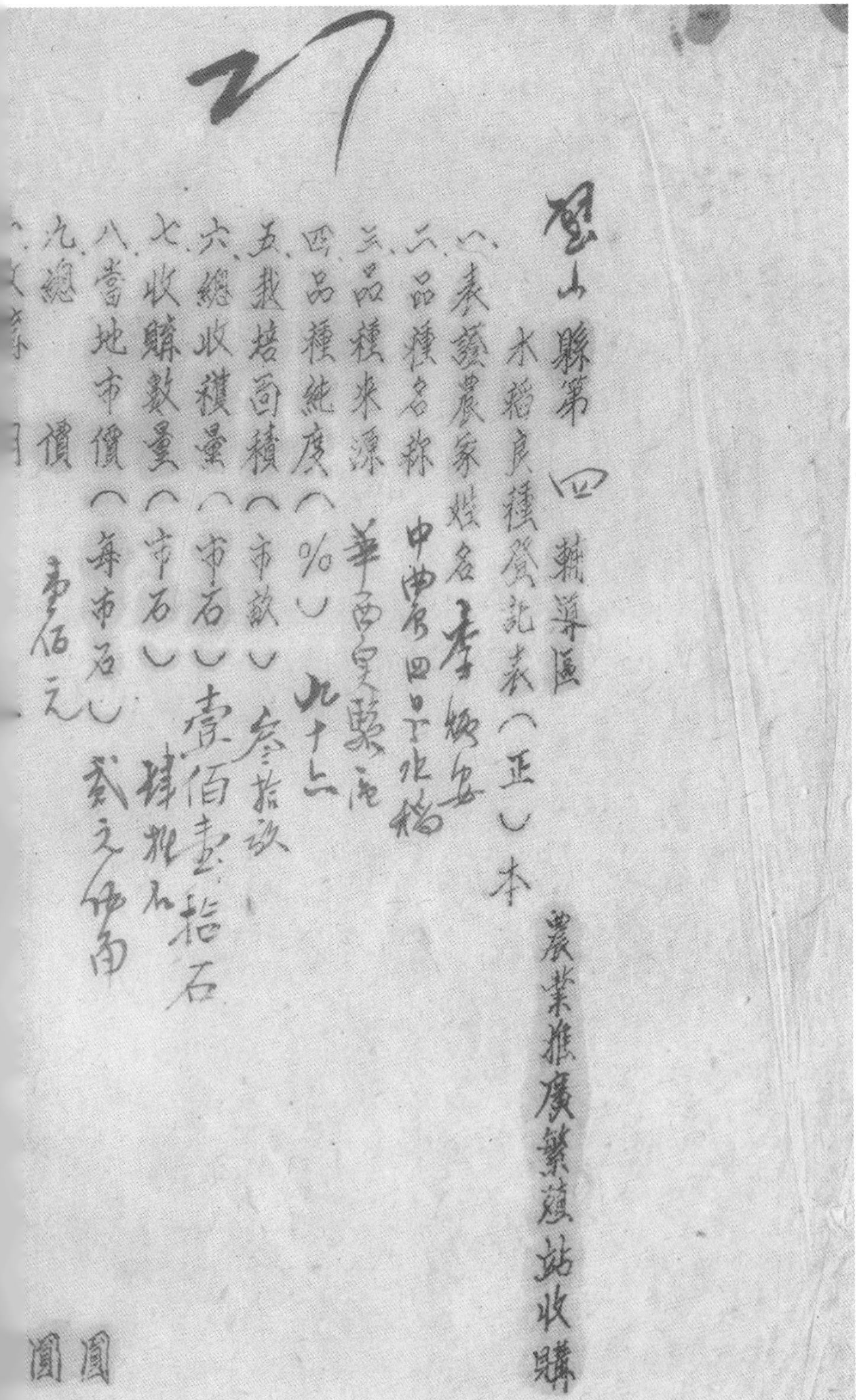
27

农业推广繁殖站收据

璧山县第四辅导区
水稻良种登记表（正）本
一、表证农家姓名　李炳安
二、品种名称　中农四号水稻
三、品种来源　华西实验区
四、品种纯度（%）　九十六
五、栽培面积（市亩）　叁拾亩
六、总收获量（市石）　壹佰壹拾石
七、收购数量（市石）　肆拾石
八、当地市价（每市石）　贰元伍角
九、总价　壹佰元
十、[illegible]

璧山县第四辅导区农业推广繁殖站存放水稻良种仓库登记表数份　9-1-165（51）

璧山县第四辅导区农业推广繁殖站存放水稻良种仓库登记表数份　9-1-165（51）

駐鄉輔導員江瑩編　簽名
繁殖站負責人任錦川　蓋
區主任王天樂（章
三十八年十月十一日

璧山县第四辅导区农业推广繁殖站存放水稻良种仓库登记表数份　9-1-165（52）

28

璧山縣第四輔導區
水稻良種登記表（正）本　農業推廣繁殖站收購

一、表證農家姓名　曾趙洲
二、品種名稱　中農四号水稻
三、品種來源　華西實驗區
四、品種純度（%）　九十七
五、栽培面積（市畝）　貳拾畝
六、總收穫量（市石）　壹佰石
七、收購數量（市石）　肆拾石
八、當地市價（每市石）　貳元伍角
九、總價　壹佰元
十、收購日

壁山县第四辅导区农业推广繁殖站存放水稻良种仓库登记表数份　9-1-165（52）

縣鄉輔導員　沈登海　簽名

繁殖站負責人　侯鶴川　蓋

區　主　任　王玉衡　（章

三十八年十月十一日

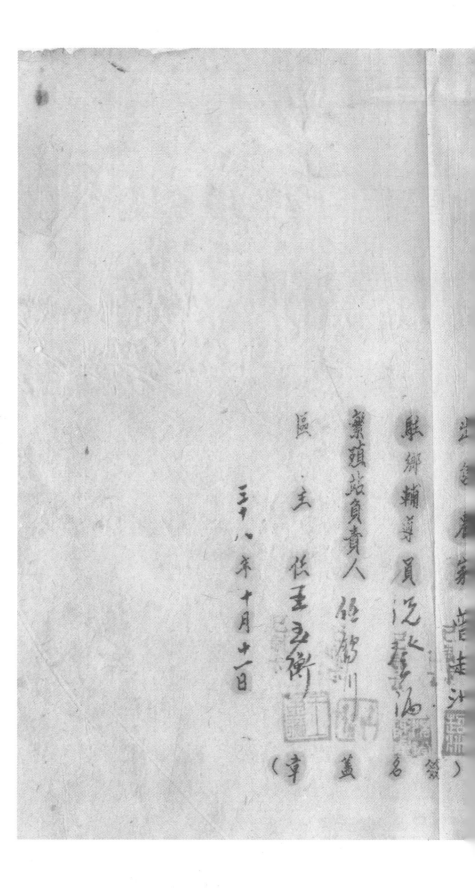

農業推廣繁殖站收購

璧山縣第四輔導區

水稻良種登記表（正）本

一、表證農家姓名 周成武

二、品種名稱 中農四号水稻

三、品種來源 華西實驗區

四、品種純度（%）九十九

五、栽培面積（市畝）拾畝

六、總收穫量（市石）肆拾石

七、收購數量（市石）貳拾

八、當地市價（每市石）貳元伍角 圓

九、總價 伍拾元 圓

十、收購日期 年 月 日

璧山县第四辅导区农业推广繁殖站存放水稻良种仓库登记表数份 9-1-165（53）

璧山县第四辅导区农业推广繁殖站存放水稻良种仓库登记表数份　9-1-165（53）

縣鄉輔導員 范瑩陽 簽名
繁殖站負責人 任錫川 蓋
區 主 任 王?卿（章
三十八年十月十一日

江津第一辅导区美烟留种植株记载表三份 9-1-219（130）

江津第一辅导区美烟留种植株记载表三份　9-1-219（130）

江津第一辅导区美烟留种植株记载表三份　9-1-219（131）

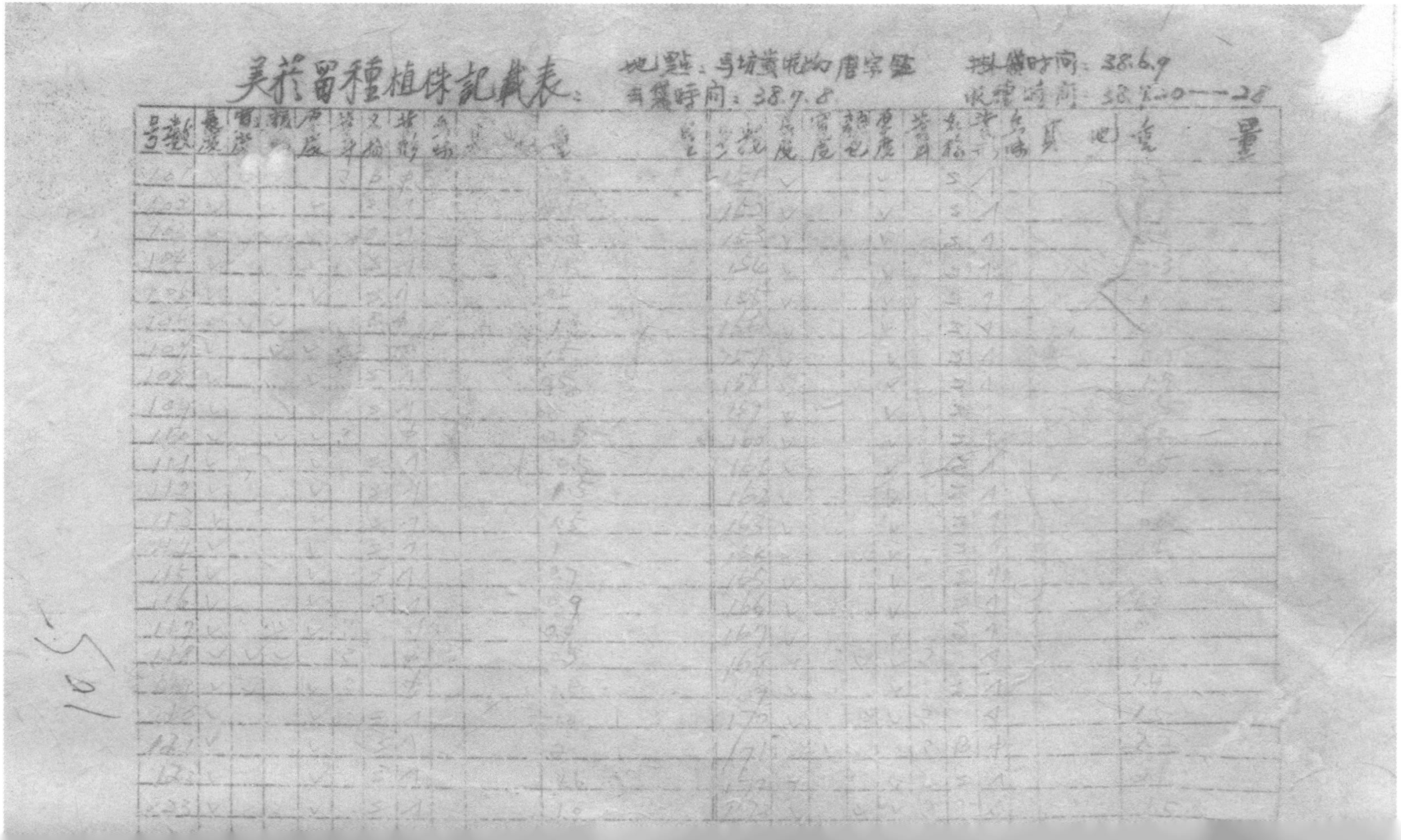
美菸留種植株記載表：　地點：马坊蒿梗沟唐宗鉴　移栽时间：38.6.9
开花时间：38.7.8　收获时间：38.10—28

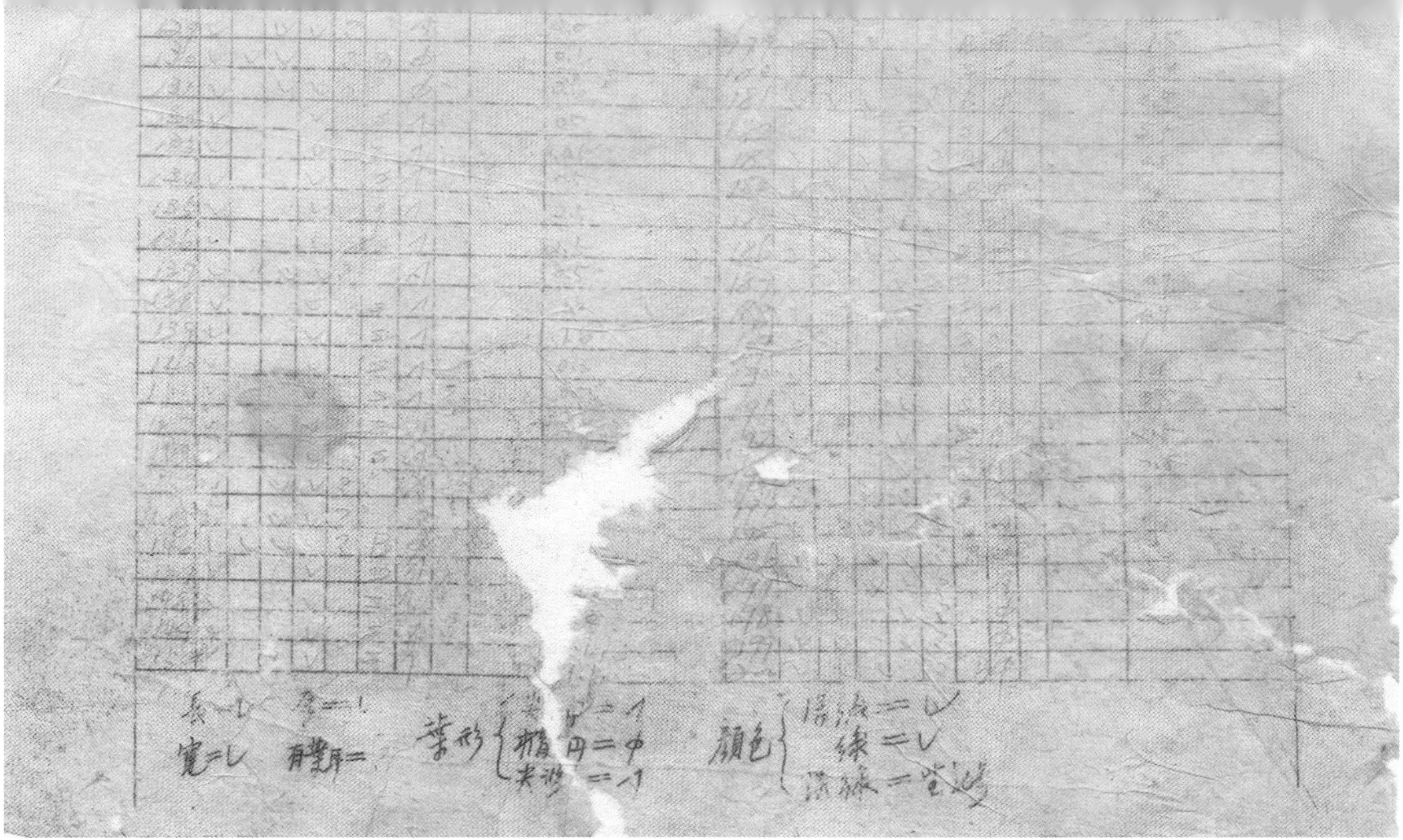

江津第一辅导区美烟留种植株记载表三份　9-1-219（131）

江津第一辅导区美烟留种植株记载表三份　9-1-219（132）

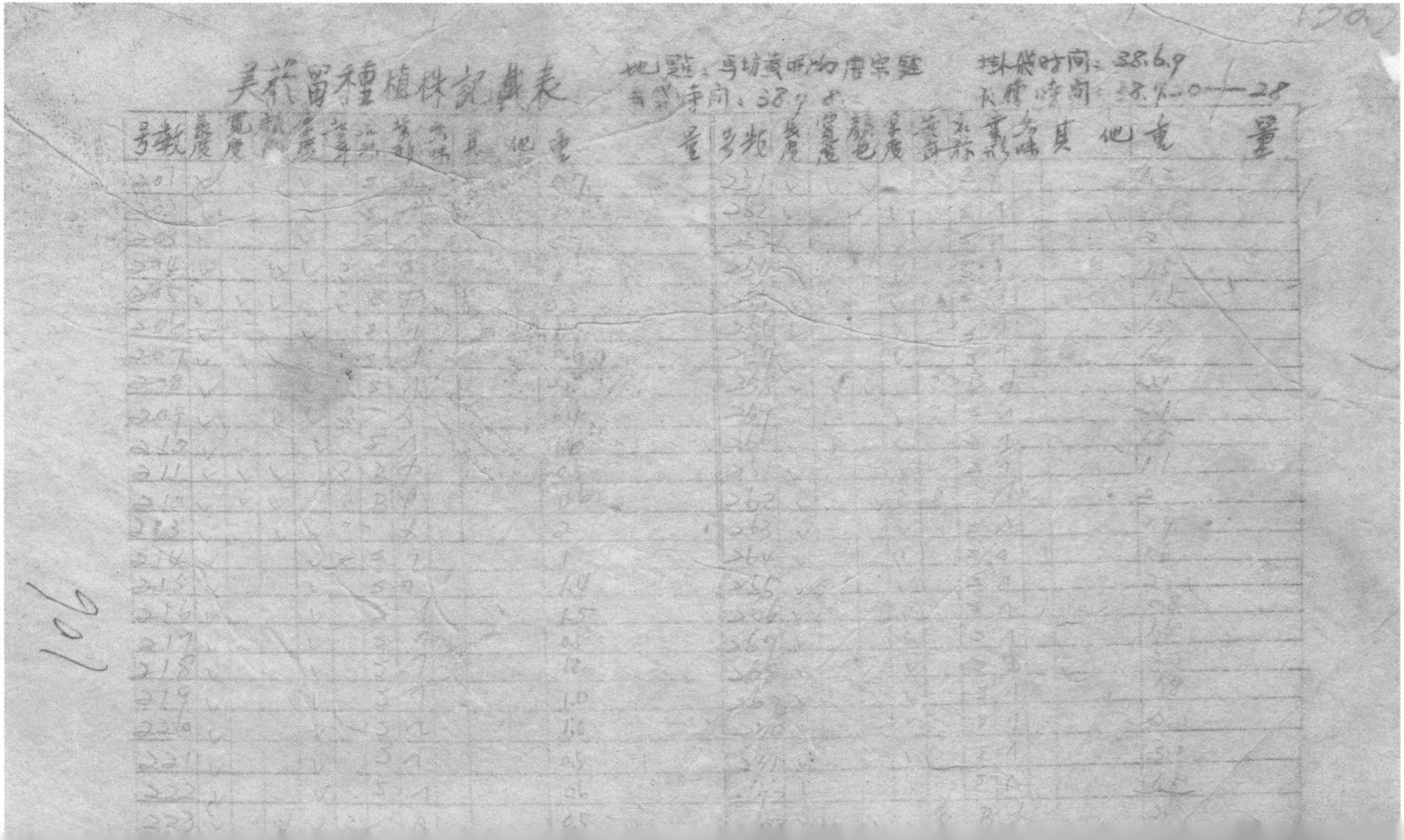
美菸留種植株記載表

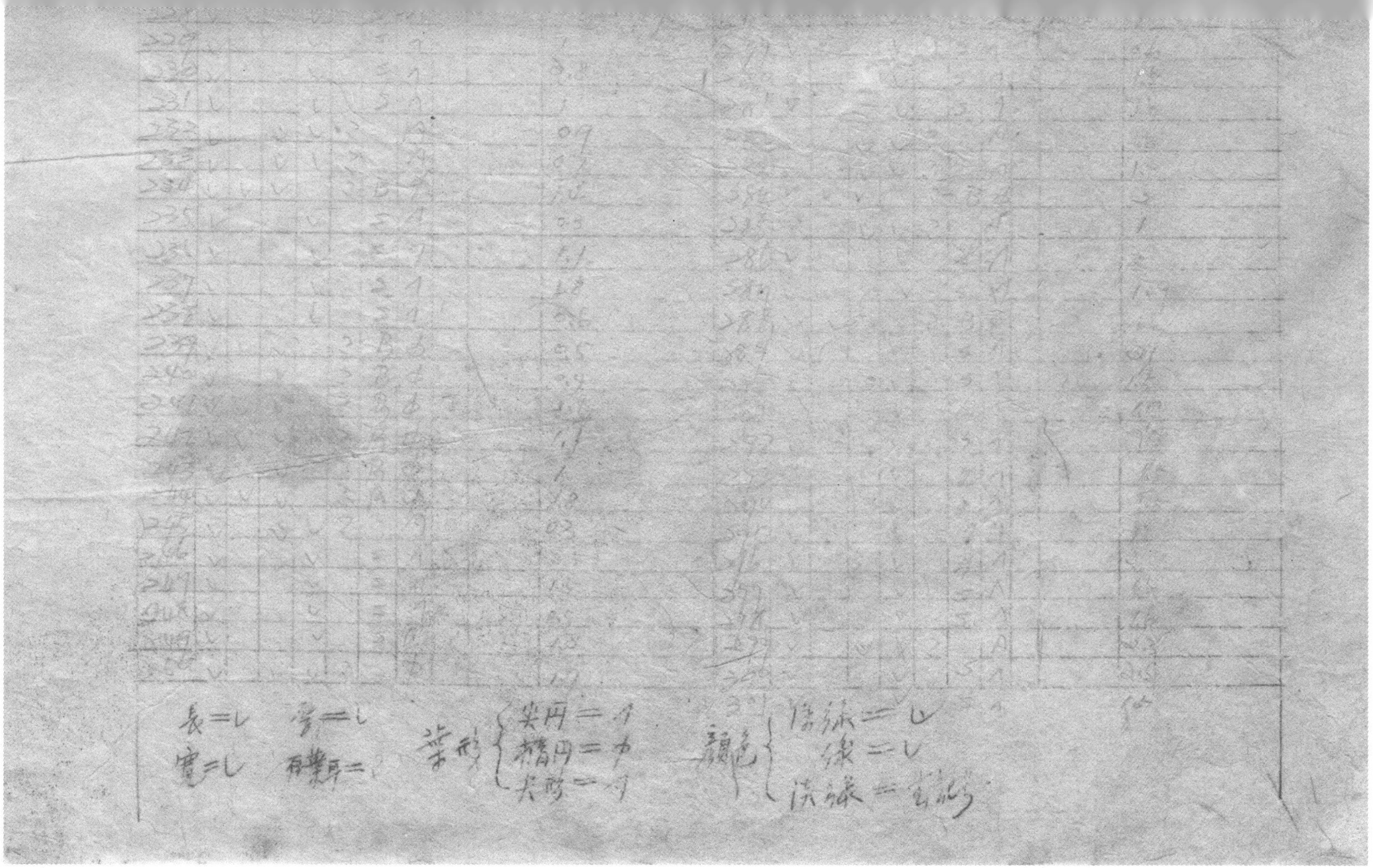

江津第一辅导区美烟留种植株记载表三份　9-1-219（132）

璧山、铜梁两县竹蝗防治工作计划、工作座谈会记录、工作报告 9-1-48（102）

六、兰[?]

四川璧山銅梁兩縣竹蝗防治工作計劃

一、竹蝗發生區域——璧山縣屬之河邊、梓潼、福祿、大路、八塘及依鳳等六鄉，尤以大路、福祿[西鄉?]情形嚴重。銅梁縣屬之[大廟]西泉[?]、連灣[?]、花店[?]、板橋等鄉山地均有發現。

二、為害情形——竹蝗多發生於山地，為一二齡時為害竹之嫩竹及禾本科雜草。及至三齡以上則能攀登高大之竹幹及附近山地之禾苗、玉米、高粱等作物，被害之後，輕則植物枝葉減少，發育不良，重者則枯死。損失極大。據于[?]生先生於民國卅[?]年之調查，估計銅梁一縣損失達七千七百餘萬元。

三、防治辦法——由璧山、銅梁兩縣之政府會同華西實驗區[?]

員督導發動農民集体上山捕殺，並劃定地段負責蝗蝻
殺法一种，備便收獲，使一般農民普遍參加治蝗工作。

四、今後工作方針——

（一）治蝗隊——發動農民組織治蝗隊，由各鄉輔導員民教主任及璧募鄉建學院學生領導農民治蝗隊上山捕殺，並由華西實驗區及銅梁兩縣之政府派員會同巡迴督導，預計二十日完成全部治蝗工作運動。（每日約一千二百人）

（三）藥劑防治——附近山地之平原地帶盡可能利用治蝗藥品，方面請聯總、中國農復會迅速運璧山。

Agroside No. 10, Agroside wettable powder 二噸

（二）組織情報網——通告生蝗蟲之各鄉鎮每日具報一次

璧山、铜梁两县竹蝗防治工作计划、工作座谈会记录、工作报告 9-1-48（104）

5-3

报告竹蝗为害情形、防治进度等，未发生乡镇亦须

随时具报有无竹蝗蔓延情形。

五、预算（以食米棉纱为计算标准）

（一）工資——发动民工二四〇〇人，每人每日工资食米五市升 棉纱二綑

合计 市石 二四〇并

（二）旅费——督导及管理人员平均每天六人，工作六

日计四〇〇日，工作期中僅支旅费，合计八市石 〇〇并

（三）运费——包括药械等之运输五十市石 八〇并

（四）杂费——包括邮电纸笔等办公费二市石 四〇并

以上四项合计 市石 约合棉纱

璧山、铜梁两县竹蝗防治工作计划、工作座谈会记录、工作报告　9-1-48（104）

璧山、铜梁两县竹蝗防治工作计划、工作座谈会记录、工作报告 9-1-48（105）

璧山铜梁两县竹蝗防治工作座谈会纪录

一、时间：卅八年六月十九日午后八时

二、地点：华西实验区总办事处

三、出席人：郭武邦 孙中岚 李焕章 李良原 张本诚 徐章协 田荆祥 夏云群

四、主席：李焕章

五、纪录：田荆祥

六、报告事项：

（一）据各乡报告有璧山之河边、梓潼、大路、福禄、依凤及八塘等六乡有竹蝗发生，再有铜梁县属与璧山交

界之西泉一带亦有蝗发生，经邱武郭先生及本府工作员会同县府派员前往视察，以大路河边廿乡为最多。多半发现于山上山顶，没山麓最少。

（三）河边大路廿乡均发动民力开始防治，河边仍需每日继续，邱家全部扑灭，至他各乡面积较宽，发动民力（农民居住分散）不易集中，难以扑灭，工作甚难进行。

（四）工作困难：

甲、林区居民穷困，无法负担治蝗费用。

乙、居民分散，不易集中工作，每日工作时间太短。

七、决议事项

璧山、铜梁两县竹蝗防治工作计划、工作座谈会记录、工作报告 9-1-48（107）

甲、全部扑灭工作
竹梁工二万
五千元
（每日发动民工约一千二百余人
工作廿日）

（一）解决困难办法：

甲、先由实验区借出棉纸/代送给计银元一千元作垫支

乙、初步开用动工县政府急需之人工费用并俟卿先生返穗向林区[illegible]

恳会请求补助

丙、人工问题由县府会同本区各县乡辅导员发民（区联合办事处学校同学）

教主任发动民力扑灭

丁、工作期间以半月为限（自即日起至廿日）及早完全扑灭

戊、当山全用人力，依应制说需要情形可用药剂防治

（二）预算 以食米为计算标准

甲、工资二五〇〇〇工，每工食米三市升，合计七五〇市石

乙、旅费—每天二〇人 旅二〇日 计四〇〇日 合计八〇市石

丙、运费——一五〇市石

丁、杂费——二〇市石

以上四项合计食米一千市石

璧山、铜梁两县竹蝗防治工作计划、工作座谈会记录、工作报告 9-1-48（109）

15

5-6

报告

徐幸如
陶彦

（一）前言：民卅八年六月六日奉派前往铜梁西泉参加铜璧两县防治竹蝗会议，次日即在铜璧交界沿山一带据报发现竹蝗区域，举行初步调查，会同中农所防治竹蝗专家邱式邦先生由本区张石城先生陪同来乡，即会同上山，至十一日始返，兹将工作情形摘要简报如左：

（二）工作概况：

已制卡

已制卡

二日在[illegible]会[illegible]

主持，计到銅璧两縣縣長、及璧山河边（助理员）、大路、龍濱、福祿、梓潼、蒲元鄉鄉長，及銅梁古西泉鎮鎮長，至四时许散会，决定防治竹蝗办法如下：

⑴六月十日两縣沿山诸鄉動員人民上山举行大捕殺。

⑵收買蝗蝻：办法照舊案办理，（以一斤蝗蝻代價可吃一餐午飯为原則）

⑶以後不論何时，由各鄉隨时派人上山調查，一旦發現立即動員農民全力捕滅。

⑷年年注意，及早捕殺。

57

(乙)調查竹蝗為害情形：六月七日開始本項工作，計到銅梁之雲泉竹連灣、花石板、北斗井灣、杉蔴壩等地及璧山之寨子坡、廖家灣、六寸坡、涼風寺等處，根據當地居民報告及觀察竹蝗為害情形如下：

(1)歷年以來竹蝗之為害，以民卅六年為最重，泥西山一帶，約卌多里之區域，無一倖免。

(2)被害之竹不再生筍，故損失甚大。

(3)本年竹蝗之發現較去年為遲，據去年農曆端午時為竹蝗之為害盛期，（三齡以後）本年目時為害不烈，因雨水較多。

(4)目前竹蝗為一—二齡期，体長約1—1.7cm，呈灰褐色，背有黑色點四條，三齡以後即變為綠色，四不相同，其活動多在上午九－十時以後，喜陽光，多在竹頂。

(5) 其分佈：目前以璧山之河边鄉八保寨子坡為最嚴重，銅梁西泉沿山尚未發現。

(6) 以前當地防治办法，不外下列三种：

(A) 在一－二齡时以蓆捕於竹下，搖動竹身，竹蝗即紛紛落於蓆上，立即捕殺之。

(B) 三齡以後，於夜間引火誘殺。

(C) 春初搜尋蝗卵，以火燒之。

(三) 結論：

(甲) 以今年竹蝗之已發現分佈及發生情形，除河边鄉之八保寨子坡外，其他大路、龍溪諸鄉必已出現，而保甲尚未覺察。

(乙) 銅梁受害之情無璧山之重。

璧山、铜梁两县竹蝗防治工作计划、工作座谈会记录、工作报告 9-1-48（112）

5-8

（丙）竹蝗之分佈均在山上，竹叢密，而山坡陡，圍捕不易，其防治之法擬：

（1）鼓勵當地人民於春初搜殺蝗卵。

（2）毒之防治撲藥劑、以"666"粉劑撒佈為最佳。

（亞砒酸鈉在此地治蝗似未見適宜）

（丁）本年竹蝗為害較輕、遠無往年之重。

璧山、铜梁两县竹蝗防治工作计划、工作座谈会记录、工作报告　9-1-48（111）

譚仲篪輔導員、
傅伯鷹大庙鄉長報告發現竹蝗了、

四川璧山、铜梁两县竹蝗防治工作计划　9-1-54（235）

128

四川璧山銅梁兩縣竹蝗防治工作計劃

四川璧山、铜梁两县竹蝗防治工作计划 9-1-54（236）

128

四川璧山銅梁兩縣竹蝗防治工作計劃

一、竹蝗發生區域——璧山縣屬之河邊、梓潼、福祿、大路、八塘及飯鳳等六鄉尤以大路福祿兩鄉情形嚴重，銅梁縣屬之安東大廟等鄉山地亦有發現

二、為害情形——竹蝗多發生於山地，一發時為害較小之嫩竹及禾本科雜草，及至三齡以上則能攀登高大之竹類及附近山地之禾本科等作物，被害之後輕則植物枝葉減少，發育不良，重則枯死，損失極大，據李鳳蓀先生於民國卅四年之調查估計銅梁一縣損失達九千七百餘萬元

三、防治情形——[illegible]

四川璧山、铜梁两县竹蝗防治工作计划 9-1-54（237）

督導各鄉鎮組織治蝗隊按[illegible]上山捕殺並大量收買蝗蝻
辦法（獎償收購）使一般農民普遍參加治蝗工作

四、今後工作方針

（一）治蝗隊——發動農民每日約八千五百人組織治蝗隊由各鄉鎮輔導員民教主任及徵募鄉建學院學生領導農民治蝗隊上山捕殺並由華西實驗區及鄉建兩縣縣政府派員會同巡迴督導預計八月底完成全部治蝗工作

（二）情報網——已發生蝗蟲之各鄉鎮五日具報一次報告竹蝗為害情形防治進度等未發各鄉鎮亦須隨時具報有無竹蝗蔓延情形

璧山四寶閣文具印刷紙號印製

四川璧山、铜梁两县竹蝗防治工作计划 9-1-54（238）

130

(三)藥劑防治——消滅山地及平原地帶盡可能利用治蝗藥劑
可防治者 provide 50% provide wettable powder
二、呈請農復會速運璧山

五、預算（以食米為計算標準）
(一)工資——發動民工六五〇〇〇人每人每日工資食米二市升合計
六五〇市石
(二)旅費——督導及管理人員平均每天六〇人工作六〇日計四〇〇
日工作期中伙及旅費合計八〇市石
(三)運費——包括藥械等及運輸一五〇市石
(四)雜費——包括郵電紙筆等雜辦公費一〇〇市石

以上四項總計食米壹千市石擬請農貸會准予補助

璧山四寶閣文具印刷紙號印製

173

壁山縣三十八年度治蝗總報告

鄉別	民工總數	捕蝗總數	工作起訖月日	本府收蝗發紗總數	实驗收蝗發紗總數	備考
河边	一六〇一人	五二一五斤	六月十日—八月一日	收蝗三〇三斤 發紗四〇支	收蝗二〇八斤四两 發紗一四三支八排	
福禄	二一〇一	七五二一四	六月廿五—七月廿九	收蝗一八〇斤〇三两 發紗一四支六排	收蝗四八六斤十两 發紗三一一支一排	
梓潼	二五六八	八三九〇六	六月十三—八月九日	收蝗五六六斤〇九两 發紗一〇八支三排	收蝗二七五斤 發紗一三九支三排	
大路	九〇四五	二三一〇〇	六月二十—八月五日	收蝗五六斤〇四两 發紗一八三支	收蝗一六廿四斤〇六两 發紗一二二支二排	本府收蝗六八六斤〇四两
八塘	一〇一二	一九八〇六	六月廿八—七月卅一	收蝗一三九斤〇七两 發紗廿七支六排	收蝗五八斤十三两 發紗三九支	
依凤	三〇九一	八〇四一四	六月廿七—七月廿七	收蝗四〇八斤十两 發紗八一支三排	收蝗三九六斤〇三两 發紗一九二支一排	
合计	一九四一八	五四二〇一一		收蝗二二八四斤〇二两 發紗四五四支八排	收蝗三〇四八斤一二两 發紗二〇三七支五排	

已报五月

璧山、铜梁两县竹蝗防治报告（一九四九年十一月） 9-1-121（9）

璧山銅梁兩縣竹蝗防治報告

農業工作簡報之一

編者：張石城

農業組

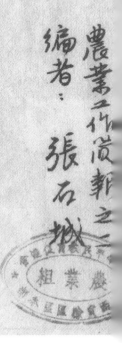

璧山、铜梁两县竹蝗防治报告（一九四九年十一月） 9-1-121（10）

6

璧山銅梁兩縣竹蝗防治報告

—目次—

璧山四寶閣文具印刷紙號印製

璧山、铜梁两县竹蝗防治报告（一九四九年十一月） 9-1-121（12）

璧山銅梁兩縣竹蝗防治報告

張石城

一、前言

璧山銅梁兩縣交界的沿山各鄉，崗嶺起伏，產竹聞名，用竹造紙，居民多恃竹產為生。年來槽戶雖多改業，但因銅梁紙廠成立，造紙生產合作社在華西實驗區的輔導之下相繼組成，將來造紙工業必更發達，增加竹產，對國計民生之關係更為重大。

該廠業已由華西實驗區承頂接辦改組為合作紙廠，各鄉鎮

實銅璧兩縣農民生活有關係

中國之竹蝗，僅在川、湘兩省發現，銅梁、璧山、永川、大足四縣，則為四川竹蝗之活動中心。年來蝗災日趨嚴重，更有向外蔓延之勢，如不及早撲滅，則未來之蝗患必更為猖獗。最近三

年，省縣當局雖曾發動人民，督導防治，但以山地險峻，蝗區遼闊，難以根絕。今年華西實驗區特擬計劃，請由農復會撥款補助，並派員分赴蝗區各鄉，輔導農民，組織治蝗隊，按照捕蝗獎勵實施辦法，收捕竹蝗，救濟災農；工作結束，特將治蝗始末，編此工作報告，以供參考，請賜　教正。

六、竹蝗之形態

竹蝗為我國特有之蝗虫，體型略較飛蝗為小，最初發現在湖南之益陽、安化、常德、漢壽等縣，四川僅有銅、璧、永、大及夾江等縣產竹各鄉，受其侵害。

（1）卵：卵長圓形，稍微彎曲，一端鈍圓，一端稍尖，長大約二·一分

璧山四寶閣文具印刷紙號印製

璧山、铜梁两县竹蝗防治报告（一九四九年十一月） 9-1-121（14）

粒，幅0.七分。卵殼表面赭黄色，碎之有黄色液體流出。卵塊由二三十顆卵粒相叠而成，長圓、橢圓或為不規則之形狀。卵與卵之間，有灰黄色之膠着物。各卵粒成横斜方向排列，參差不齊，卵塊鈍端向下，外包卵囊，亦係膠質物所構成。囊表附着泥土，故卵塊混雜於土中時，不易鑑別。卵塊之上端，因產卵完畢後附有膠質物，達於土表，常凝結成杯狀，倘產卵後未經下雨，則可尋其蹤跡。

（II）跳蝻：竹蝗為不完全變態，由孵出為若虫，翅缺如，善跳躍，故稱曰跳蝻。跳蝻凡五齡：第一齡跳蝻，體肉色，具棕色斑點。剛孵出時為肉色，其後漸呈灰黃色。兩背左右各具棕色一大斑點二個，顯明顯。跳蝻取食後，體漸變為黃綠色，腹面紫黑色，其餘各部色均爽濃。頭胸腹之背脊頂具一連貫之鮮黃色長線，翅芽隱約可辨，體長一寸七分。每兩約有五〇〇至六〇〇個

第二齡跳蝻，黃綠色，全體遍布灰黑斑點，頭部灰綠色，觸角褐色，其尖端之黃色與頭、胸、腹之背脊中央連貫一線之黃色，較前鮮明。腹面兩側黃綠色，翅芽已具形跡，體長約四·一分。每兩约有二五〇個

第三齡跳蝻，赭黃色，複眼灰褐色，觸角黑色，其尖端黃色與頭、胸、腹背脊中央連貫一線之黃色，更為鮮明，並有四個黑点。翅芽漸長大，葉黑色。體長約六分。每兩约有一三〇個。

第四齡跳蝻，體色與第三齡略同，惟軀幹較長大。複眼

璧山、铜梁两县竹蝗防治报告（一九四九年十一月） 9-1-121（16）

黃褐色，前翅芽幾為後翅芽所遮蓋，體長約七.四分。每兩約六○個。

第五齡跳蝻，體色與四齡彷彿，軀幹更長大，複眼上半部黃褐色，下半部黃綠色，翅芽亦更長大，體長八.三分，將羽化之跳蝻，體呈翠綠色。~~每兩約五十個~~

（Ⅲ）成虫

（1）頭部：顏面略呈三角形，淡翠綠色。顏頂尖銳，與顏面部分成一夾角。由顏頂至頭後之中央，存隱約之黃色線一條。口器黃帶淡綠。複眼卵形，上部略尖，單眼三個，一個位於面部中央之縱溝內，其餘二個，位於兩旁之縱溝與觸角間，排列呈三角形。觸角二十六節，鞭狀，尖端三節，為黃色，其餘均為翠……

色。

（2）胸部：胸部背胸側翠綠色，背面中央具黃色縱行線（一）條，故又名黃脊竹蝗。胸部腹面淡灰綠色，前胸中胸後胸各具足（一）對，前足與中足短，黃綠色，後足甚長，腿節肥大，深赭黃色。脛節瘦小，黑綠色。腿節與脛節近膝部處，各具（一）黃色環帶，當胸節曲屈時，兩環帶成並行，跗節，淡赭色，中胸後胸各具翅（一）對，前翅狹長紫黑色，其前緣具（一）翠綠色之縱行條，兩前翅摺疊於背部時，呈（一）綠色長三角形區，後翅扇狀，深紫黑色。

（3）腹部：腹背十（一）節，腹面雌虫八節，雄虫十節。腹部背面紫黑色，中央脊項具（一）黃色線，腹部兩側前半截黃色，後半截

璧山、铜梁两县竹蝗防治报告（一九四九年十一月） 9-1-121（18）

黄緑色，腹面黄色。

三、竹蝗之習性

竹蝗之生活史，每年發生一世代。五月間小滿前後，由卵孵化為跳蝻。七月中旬以後，開始羽化為成虫。八月至十月中旬，產卵越冬。

竹蝗之食性，以竹葉為主。尤以慈竹、南竹及苦竹為最。禾苗、玉米及高粱，亦喜取食。

幼齡跳蝻有合羣性，初集於竹林下之禾本科雜草上為害，以後漸移至矮小之嫩竹上取食，至第三齡以上，則能攀登高大之竹幹，而直達頂端，食害竹葉。

璧山、铜梁两县竹蝗防治报告（一九四九年十一月） 9-1-121（19）

成虫不特喜歡跳躍，且其飛翔力甚強；午後尤為活潑。竹蝗驚散升空，高低錯雜，往復飛舞，翱翔最高者竟達十數丈，其遷移能力亦可想見。

成虫當中午烈日之下，取食較少；大部棲息於叢林蔽蔭下之矮小林木上，及地面雜草間。早晚則羣集竹林取食，清晨朝露未乾，則多棲息不動，此時捕捉最易。

竹蝗所到之處，竹枝均呈枯黃火燒之狀。當年新竹遭其食害，即行枯死。多年老竹，被害一次，或能重生新葉；但其冬笋不生，春笋少小；被害二次，即難生存；三次以上，全部枯死，器材亦不可用。蝗災猖獗地區，常見南竹葉被食盡，苦竹與慈竹之葉與嫩枝均

璧山四寶閣文具印刷紙號印製

璧山、铜梁两县竹蝗防治报告（一九四九年十一月） 9-1-121（20）

5

遭慘害。禾苗食後，倒折零亂，新葉或可重生，但難望其抽穗結實。玉米、高粱，如被食害，則成光禿孤株，葉穗皆無，慘象淒涼。

每年竹蝗發生，如不及早防治，必遭嚴重損失。據報民國三十四年銅梁一縣之蝗災損失，共有南竹二〇萬株，水稻七五畝，玉米三〇畝，高粱二〇畝，其他一四五畝，農產價值七千七百元。以後數年，蝗災嚴重，銅璧兩縣之損失，當更可觀。

四、歷年竹蝗防治簡史

(1)民國三十五年

璧山之河邊、福祿兩鄉，於民國三十四年曾發生少數竹蝗，據開與毗鄰之銅梁、永川縣境內、九龍、板橋、永嘉等鄉，早在三十一年即曾發現，逐年加劇，蔓延而來。今年竹蝗發生區域，則以福祿之四方碑、乾田塡，周家灣子，八十四凹口等地最多，梓潼之燃灯寺、大寨門、紅土地等地次之。發現時期，均在五月中旬，蝗區面積，約共二十餘畝，惟係間段發生，綿延二十餘里，除食竹葉外，附山之玉米、高粱，亦遭食害。河邊鄉則於下旬，在第十保觀音寺，堰塘灣一帶山地發現，蝗區約四方里。大路鄉亦遭蔓延，頗有竄擾燎原之勢，特由縣府頒擬治蝗實施辦法如下：

甲、組織：

（一）組織治蝗總隊部，由縣長兼任總隊長，建設科長及農推所

璧山、铜梁两县竹蝗防治报告（一九四九年十一月） 9-1-121（22）

12

6

主任兼任副總隊長，鄉鎮設治蝗大隊，保設治蝗中隊，每甲設治蝗分隊，以農户爲隊員，層層督促辦理。

（二）治蝗總隊下設學校治蝗輔導團，以校長爲團長，全體學生爲團員，宣傳治蝗方法，協助農民治蝗。

（三）省派治蝗督察員及縣府農林技士，負全縣治蝗技術指導之責，農推所指導員派駐蝗區各鄉，協助督促治蝗。

乙、治蝗區域：福祿、梓潼、河邊、太和等鄉。

丙、治蝗方法：

（一）人工防治法：（1）掘卵塊；（2）網捕或打殺幼蝻；（3）掘溝陷殺，網捕成虫；（4）分區燒殺（非不得已不用此法）。

(二)藥劑防治法：(1)毒餌毒殺；(2)毒液毒殺。

(三)生物防治法：(1)家禽食害；(2)保護益虫益鳥啄食。

丁、進行辦法：

(一)學校治蝗教育：

(1)各校分發治蝗教材，一週內講授完畢。

(2)農推所指導員分赴各校，講授治蝗常識。

(二)保甲及農民治蝗教育：

(1)各鄉鎮長定期召集保甲長，舉行治蝗講習會。

(2)保甲長定期召集農民，由指導人員前往講授治蝗方法。

(3)保甲長及農民應切實接受指導，不得藉故遲到缺席或

璧山、铜梁两县竹蝗防治报告（一九四九年十一月） 9-1-121（24）

17

7

進坑。

(三)實施工作時之任務：

(1)鄉鎮長——負責督促保甲農民，推動工作，分別獎懲。

(2)學校校長——完成治蝗教育，組織治蝗宣傳隊，利用課餘假期，向農民講解治蝗方法，協助治蝗工作，定為學生暑期作業。

(3)總隊長、督導員——工作期內，隨時下鄉，督導治蝗。

根據中農所三十五年全國蝗患調查報告摘錄如下：

(一)璧山：

(1)蝗區鄉鎮——福祿、梓潼、河邊等鄉。

(2)發生日期——四月中旬發現跳蝻，七月中旬發現成虫。

(3)被害損失——竹林六、〇〇〇畝、玉米三〇畝、損失總計九〇八萬元。

(4)治蝗成果——福祿鄉捕蝗八二一·六斤、梓潼鄉捕蝗一三五斤、河邊鄉捕蝗一二〇斤、共計一〇七六·六市斤。

(二)銅梁：

(1)蝗區鄉鎮——永嘉、安溪、壽永、復興、慶隆、舊縣、卜占、巖峯、天錫、虎峯、大廟、板橋、三教、雲龍、新民、韓龍福果、玉龍等鄉。

(2)發生日期——五月中旬發現跳蝻、六月下旬發現成虫。

(3)被害損失——竹林一二、〇〇〇畝、其他作物四五〇畝、損失

14

8

總計一八、六七〇萬元。

（5）治蝗成果——捕殺蝗蝻五、九四八·八三斤。

戊、經費：預算一〇〇萬元，蝗區鄉鎮之民工、伙食、及捕蝗器械費用自籌。

（Ⅱ）民國三十六年

本年銅、璧、永、大四縣，竹蝗發生面積，均較往年倍增，璧山情勢尤為嚴重，經縣府與農推所派員巡迴蝗區，督導捕殺，並於財政困難之下，設法籌撥獎金，防治情緒因之奮發，蝗災得以及時撲滅，治蝗成績，為四縣之冠，有令曾予記功嘉獎。

竹蝗發生在福祿、河邊、龍溪、大路四鄉，蝗區面積約三八十畝、受害作物為竹葉玉米。

川農所以竹蝗為害嚴重，農作損失鉅大，自應請求中央及省縣當局，予以人力、財力、物力之補助，並加強行政督促力量，配合技術之推進，庶可遏止猖獗，限期肅清，特擬三十六年竹蝗防治辦法如下：

甲、請求農林部辦理事項：

（一）自三十六年起，將四川列為治蝗省份。

（二）頒發有關治蝗法令、章則，及宣傳印刷品。

（三）核發治蝗補助費，及殺虫藥械。

（四）指派專業督導人員，來川巡迴督治。

璧山、铜梁两县竹蝗防治报告（一九四九年十一月） 9-1-121（28）

15

9

（五）咨國防部指派飛機，撒佈殺蝗毒劑。

（乙）請求省政府辦理事項：

（一）咨請農林部，核准本辦法所列請求事項。

（二）指派高級督察人員，分赴各縣督促視察。

（三）分令蝗區各縣：

（1）銅梁、大足兩縣，即日恢復農推所。

（2）成立四縣治蝗聯合會，以第三區行政專員為主任委員，四縣縣長為委員。

（3）普遍發動治蝗宣傳，及籌備治蝗用具。

（4）將治蝗成績列為四縣縣長年終考成之一。

丙、專員及縣府辦理事項：

（一）二月底以前，成立四縣治蝗聯合會，造具治蝗經費預算，在縣預備金項下動支。

（二）四月底以前，完成蝗區各鄉鎮治蝗宣傳，及裝備治蝗用具。

（三）五至八月為捕蝗實施時期，十至十二月為掘卵時期，縣長及建設科長，應於六七月工作緊張期間，親自下鄉，巡迴督導。

（四）工作結束一個月內，考核治蝗人員工作成績，分別予以獎懲。

（五）治蝗工作實施情形，應於十月底編具總報告，送省備

璧山四寶閣文具印刷紙號印製

查。

璧山縣擬三十六年度防治竹蝗實施辦法：

甲、組織：仍照原有鄉鎮保甲組織治蝗隊，並以農推所指導員，鄉鎮公所經濟幹事，及鄉農會常務理事，負責指導，監督，農民治蝗所耗勞力，得在本年應徵工額內扣抵，不再重徵。

乙、聯絡：永川、銅梁兩縣毗連，應於事前實施聯絡，不分畛域，共同兜剿，以期一擧而盡，不然此剿彼竄，收效不彰。

丙、宣傳：

（一）口頭宣傳——派員分赴蝗區鄉鎮，講述蝗虫為害情形，及其作為，使農民咸知蝗虫之可畏，樂從指導意。

(二)文字宣傳——印發治蝗圖說及標語，闡明竹蝗習性、生活史，及為害情形；並在蝗區學校，實施治蝗教育。

六、實施辦法：

(一)製備捕蝗袋——各鄉鎮製備捕蝗袋三〇〇至五〇〇具，以便及時網捕，而免產卵遺害。

(二)輪流網捕——各鄉鎮每日工作人數為三〇〇至五〇〇人，依保甲編隊，輪流網捕。

(三)捕蝗量——在蝗蝻二三四齡時，每人每日至少捕獲十市兩；飛蝗每人每日至少捕獲十四市兩。

(四)捕蝗處理——捕獲蝗蟲，當眾秤定分量後，就近掘坑掩

璧山、铜梁两县竹蝗防治报告（一九四九年十一月） 9-1-121（32）

17

11

蝗，以免腐臭。

（五）督導記載——各鄉鎮詳細記載每日工作人數，及捕蝗量，以作將來獎懲標準。

戊、獎懲：

（一）每日每人平均捕蝗量超過規定者，得以獎金獎勵，或酌予記功；不及規定者，則予記過或其他適當之懲處。

（二）蝗區發現竹蝗，應即報告捕打，倘有隱匿不報，或將蝗虫驅入鄰境，以圖卸責者，查明屬實，立予押辦。

己、經費：預算總數三〇〇萬元（宣傳費十五萬元，督導費三十五萬元，獎金二五〇萬元），參議會及縣府核准一五〇萬元。

璧山、铜梁两县竹蝗防治报告（一九四九年十一月） 9-1-121（33）

本年農林部農推會、特派羅養正來川，會[illegible]

川農所病虫防治督導團並派吳源濂為治蝗主任督導員，駐銅梁，謝守中駐璧山，黄中強駐永川，秦江維駐大足，建設廳又派專員李忠義前往各縣視察。川農所曾於三月十日召開銅、璧、永、大各縣治蝗會議；四月十日，第三區行政專員又令四縣縣長，及農推會主任或農林技士，在璧山召開治蝗聯合會。

本年璧山之林漢、福祿、河邊、龍溪、大路等鄉，總共動員農民一五二五八人，捕蝗四七三八斤十五兩。據云：此為歷來蝗災最重之一年，但比三十八年之捕蝗總數仍少七〇〇斤。

璧山四寶閣文具印刷紙號印製

璧山、铜梁两县竹蝗防治报告（一九四九年十一月） 9-1-121（34）

本年治蝗工作雖經積極推動，然以限於地勢財力，實難短期根絕，秋冬竹蝗產卵死亡，縣農推所擬具掘卵治蝗辦法，並經參議會通過施行：

(1)分令蝗區各鄉，嚴密注意竹蝗死亡地點。

(2)在竹蝗死亡處，插立竹木牌標誌。

(3)鄉公所統製竹牌，交保甲存轉插立。

(4)本年十一月至明年一月為掘卵時期。

(5)掘卵除去泥土，每兩獎法幣四百元。

(6)每月由農推所派員攜款，前往各鄉收購。

(7)插立標誌，嚴禁拔毀，令由保甲地主負責保護。

（五）民國三十七年

銅、璧、永、大四縣竹蝗為害，歷年雖經實施防治，惟以山地險峻，地方不靖，治蝗人員，未能深入，短期尚難肅清，本年仍須繼續舉辦，蝗區並已蔓延至大足、銅梁二縣所轄之巴岳山區，夾江縣内亦有竹蝗發現，省頒三十七年竹蝗防治實施辦法，仍按成例辦理。

農林部仍派劉養正為川省治蝗總督導，省派督導員吳源濂。據查今年各地治蝗情緒普遍低落，究其原因或為：（1）雨期過多，影響防治工作。（2）竹蝗發生散漫零星，不若往年感受嚴重威脅。（3）縣級機關督飭欠嚴，因此造成鬆懈現象。

璧山、铜梁两县竹蝗防治报告（一九四九年十一月） 9-1-121（36）

如今竹蝗長此蔓延，直至產卵老死，本年雖未成災，來年必更猖獗，不惟防治前功盡棄，且將永無根絕之日，故為治蝗前途莫大隱患。

本年治蝗經費，省令早列預算，計為璧山三五〇萬元，銅梁九九五萬元，永川五二〇萬元，大足七八八萬元，夾江四九五萬元，總共三八四八萬元。

璧山縣竹蝗防治總隊於四月三十日成立，縣長劉宗蕃兼總隊長，農推所主任於本恩兼副總隊長。即令蝗員各鄉，恢復情報組織，注意竹蝗發生時間地點，五月上旬發動宣傳，各鄉發現蝗蝻，立刻動員民工，迅速撲滅。並為增加效率除懸獎查計，規定每人每日超過捕蝗重量二分之一者，獎二千元；一倍以上者獎四千元；不及規定重量者，次日加倍罰繳。

璧山之大路、河邊、福祿、梓潼四鄉，依山竹林地帶，於本年五月中旬，先後發生竹蝗爲害，面積較小，幸未成災；九月以後，度卵死亡；防治工作，乃告結束。總計三個月內發動民工七三九七人，捕殺竹蝗一八一三斤六兩。

(II)民國三十八年

河邊鄉公所五月三十一日呈轉第八保保長雷仿堯報告：所轄寨子坡廖家灣一帶發生竹蝗，請求設法派員撲滅；鄉農會常務理事亦有同樣報告。縣長即日手令，發動全保民衆，迅即前往

璧山、铜梁两县竹蝗防治报告（一九四九年十一月） 9-1-121（38）

圍打，千萬不能聽任蔓延，致成巨災，並定於六月五日下午一點，親到該鄉，召集全體保甲長、鄉民代表主席開會，又令農推所具報工作計劃，組織治蝗總隊，分飭毗連西山各鄉，嚴密調查蝗災情報。

六月六日，第三區專員，在西泉召開銅梁、璧山兩縣縣長，及附近鄉鎮長會議，決定十日上午，所有兩縣靠山鄉鎮，督導沿山保甲，率領民衆，各保各甲，各自詳查，並與鄰縣相連之鄉鎮會見，互相報告查看情形，各向本縣縣府具報。如經發現，即將地點、面積、蝗虫年齡，限於十三日前，逐一詳報，並須立即發動民衆，火速撲滅，勿使蔓延成災。如敢玩忽，有蝗不報，一經

璧山、铜梁两县竹蝗防治报告（一九四九年十一月） 9-1-121（39）

查覺，決予撤職押辦。有蝗而不撲滅，亦決重懲不貸。

縣農推所奉令擬具三十八年度防治竹蝗工作計劃如下：

甲、組織：各鄉治蝗隊仍照過去辦法，按原有鄉鎮保甲分別組織。

乙、治蝗區域：福祿、梓潼、河邊、大路、依鳳、八塘等鄉。

丙、治蝗方法：

（一）捕蝗製袋——各鄉應先製備捕蝗袋三〇至五〇具，以便及時捕捉幼蝻，而免產卵遺害。

（二）捕蝗時間——務於每日上午五至九時，當太陽未出之際，開始努力撲打網捕，蝗翅因受夜露浸濕，此時捕捉較易。

璧山、铜梁两县竹蝗防治报告（一九四九年十一月） 9-1-121（40）

21
15

（三）分區負責——每鄉應將治蝗隊分定區域，各員專責，限期撲滅淨盡。

（四）捕蝗數量——在蝗蝻二至四齡時，每人每日至少捕十市兩，飛蝗每人每日至少捕十四市兩。

（五）捕蝗處理——捕獲蝗虫，當眾秤定分量後，掘坑掩埋，以免腐臭。

（六）督導記載——治蝗督導人員，應親赴蝗區，督促農民捕捉竹蝗，每日詳細記載工作人數、捕蝗數量，以憑獎懲。

丁、獎懲：

（一）獎勵：

(1)縣派各鄉治蝗人員，督導民工在二齡期內撲滅者記大功，四齡期內撲滅者記功或酌給獎金，五齡期內撲滅未成災者待令嘉獎。

(2)鄉保甲長獎勵辦法同前。

(3)各鄉輔導員、民教主任及鄉鎮公所職員，協助治蝗成績卓著者，報府另議給獎。

(4)農民捕捉蝗虫，每日够足標準重量者，獎給食米（市升，超過標準重量者，按其超過數量，加倍給獎。

(二)懲罰：

(1)蝗區地主有蝗不報者罰工，鄉保甲長按其情節輕重，

22
16

予以記過、撤職、及撤職查辦等項處分。派工規避，捕捉不力，鄉保甲長玩忽職守者，按前項加倍懲處，致釀成災再加倍處罰。

（2）縣派及各鄉輔導員、民教主任，督導協助不力者，分別輕重，予以懲處。

（3）督導人員如有虛報成績，查明屬實者，輕則記過，重則撤職。

治蝗經費預算，原定三二三、〇〇〇萬金圓，折合棉紗五幷七支七排，後經追加為二、六九六、四五二萬金圓，折合棉紗三八十三幷十四支八排，其中宣傳辦公費三三、〇〇〇萬金圓，督導旅費三八六、八〇〇萬金圓，獎勵費二、三四六、六五二萬金圓，並經縣參議會六月二十八日各組委員會決議推廣，函請華西實驗區有力補助。

治蝗人員由縣農推所委派指導員四人，分駐蝗區各鄉，督導治蝗工作，計許紹貴駐八塘、依鳳，傅培基駐大路、龍溪，饒治華駐河邊、福祿，冉隆冀駐梓潼、太和，並由各輔導區通飭輔導員、民教主任，竭力推動協助辦理。

本年璧山之福祿、梓潼、河邊、大路、依鳳、八塘等六鄉，總計動員農民一九四一八人，捕蝗五四一八斤一兩，獎紗二四九二三排，共合銀幣九九六·九二元。

銅梁之西泉、虎峯、大廟、天錫、太平等五鄉鎮，本年總計

璧山、铜梁两县竹蝗防治报告（一九四九年十一月） 9-1-121（44）

動員農民一○五九○人，捕蝗三七一四斤四兩橫紗一八八三九排，共合銀幣七五三·五六元。

五、今年竹蝗防治經過

（一）會議調查

三十八年六月六日下午二時，第三區行政專員兼華西實驗區主任孫廉泉先生親自主持，在西泉銅梁紙廠召開治蝗會議，參加出席者，有銅璧兩縣縣長，璧山之福祿、梓潼、河邊、龍溪、大路等五鄉鄉長，及西泉鎮鎮長。農業組特派徐束如、陶存二同志前往參加。會中決定治蝗辦法如下：

（1）六月十日，兩縣沿山各鄉，動員民工，上山搜查圍捕。

璧山、铜梁两县竹蝗防治报告（一九四九年十一月） 9-1-121（45）

(2)收買蝗蝻辦法照舊，以一斤蝗蝻之代價，可吃一餐午飯為原則。

(3)由各鄉隨時派人上山調查，一旦發現竹蝗，立即動員撲滅。

(4)平年注意，及早防治，肅清蝗患。

六月七日，農復會特派治蝗專家邱式邦先生，由柳州飛渝，轉來璧山，調查蝗災。九日陪同前往河邊鄉，由曾鄉長等帶領上山，至銅璧交界之八保境内，寨子坡一帶沿山竹林，枝梢發現竹蝗，搖之下落，多為一、二齡，鄉民曾以稻草在竹下燒火捕殺，聞因天雨，發生較遲，去年端午節前後，曾為竹蝗為害盛期，今年災情，似不嚴重。

璧山四寶閣文具印刷紙號印製

十日急電廣州農復會，請速撥運蝗藥。再陪邱式邦先生赴西泉調查，路過河邊鄉第七保，欒路吳許之羅家水口、李家山、鍋鎮灣一帶山邊水田，發現蚱蜢，但非竹蝗。鄉民談報，禾苗大見略受食害。西泉境內，尚未發現竹蝗。十二日回璧山，邱式邦先生赴重慶。即由農復會運到蝗藥氟矽酸鈉一桶，因無參數，無法利用。

十八日邱式邦先生再度來璧，派員陪同分赴大路、福祿、梓潼等鄉調查，各地均有竹蝗發現，大路災情最為嚴重，鄉民且已開始捕打，急待發動緊急防治。

十九日晚，在華西實驗區舉行竹蝗防治工作座談會，並聚[illegible]

現竹蝗災區，已有福祿、梓潼、河邊、大路、依鳳、八塘等六鄉，及銅璧交界之西泉一帶。其中以河邊大路兩鄉最多，均已發動民力，開始防治，河邊約需旬日即可全部撲滅，其他各鄉，蝗區面積較寬，農民居住分散，發動民力，不易集中；撲滅工作，尚須及時推動。

工作之困難為農民窮困，無法負擔治蝗費用；居民分散，不易集中上山，每日工作甚短；後經決議，設法解決困難。立刻採取行動：

（1）全部治蝗撲滅工作，估計需工二萬五千名，每日發動民工一千二百五十人，限二十天內完工。

璧山四寶閣文具印刷紙號印製

璧山、铜梁两县竹蝗防治报告（一九四九年十一月） 9-1-121（48）

25

9

(2)先由華西實驗區墊支棉紗六大包，約計銀幣六五〇〇元，作為初步徵工之費用，再向農復會請求補助。

(3)人工問題，由縣府會同本區各鄉輔導員及民教主任，發動民力，組織治蝗隊。

(4)工作期間，自即日起，以半月至二十日為限，及早完成。

(5)高山全用人力，低處則視需要情形，施用藥劑防治。

二十日，擬具璧山銅梁兩縣竹蝗防治工作計劃，航寄廣州農復會請求補助。(詳見下文)

二十四日，頒發華西實驗區治蝗實施辦法，派員分赴蝗區各鄉[illegible]輔導員發動農民[illegible]

習教材兩種，分發蝗區各鄉傳習處，發動宣傳，配合教育，（詳見下文）

六、十五月以後，各鄉分別按照捕蝗獎紗實施辦法，收繳竹蝗，換紗獎助，七月十五日，全部工作結束。

璧山四寶閣文具印刷紙號印製

璧山、铜梁两县竹蝗防治报告（一九四九年十一月） 9-1-121（51）

27

20

（Ⅱ）工作計畫

（一）四川璧山銅梁兩縣竹蝗防治工作計劃

（1）竹蝗發生區域——璧山縣屬之河邊、梓潼、福祿、大路、八塘及依鳳等六鄉，尤以大路、河邊兩鄉情形嚴重。銅梁縣屬之西泉、大廟等鄉山地均有發現。

（2）為害情形——竹蝗多發生於山地，一、二齡時為害幼小之嫩竹及禾本科雜草；及至三齡以上則能攀登高大之竹鋒及附近山地之禾苗、玉米、高粱等作物，被害之後，輕則枝葉減少，發育不良；重則枯死，損失嚴大。據于菊生先生於民國卅四年之調查，估計銅梁（縣）損失達七千七百餘萬元。

（3）防治情形——由璧銅兩縣縣政府會同華西實驗區派員督導發動農民組織治蝗隊，集體上山捕殺，並製定收買蝗蝻辦法，以稍償收購，使一般農民普遍參加治蝗工作。

（4）今後工作計

璧山、铜梁两县竹蝗防治报告（一九四九年十一月） 9-1-121（51）

導農民治蝗，除上山務[illegible]

兩縣縣政府派員會同巡迴督導，預計六十日完成

全部治蝗之作。

(六)情報網——已發生蝗虫之各鄉鎮五日具報一次，報

告竹蝗為害情形、防治進度等。未發生各鄉亦須

隨時具報有無竹蝗發生情形。

(七)藥劑防治——附近山地及平原地帶尽可能利用治蝗

藥品防治，所需 Agrocide No. 10. Agrocide wettable

powder 又嘱請農復會速運璧山。

(3)預算（以棉紗為計算標準）

(1)工資——發動民工六四，〇〇〇人，每人每日工資棉紗六人

排，合計六四〇斤。

28

(2) ㈡旅費——督導及管理人員平均每天二〇人工作二〇日，計四〇〇日工作期中僅支旅費，合計四〇斤。(六)

(3) ㈢運費——包括器械等之運輸八〇斤。

(4) ㈣雜費——包括郵電紙筆等辦公費四〇斤。

以上四項總計四百斤（十六包）約合銀元三〇〇元，擬請農復會准予補助。

29

（全段）

（Ⅲ）实施办法

平教会华西实验区治蝗实施办法

三十八年六月 农业组拟

（一）人员配布：

(1)福禄乡（璧一区） 王庆国 王爱本
(2)梓潼乡（璧八区） 戴集成 戴儒席
(3)河边乡（璧五区） 曾庆祥 徐贯道
(4)大路乡（璧五区） 谭力中 何奇鋭
(5)依凤乡（璧六区） 贾文宪 李棡
(6)八塘乡（璧六区） 周术淳 汪维漪
(7)西泉镇（铜一区） 吴昌禄 谢清民
(8)虎峰镇（铜一区） 李克敬 朱永焘
(9)大庙镇（铜一区） 谭仲范 尹光耘
(10)天锡乡（铜一区） 李世勇
(11)太平乡（铜一区） 吴时敏 陶存
(12)联络 张远定 李正清 田荆辉

（二）工作程序：

（1）确定蝗区—根据情报，确实调查，选择据点，集中围打。

（2）联络宣传—联络保甲长、辅导员及民教主任，普遍

（五）捕蝗換紗——捕蝗四兩換紗二兩，多捕多換，早打早[換]

（三）換領手續：

（1）登記姓名保甲——一人負責填表登記，同時複寫三份，宜請本地保甲或民教主任担任，因其人名熟悉，填寫容易。登記後同時要蓋指印或私章。

（2）過秤捕蝗數量——秤後蝗虫拋坑深埋，可作肥料。

（3）核發換紗領條——按照規定比率核發，填明加蓋私章。

（4）憑條換領棉紗——規定時間地点在鄉公所或保校領紗，普通都在上午捕打，下午發紗，當天可領。

（四）換紗標準（分期及時间可按實際情形酌改）：

（1）第一期——（六月廿六日至三十日）四兩竹蝗換紗二兩，多二兩加一兩，少量不換，多捕多換。

（2）第二期——過期七月一日換紗減半，希望早打早換。

（3）第三期——過期七月十日或十五日換紗停止，限期撲滅，並予懲處。

（4）全部工作完畢，成績優良者，另給獎賞。

（五）治蝗須知：

(1)棉紗運到，應存鄉公所，会同保管監放；第一批運紗十并發放，將完時即須派人回處取紗，以免換紗工作中斷。

(2)各鄉公所自籌換米辦法，應取得联繫，已發米糧，請先統計存查，未發暫欠之米，應照本辦法折合換紗，但須按照規定手續登記辦理。

(3)全部治蝗工作完畢，應即統計捕蝗數量、動員人數及發紗總數，並請鄉保長簽章，出據証明。

(4)治蝗隊應請鄉公所通知保甲組織，或由農民自動參加，膳宿自理，或由保甲統籌。

(5)駐軍或鄉丁如願參加治蝗，應由專人負責率領，亦照規定辦法換紗獎助。

(6)每天上午出發宜早，太陽未出捕打容易，中午以前上山轉導捕蝗，午飯後則在山下設站登記收蝗，下午則

(1) 編印傳習教材發交傳習處導生傳習民傳民佔会学

學生上山，參加捕打竹蝗。

(2) 利用場期街頭講演，或由鄉長及各同保甲会議講解治蝗要点，及換紗辦法。

(3) 寫標語，貼佈告，普遍宣傳，動員治蝗。

(七) 治蝗標語：

(1) 竹蝗為害大，趕快去圍打！

(2) 打蝗去換紗，早打早去換！

(3) 四兩蝗虫換紗兩排，多打蝗虫多換棉紗！

(4) 到×××打竹蝗，鄉公所去換紗！

(5) 小蝗虫容易捉，大清早趕快打！

(6) 搖動竹竿，蝗虫落地，掃在一起，換紗買米！

(八) 注意事項：

(1) 填表三份，要蓋手印，以便報銷。

(2) 每日統計捕蝗換紗數量，隨時報告。

(3) 秤蝗公平無私，發紗定期不誤。

(4) 注重联繫宣傳，統計及情報！

璧山、铜梁两县竹蝗防治报告（一九四九年十一月） 9-1-121（55）

31

（Ⅲ）傳習教材

（二）撲滅竹蝗（傳習教材）

（1）璧山和銅梁兩縣交界的山地，年年發生竹蝗，為害很大，要早撲滅！

今年發生竹蝗的地方，有璧山縣的梓潼、福祿、河边、大路、依鳳、八塘和銅梁縣的西泉、大廟、虎峯、天錫、太平等鄉。

（2）竹蝗在山裏專吃竹葉，還要下山吃田裏的玉米、高粱和禾苗，如果不早上山撲滅竹蝗，我們田裏的莊稼也要遭殃。

（3）竹蝗的卵，生在土中，聚合成塊，每塊有二三十顆，長圓形，褐黃色，膠着黏結在一起，過冬也不會凍死。

（4）五月中旬小滿前後，蝗卵孵化而成跳蝻，並分五齡。一二齡都很小，背上有四個黑點，過了三齡，漸漸長大，背上有一條黃黑綠，小蝗蝻只會跳，聚在一起，容易捕打。

（5）七月中旬，跳蝻長大變為成虫，有翅，可以飛散開，面積大，捕打很困難。到了八月中旬以後，就開始產卵過冬。

（6）防治竹蝗時期，要早，大家動員上山圍打，先在竹下鋪張草蓆，搖動竹竿，蝗虫落地，收集一起打死，埋在地裏，

璧山、铜梁两县竹蝗防治报告（一九四九年十一月） 9-1-121（55）

日撲滅蝗虫除去災害還可以至鄉公所去報約

璧山、铜梁两县竹蝗防治报告（一九四九年十一月） 9-1-121（56）

32

~~保護森林~~

(三)翻土掘卵　~~肅清蝗蟲~~。

(1)一、今年山上又發生了竹蝗，我們曾組織了治蝗隊去圍打，並且還有獎勵補助，大家也就更加努力；雖然打死很多，可是還有一部分的竹蝗，沒有完全肅清。

(2)二、剩下的竹蝗，到了九十月間，就要集中一起，交配產卵，跟着就要死亡；我們看見死蝗最多的地方，一定就是母蝗產卵的地方。

(3)三、我們應該嚴密注意，詳細調查今年竹蝗產卵的地

(4) 四 到了冬天山草枯乾，我們就要[illegible]
大家到山上去，找到竹蝗產卵的地方，先將山草
放火燒光，再將泥土耕翻掘卵。

(5) 五 蝗卵暴露地面，可使鳥雀啄食，或因天冷凍死，
自然殺滅蝗卵，減少竹蝗災害。

(6) 六 我們還可以掘出蝗卵，按照規定辦法換鈔，好像
以前捕蝗一樣，大家為民除害，又得實物獎助，
何樂不為！

(7) 七 掘除蝗卵一塊，等於殺死蝗虫三十多個，希望大家
今年冬天趕快掘卵，以免明年又生竹蝗，為害成
災！

璧山、铜梁两县竹蝗防治报告（一九四九年十一月） 9-1-121（57）

33

六、各鄉竹蝗防治報告

(1)璧山：

甲、福祿鄉：

(一)蝗區概況——第十四保周家碏、乾田壩、竹林溝、第十五保白甲林、涼風埡、第九保徐家溝、三王廟一帶山地，蝗區竹林面積約六方里，受害作物有竹葉及玉米等。

(二)治蝗始末——六月九日，福祿鄉長張紹良，通令轉飭附山兩保、趕日率領各保居民，確實清查有無竹蝗，立予圍打撲滅。

十二日，督飭查飭結果，十四、十五兩保均已發現一齡跳蝻；蝗區面積長約二十里，寬約三里，間或發生，與銅梁之[illegible]興、安溪二鄉接界。

十九日，農業組特派張石城、徐東如二同志前往調查，會商防治；由鄉公所發動全鄉十五保，各徵民工二十人，組織治蝗隊，每天派五保，共計一〇〇人，輪流上山圍打，獎勵自願參加。

二十五日，王廷杰同志攜帶獎紗前往，按照捕蝗獎紗實施辦法收捕竹蝗；六月底為止，共計動員農民三三六人，捕蝗六四六兩。

七月一日起，換紗標準減半；五日起，又經地方請求，恢復捕蝗二兩獎紗一排辦法；改自十一日起再行減半。故按第一期獎紗標準辦理者，前後共計十一天（六月二十七日缺），共計動員農民

璧山四寶閣文具印刷紙號印製

一〇一二九人，捕蝗三一五〇兩。

第二期捕蝗四兩，獎紗一排；自七月一日至四日，十一日至十四日，共計八天，動員農民九〇九人。

七月十四日，全部捕蝗獎紗工作結束，總共動員農民一九二一人，捕蝗九二〇四兩，獎紗三一一排。

七月十五日以後，鄉公所繼續動員農民一八〇人，捕蝗二八四二兩，獎紗一四六排，由璧山縣府撥發補助。

福祿鄉全部治蝗工作完成，自六月二十五日至七月二十九日，總共動員農民二一〇一人，捕蝗總數七五二斤十四兩。

（三）治蝗統計——

附表一、 璧山縣福祿鄉治蝗獎紗統計表

月	日	動員人數	捕蝗兩數	獎紗排數	備註
6	25	33	60	30	第一期捕蝗二兩獎紗一排
	26	35	16	6	
	28	59	110	53	
	29	90	126	63	
	30	119	334	167	
7	1	47	93	23	第二期捕蝗四兩獎紗一排
	2	48	78	19	
	3	44	141	35	
	4	76	224	56	
	5	52	104	52	
	6	42	114	57	恢復一期捕蝗二兩獎紗一排 ↓
	7	84	398	199	
	8	79	222	111	
	9	127	224	770	
	10	292	1542	241	
	11	124	964	152	恢復二期捕蝗四兩獎紗一排

璧山、铜梁两县竹蝗防治报告（一九四九年十一月） 9-1-121（60）

璧山、铜梁两县竹蝗防治报告（一九四九年十一月） 9-1-121（61）

	12	112	610	152
	13	208	2087	528
	14	250	1752	437
總計		1921	9204	3111

（四）治蝗成果——六月二十五日至七月十四日，（縣府接辦者不計）總共動員農民一九二一人，捕蝗九二〇四兩，共合五七五斤四兩，獎紗三一一一排，折合銀幣一二四·四四元。

按照三齡竹蝗平均每兩一三〇隻估計，約共捕殺蝗虫一二〇萬個，減少竹林及玉米等作物受害面積一二〇畝，增加農民收益，折合銀幣九六〇元。

八、[illegible]

（一）蝗区概况——發生地點在一保六塘坡、三口碑、大松樹、萬壽寺、荀家湾一帶。六月十一日發現一齡跳蝻，竹林高粱受害面積一·五方里。

三保之黑水凼、李家溝、獅子背、河溝兒、硬炭廠、茅秧埡口、匡家院子等地，竹林高粱受害面積四方里。

四保之大湾，受害竹林半方里。

八保之魏家碑、王家坡一帶，竹林、高粱、玉米、稻田受害面積四方里。

九保乾窩凼、斗篼子，受害竹林二方里。

十保水窩凼、徐家石堡，受害竹林半方里。

璧山、铜梁两县竹蝗防治报告（一九四九年十一月） 9-1-121（63）

以上各地，以第三、第九保蝗災尤為嚴重，發生地點多在竹林，及荒坡野草叢中，南竹受害最重，玉米、高粱及稻田受害甚少，蝗區蔓延長約十里，寬約四里，且為間段發生，集中計算約五方里。

(二)治蝗始末——六月十二日，鄉長趙潤民，自西泉參加治蝗會議歸來，責令沿山保甲，認真查看撲滅；據報三、九各保均已發現，立即發動民力撲打，唯以蝗區廣闊，幼蝻跳躍竹草之間，又因天雨連綿，路滑林密，難滅淨盡，工作推動困難。

治蝗組織由鄉公所發動，每保一隊，每隊三十人，輪流調集撲打。

六月十三日，在八保鮑家碏，動員農民六〇人，捕蝗一二一兩。

十六日，在九保蒐窩凼，動員農民八〇人，捕蝗一五三兩。

二十一日，在二保三口碑側，動員農民九〇人，捕蝗一七四兩。

二十四日，在三保黑水凼、李家溝、獅子背後、河口廠，動員農民、學生一七〇人，捕蝗三八三兩，其中有中心校師生八〇人，由校長曹賢吉率領，前往三保河口廠附近，參加工作三小時，捕蝗二萬四千餘隻，身先倡導治蝗，服務精神可嘉。

已制卡

二十五日，又在八保魏家槽，動員農民八〇人，捕蝗一四六兩。

以上五次，共計動員農民四八〇人，捕蝗九七七兩。

六月十九日，曾派張石城、徐葉如二同志前往調查，由八保保長周顯享帶領上山，故意迴避，有蝗不報，僅在九十保無蝗地區巡迴指引，往返十二里，所見竹林甚少，蝗蝻並無，事後即在八保

已制卡

璧山四寶開文具印刷號紙印製

璧山、铜梁两县竹蝗防治报告（一九四九年十一月） 9-1-121（65）

37

30

境内，發現竹蝗起飛，受災甚重，保長已予撤職查辦。

六月三十日，治蝗奬紗運到，即日起開始按照捕蝗二兩奬紗一排辦法收捕竹蝗。第一期七月七日截止，共計動員農民六四二人，捕蝗一二一五兩，第二期自七月八日至十五日，共計動員農民六三八人，捕蝗三一八四兩。

七月十五日，全部捕蝗奬紗工作結束，總共動員農民一二八〇人，捕蝗四三九九兩，奬紗一三九三排。

又後又由璧山縣府撥紗，交鄉公所負責，繼續捕捉至八月九日停止，動員農民八〇八人，捕蝗八〇五四兩，奬紗一〇八三排，其中已多飛蝗成虫。

璧山、铜梁两县竹蝗防治报告（一九四九年十一月） 9-1-121（66）

八月初旬據報，第八保魏家礄，火石坎一帶，飛蝗成片，殘食竹葉、高粱，八月四日一天，即捕成虫百餘斤，每人捕蝗八兩，獎紗一排；六日起縣令改捕飛蝗二斤，獎紗一排；九日正式截止，故為璧山各鄉治蝗工作結束最晚者。

梓潼鄉全部治蝗工作完成，自六月十三日至八月九日，總共動員農民二五六八人，捕蝗總數八三九斤六兩。

（三）治蝗統計——

附表六、璧山縣梓潼鄉治蝗獎紗統計表

月	日	動員人數	捕蝗兩數	獎紗排數	備考
6	30	99	74	36	第一期捕蝗二兩獎紗一排
7	1	15	17	8	

璧山四寶閣文具印刷紙號印製

璧山、铜梁两县竹蝗防治报告（一九四九年十一月） 9-1-121（67）

38

31

2	143	106	52	
3	42	55	26	
4	37	73	36	
5	76	170	85	
6	100	370	183	
7	130	350	174	
8	51	571	142	第二期捕蝗四兩紫紗一併
9	71	370	92	
10	66	289	71	
11	171	628	157	
12	77	284	71	
13	61	269	67	
14	47	304	76	
15	94	469	117	
總計	1280	4399	1393	

(四)治蝗成果——六月三十日至七月十五日，(縣府前辦及接辦者不計)總共動員農民二八〇人，捕蝗四三九九兩，共合二七四斤十

璧山、铜梁两县竹蝗防治报告（一九四九年十一月） 9-1-121（68）

五兩，獎紗一三九三排，折合銀幣五五·七二元。

按照三縣竹蝗估計，約共捕殺蝗虫五七萬個，減少受害竹林作物面積五七萬畝，增加農民收益四五六元。

丙、河邊鄉：

（一）蝗區概況——第八保寨子坡、廖家湾首先發現竹蝗，面積縱橫約二里，新房子後面，蝗區面積約半方里，以後在顧家溝、三百梯、張家院、堰塘湾、大坡一帶，及十保境内，續有發現，產卵孵化多在山坡竹林，食米竹葉、玉米，因其防治最早，提前結束，損失甚微。

（二）治蝗始末——第八保保長雷仿堯，據查境内發現竹蝗，

璧山、铜梁两县竹蝗防治报告（一九四九年十一月） 9-1-121（69）

39

32

首先報告縣府。六月九日，經農復會治蝗專家邵式邦先生與農業組同志前往調查屬實，即與鄉長曾維三會商，立刻發動農民開始防治。

第七保之羅家水口、李家山、鍋鐵灣一帶，據報亦有竹蝗發現，前往調查結果，實為普通蚱蜢，山田大豆禾苗，曾遭零星為害，災情並不嚴重。

河邊鄉公所，自六月十一日起至二十四日止，曾經動員農民六四四人，捕蝗二三〇〇兩，共合一四三斤十二兩，並未發給獎紗。

六月二十五日，河邊鄉農業推廣繁殖站張遠定同志，自總處運來獎紗，會同曾鄉長，召開保甲會議，通知各保，發動農民，開始捕蝗；二十六日，即在八保山麓浸口設站，收蝗換紗獎助。

第一期捕蝗二兩，獎紗一排，七月七日截止，共計動員農民四六一人，捕蝗二四四九兩。

第二期自七月八日至十日，共計動員農民七四人，捕蝗八八三兩。

~~[illegible]~~

七月十[illegible]日，全部捕蝗獎紗工作結束，總共動員農民五三五人，捕蝗三三二兩，獎紗一四三八排。

七月十六日以後，鄉公所繼續動員農民四一二人，捕蝗二五五九兩，獎紗四〇〇排，由璧山縣府撥發補助。

河邊鄉全部治蝗工作完成，自六月十日至八月一日，總共動

璧山、铜梁两县竹蝗防治报告（一九四九年十一月） 9-1-121（71）

員農民〇六〇〇八，捕蝗總數五〇〇斤十五兩。

（三）治蝗統計——

附表三、 璧山縣河邊鄉治蝗奬紗統計表

月	日	動員人數	捕蝗兩數	奬紗排數	備註
6	26	39	232	114	第一期捕蝗二兩奬紗一排
	27	85	381	188	
	28	20	240	120	
	29	48	418	209	
	30	12	125	62	
7	1	26	283	141	
	3	20	72	36	
	4	2	46	23	
	5	52	118	59	
	6	126	404	202	
	7	31	130	65	
	[illegible]	[illegible]	[illegible]	[illegible]	[illegible]

40
33

9	6	20	1
10	35	421	104
總計	535	3332	1438

（四）治蝗成果——六月二十六日至七月十日，（縣府前往及接辦者不計）總共動員農民五三五人，捕蝗三三三二兩，共合二〇八斤四兩，獎勞一四三八排，折合銀幣五七·五二元。

按照三齡竹蝗估計，約共捕殺蝗虫四三萬個，減少竹林及作物損害面積四三畝，增加農民收益三四四元。

丁、大路鄉：

（一）蝗區概況——南起十二保金堂溝，中經十一保吳家溝，北抵第八保茨竹溝，橫長十五里，縱深四五里，均有竹蝗發現。其中

璧山四寶閣文具印刷紙號印製

璧山、铜梁两县竹蝗防治报告（一九四九年十一月） 9-1-121（73）

41

34

以十二保之金堂溝、七廠湾、新廟子、棉桃石，十八保之大溝、吊脚樓、龔家坡、芋荷溝、蜜洞湾、兔角坪、大岩堝、大田坎、獅子巷，第八保之包茅湾、茨竹溝、大竹林等十六處最多，蔓延面積約三〇〇畝，毗鄰銅梁之西泉、虎峯、天錫等鄉，食害竹葉，成爲枯枝，秧田、玉米、高粱均遭波及。

（六）治蝗始末——六月十日上午，鄉長俱道五，副鄉長何道宣，督飭沿山保甲，帶領民衆，進入深山，分頭查看，結果，在第八、十八、十二保境内均有發現；大者較少，長約三四分；小者較多，長約一八分。十八日起，發動民衆，進行捕殺；十三日，經鄉務擴大會議決定，採用山保出力，壩保助食之原則，組織捕蝗隊，設工人六十八人，每[illegible]

駐蝗區，專任捕殺，責任既專，又有食糧補助，工作效率，逐漸增大，每日捕蝗數量由三斤多增至十餘斤。

余鄉十四保，先由各保籌米二老斗，請由縣府撥紗五斤，購米三老石，捕蝗隊六十人，日需食米六老斗，捕蝗獎助金，日需食米二老斗，山地居民自願參加者，捕蝗一斤，獎米二老升。

六月十九日，農復會治蝗專家邱式邦先生曾來蝗區視察。捕蝗方法多由三四人一組，先在竹下鋪張竹蓆，搖動竹竿，蝗虫落下，再用竹枝在蓆上打殺，掃入布袋，帶回呈繳。

六月十八日至二十五日，由鄉公所發動各保農民，共計一〇八九人，捕蝗二五二斤，合共四〇三斤二兩，自籌獎助食米均已發完，治蝗

璧山、铜梁两县竹蝗防治报告（一九四九年十一月） 9-1-121（74）

工作亟待继续，正愁无米发给，二十五日午后，幸有总处派来谭力中、何奇镜二同志，携带奖纱赶到，次即由乡长引导入山，长驻蝗区农家，逐日换纱捕蝗，并赴各保宣传，劝导农民，全体动员，不分男女老幼，大家都来参加。山地居民贫困，见能兑现发纱，更是奋勇加倍，每日收量激增。动员人数，最多一天达九百人，捕蝗数量最多一天超过三千余两。有一老农名王长发，年已七十三岁，每日必率全家上山，捕蝗二三十两送来，特由乡长陪同拍照，以资嘉奖纪念。

第一期自六月二十六日至七月六日，共计动员农民五八九三人，捕第二期自七月七日至十五日，共計動員農民一〇八四人，捕蝗三一四九二兩。

七月十五日，全部工作結束，總共動員農民六三七七人，捕蝗二五九九〇兩，獎紗一二一二二排。平均每人每日捕蝗四·一兩。本年蝗區各鄉鎮中，動員人數、捕蝗及獎紗總數，均以大路鄉為最多。

七月十六日以後，鄉公所繼續動員農民一五七九人，捕蝗六九四八兩，獎紗一八三〇排，由璧山縣府簽發補助。

大路鄉全部治蝗工作完成，自六月十一日至八月五日，總共動員農民九〇四五人，捕蝗總數二三一〇斤十兩。

（三）治蝗統計——

璧山、铜梁两县竹蝗防治报告（一九四九年十一月） 9-1-121（50）

附表四、璧山县大路乡治蝗奖纱统计表

月	日	动员人数	捕蝗两数	奖纱排数	平均每工每日捕蝗两数	备注
6	26	188	1256	628	6.7	第一期捕蝗二两奖纱一排
	27	387	2684	1342	6.9	
	28	392	2176	1088	5.5	
	29	686	2796	1398	4.1	
	30	629	2392	1196	3.8	
7	1	147	548	274	3.7	
	2	404	1320	660	3.2	
	3	365	1274	637	3.4	
	4	521	2158	1079	4.1	
	5	685	2580	1290	3.8	
	6	889	3314	1657	3.7	
	7	138	424	106	3.1	第二期捕蝗四两奖纱一排
	8	51	160	40	3.1	
	9	166	452	113	2.8	
	10	52	140	35	2.6	

12	120	384	96	3.2
13	107	348	87	3.2
14	204	836	209	4.1
15	149	480	120	3.2
總計	6377	25990	12122	4.1

(四)治蝗成果——六月二十六日至七月十五日，(縣府前辦及接辦者不計)總共動員農民六三七七人，捕蝗二五九九〇兩，共合一六二四斤六兩，獎紗一二一二二排，折合銀幣四八四·八八元。

按照三齡竹蝗估計，約共捕殺蝗虫三三八萬個，減少竹林及作物受害面積三三八畝，增加農民收益二七〇四元。

戊、依鳳鄉：

(一)蝗區概況——沿山各保均有發現，如三保之周家灣，四保之

璧山、铜梁两县竹蝗防治报告（一九四九年十一月） 9-1-121（76）

43

37

周家湾，四保之凉水井，六保之三元橋、天星橋、廖家湾，七保之蘇家溝，八保之曹家溝，鹽店附近之山坡荒地旱田，似由大路及銅梁境内蔓延而来。

(二)治蝗始末——六月二十五日，總處特派汪維鞠同志携帶獎紗，前往八塘，召開治蝗會議，決定該鳳治蝗工作，暫由駐鄉輔導員賈文憲同志負責。

六月二十七日，開始捕蝗獎紗，第一期七月六日截止，共計動員農民七六七人，捕蝗一四四六兩。

第二期七月七日至十五日，動員農民九五八人，捕蝗四八九三兩。

七月十五日，全部工作結束，總共動員農民一七二五人，捕蝗六三三九两，奖纱一九二一排。

七月上六日以後，鄉公所继續動員農民一三六六人，捕蝗六五三九兩，奖纱八二三排，由璧山縣府撥發補助。

依鳳鄉全部治蝗工作完成，自六月二十七日至七月二十七日，總共動員農民三〇九一人，捕蝗總數八〇四斤十四兩。

（三）治蝗统計——

附表五、　璧山縣依鳳鄉治蝗奬紗統計表

月	日	動員人數	捕蝗两數	奬紗排數	備註
6	27	82	152	76	第一期捕蝗二两奬紗一排
	28	36	116	58	
	29	41	88	38	
7	1	103	208	104	
	4	137	238	119	
	5	119	225	112	

璧山、铜梁两县竹蝗防治报告（一九四九年十一月） 9-1-121（78）

44

38

6	249	419	209	第二期捕獲蝗四兩奬紗一排
7	135	337	85	
9	134	528	132	
11	61	285	71	
13	266	1529	386	
14	168	1048	251	
15	200	1166	280	
總計	1725	6339	1921	

(四)治蝗成果——六月二十七日至七月十五日，（縣府接辦者不計）總共動員農民一七二五人，捕蝗六三三九兩，共合三九六斤三兩，奬紗一九二一排，折合銀幣七六·八四元。

捕殺蝗虫估計，約共八二萬個，減少竹林及作物受害面積八二畝，增加農民收益六五六元。

乙、八塘鄉：

(一)蝗區概況——沿山各保均有發現，如四保之深水井，五保之郭家湾，六保之老板溝、感應寺、彭家橋、青松樹，八保之張家坪，九保之平橋，十二保之熊家岩等地，山坡水田略有食害，為數甚少，災情並不嚴重。

(二)治蝗始末——六月九日，據報第八保張家坪之西山腰，發生竹蝗，經查明屬實，第九保平橋子一帶亦有發現。十五日起，鄉公所即令該保動員防治，規定每人每日最少捕蝗二百頭，共計收繳竹蝗六十九筒，重約三斤。

二十五日，總處汪維翰同志，携帶藥粉趕到，次日召開治蝗

璧山、铜梁两县竹蝗防治报告（一九四九年十一月） 9-1-121（80）

會議，下午同去蝗區視察，二十七日由高伯先鄉長召集保甲長五十餘人，說明捕蝗獎紗辦法，並與中心校校長會商，組織學生治蝗隊，參加工作。

六月二十九日開始收蝗獎紗，第一期七月六日截止，共計動員農民三七四人，捕蝗六一六兩。

第二期七月九日至十五日，共計動員農民八九人，捕蝗三二七兩。

七月十五日全部工作結束，總共動員農民四六三人，捕蝗九四三兩，獎紗三一九〇排。

七月十六日以後，鄉公所繼續動員農民五四九人，捕蝗三二三一兩，獎紗二一七六排，由璧山縣府撥發補助。

八塘鄉全部治蝗工作完成，自六月廿八日至七月三十一日，[illegible]

動員農民一〇二六人，捕蝗一九八斤六兩。

（三）治蝗統計——

附表六、璧山縣八塘鄉治蝗獎紗統計表

月	日	動員人數	捕蝗兩數	獎紗排數	備註
6	29	87	123	61	第一期捕蝗二兩獎紗一排
7	1	63	100	50	
	2	40	78	39	
	3	31	66	33	
	4	63	96	48	
	5	42	76	38	
	6	48	77	38	
	9	8	24	6	第二期捕蝗四兩獎紗一排
	13	7	48	12	
	14	33	99	25	

璧山、铜梁两县竹蝗防治报告（一九四九年十一月） 9-1-121（82）

46

40

15	41	156	40
總計	463	943	390

(四)治蝗成果——六月廿九日至七月十五日，(縣府接辦者不計)總共動員農民四六三人，捕蝗九四三兩，共合五八斤十五兩，獎紗三九〇排，折合銀幣一五·六〇元。

捕殺蝗虫估計約共十八萬個，減少竹林及作物受害面積十八畝，增加農民收益九六元。

(Ⅱ)銅梁：

甲、西泉鎮：

(一)蝗區概況——銅、璧兩縣交界之山地各保均有發現，如一保

璧山、铜梁两县竹蝗防治报告（一九四九年十一月） 9-1-121（83）

之簡家院子，二保之千坵塝，三保之寨子坡，四保之藍家坡，五保之洞湾，六保之鹽田湾，七保之肖家坡，八保之李家湾，九保之大寺坡等處，沿東山之竹林坡地，每年均遭竹蝗為害。

（六）治蝗始末——六月六日，孫專員親在西泉，召集銅梁縣長，及蝗區鄉長，舉行治蝗會議，並曾親令銅梁當局，督導發動治蝗工作，惟因輔導區成立不久，地方人民對此工作並不重視，兩次派員前往調查，均未發現蝗區所在，後因捕蝗獎紗實施辦法公佈，蝗區農民乃自動捕蝗，送來換紗。六月二十八日，由輔導區先在銅梁紙廠借紗十并，開始在西泉鎮公所內設站收蝗，並由總處陸續運來大批獎紗，三十日起，又在蝗區中心天心橋另設分站，由當

璧山四寶閣文具印刷紙號印製

璧山、铜梁两县竹蝗防治报告（一九四九年十一月） 9-1-121（84）

地民教主任陳乾章、陳尚剛二同志負責主持。捕蝗獎紗辦法，分為三期辦理：

第一期六月二十八日至七月三日，捕蝗二兩，獎紗一排；共計動員農民九三〇人，捕蝗二五八〇兩。

第二期七月四日至九日，捕蝗三兩，獎紗一排；共計動員農民一九九三人，捕蝗七三三七兩。

第三期七月十日至十五日，捕蝗四兩，獎紗一排；共計動員農民二〇二二人，捕蝗七四二三兩。

全部治蝗工作完成，總共動員農民四九四五人，捕蝗一七三四〇兩

獎紗五四八四排。

(三)治蝗統計——

附表七、銅梁縣西泉鎮治蝗獎紗統計表

月	日	動員人數	捕蝗兩數	獎紗排數	備註
6	28	15	34	17	第一期捕蝗二兩獎紗一排
	29	101	353	172	
	30	57	182	89	
7	1	152	450	219	
	2	205	615	303	
	3	400	946	470	
	4	185	697	226	第二期捕蝗三兩獎紗一排
	5	190	781	246	
	6	410	1255	410	
	7	180	516	168	
	8	450	1549	505	
	9	578	2539	824	
	10	500	2070	512	第三期捕蝗四兩獎紗一排
	11	370	1509	246	

璧山四寳閣文具印刷紙號印製

璧山、铜梁两县竹蝗防治报告（一九四九年十一月） 9-1-121（85）

璧山、铜梁两县竹蝗防治报告（一九四九年十一月） 9-1-121（86）

48

12	350	898	221
13	100	408	103
14	300	1151	279
15	402	1887	474
總計	4945	17340	5484

（四）治蝗成果——六月二十八日至七月十五日，總共動員農民四九四五人，捕蝗一七三四〇兩，共合一〇八六斤四兩，獎紗五四八四排，折合銀幣二一九．三六元。

按照三兩竹蝗估計，約共捕殺蝗虫二二六萬個，減少竹林及作物受害面積二二六畝，增加農民收益一八〇八元。

乙、虎峯鎮：

（一）蝗區概況——一十三保[illegible]

璧山、铜梁两县竹蝗防治报告（一九四九年十一月） 9-1-121（87）

大水井等地，蝗區面積二六〇畝；二十六保之大碑、堰塘灣、炮台埡口、金剛寺、黄家山等地，蝗區面積六五〇畝，均沿東山，毗鄰西泉、天錫，並與璧山之大路、依鳳等鄉隔山爲界。

七月三日曾赴虎峯二十三保之黄花大、毛坪等蝗區視察，親見路邊低矮之慈竹上，蝗蝻成羣，南竹嫩葉均已吃光；山邊玉米，葉片殘缺，水田秧苗，倒伏零亂，災情慘重，均已拍入鏡頭，詳情可見照片。

（二）治蝗始末——蝗區災情，無人報告；六月二十八日，縣鄉輔導員接獲治蝗通知，二十九日獎紗運到，三十日發動宣傳，七月一日在中心校開始收蝗換紗，又在蔡家橋、王家橋兩處設立分站，均

璧山、铜梁两县竹蝗防治报告（一九四九年十一月） 9-1-121（88）

由民教主任員責主持。

七月三日在此會同西泉、虎峯、大廟、及雙山之河邊、大路等鄉治蝗員責同志，交換情報，檢討工作，決定加強聯繫，各返原防。

第一期七月一日至三日，共計動員農民三六一人，捕蝗一七四三一兩；第二期四日至十日，共計動員農民七九九人，捕蝗七二六六兩；第三期十一日至十五日，共計動員農民三〇二人，捕蝗四〇七二兩。

全部治蝗工作完成，總共動員農民一四六二人，捕蝗一三〇八一兩，獎穀四二八〇觔。

（三）治蝗統計——

月	日	動員人數	捕蝗兩數	奬紗排數	備
7	1	87	383	191	第一期捕蝗二兩奬紗一排
	2	139	569	284	
	3	135	791	393	
	4	108	1028	342	第二期捕蝗三兩奬紗一排
	5	101	775	256	
	6	130	1239	407	
	7	170	1491	495	
	8	43	415	135	
	9	78	700	230	
	10	169	1618	537	
	11	58	581	142	第三期捕蝗四兩奬紗一排
	12	22	220	59	
	13	86	1169	290	
	14	43	705	177	
	15	93	1377	342	
總計		1462	13081	4280	

璧山四寶閣文具印刷紙號印製

50

44

（四）治蝗成果——七月一日至十五日，總共動員農民一四六二人，捕蝗一三〇八一兩，共合八一七斤九兩，獎紗四二八〇排，折合銀幣一七一・二〇元。

按照三鄉竹蝗估計，約共捕殺蝗虫一七〇萬，減少竹林及作物受害面積一七〇畝，增加農民收益一三六〇元。

丙、大廟鎮：

（一）蝗區概況——二十三保之彭家溝、石家溝、天合灣一帶最多；二十四保之劉家漕、黄石坡、小坡等地次多；二十六保之小市溝、晏家溝、老鷹窩等處亦有發現。蝗區廣闊，多為山坡竹林，隔東山與福祿、梓潼二鄉接界。

（二）治蝗始末——七月一日由鄉公所召開保甲會議，公佈捕蝗獎紗辦法；僅有二人繳來蝗虫十兩，換紗歸去，認為並未受騙，雖有實物可得，；乃有多數鄉民自動參加，並於中心校及至朝門二處，設立治蝗換紗站；分為三期辦理收蝗獎紗工作。

第一期七月一日至六日，共計動員農民一〇九三人，捕蝗四六九四兩；第二期七日至十日，共計動員農民九一七人，捕蝗四九二八三兩；第三期十一日至十五日，共計動員農民一四七二人，捕蝗一四八一二兩。

全部治蝗工作完成，總共動員農民三四八二人，捕蝗二四四二八九兩，獎紗七六九一排。

璧山、铜梁两县竹蝗防治报告（一九四九年十一月） 9-1-121（92）

竹蝗已二三齡，普興大路、虎峯兆鄉，沿東山坡地最多。

（二）治蝗始末——七月一日開始發動治蝗工作，聞有捕蝗者一人爲豹咬死，往年治蝗又多受騙，因此参加者並不踴躍，三日起開始收蝗換紗，第一期僅有三四日兩天，動員農民六〇人，捕蝗二八八兩；第二期五日至十日，共計動員農民二一〇人，捕蝗一〇九二兩；第三期十一日至十五日，共計動員農民一九〇人，捕蝗一六二二兩。全部治蝗工作完成，總共動員農民五六〇人，捕蝗四〇〇二兩，獎紗一五七排。

（三）治蝗統計——

附表十、銅梁縣大錫鄉治蝗換紗統計表

月	日	動員人數	捕蝗兩數	奬紗排數	備　考
7	3	41	208	104	第一期捕蝗二兩奬紗一排
	4	19	80	40	
	5	44	261	87	第二期捕蝗三兩奬紗一排
	6	18	57	19	
	8	27	48	16	
	9	46	225	75	
	10	75	501	166	
	11	22	120	30	第三期捕蝗四兩奬紗一排
	12	54	406	100	
	13	45	519	128	
	14	85	785	195	
	15	84	792	198	
總計		560	4002	1157	

(四)治蝗成果——七月三日至十五日，總共動員農民五六〇人，

捕蝗四〇〇二兩，共合二五〇斤二兩，奬紗一一五七排，折合銀幣四六·

璧山、铜梁两县竹蝗防治报告（一九四九年十一月） 9-1-121（94）

六八元。

按照三齡竹蝗估計，約共捕獲蝗虫五二萬個，減少竹林及作物受害面積五二畝，增加農民收益四一六元。

戊、太平鄉：

（一）蝗區概況——僅在六保猪家溝，及六十八保與鄰縣來鳳鄉邊境略有發現，災情不重，損失甚微。

（二）治蝗始末——發現竹蝗甚少，僅由駐鄉輔導員收捕少量竹蝗，發給獎紗，工作即告結束，前後三天，總共動員農民一四一人，捕蝗五七六兩，獎紗二二七排。

（三）治蝗統計——

附表十一、銅梁縣太平鄉治蝗奬紗統計表

月	日	動員人數	捕蝗兩數	奬紗排數	備註
7	5	30	272	136	捕蝗二兩奬紗一排
	11	110	300	90	捕蝗三兩奬紗一排
	12	1	4	1	捕蝗四兩奬紗一排
總計		141	576	227	

（四）治蝗成果——七月五日至十二日，總共動員農民一四一人，捕蝗五七六兩，共合三六斤，奬紗二二七排，折合銀幣九·〇八元。

按照三〇路竹蝗估計，約共捕獲蝗蟲七萬個，減少竹林及作物受害面積七畝，增加農民收益五六元。

璧山四寶閣文具印刷紙號印製

53

48

七、治蝗成果

璧山、銅梁兩縣十八鄉鎮，捕蝗獎紗工作，已於七月十五日全部結束，總計動員農民二六八九一人，捕蝗總數一〇九六三五兩，共合六八五二斤三兩，發出獎紗三九二一四排，共合一九六并一支四排，按照七月十五日每并八元折合銀幣，共值一五六八．五六元。

按照三齡竹蝗，每兩約有一三〇個估計，總共捕殺蝗虫一四二五萬個，減少竹林及玉米、高粱、水稻等作物受害面積一四二五畝，增加農民收益折合銀幣一一四〇〇元。

附表十六．　璧山、銅梁兩縣十一鄉鎮治蝗統計表

縣	鄉	動員農民(人)	捕蝗數量(兩)	獎紗數量(排)	滅蝗估計(萬個)	減少災害(畝)	增加收益(元)

璧	[illegible]	[illegible]	[illegible]	[illegible]	[illegible]	[illegible]	[illegible]
	梓潼	1280	4399	1393	57	57	456
	河邊	535	3332	1438	43	43	344
	大路	6377	25990	12122	338	338	2704
	依鳳	1725	6339	1921	82	82	656
	八塘	463	943	390	12	12	96
山	小計	12301	50207	20375	652	652	5216
銅	西泉	4945	17340	5484	226	226	1808
	虎峯	1462	13081	4280	170	170	1360
	大廟	3482	24429	7691	318	318	2544
	天錫	560	4002	1157	52	52	416
	太平	141	576	227	7	7	56
梁	小計	10590	59428	18839	773	773	6184
總計		22891	109635	39214	1425	1425	11400

八、工作檢討

(一)注意情報、迅速確實——各地發現蝗災，必須立刻報告，

璧山四寶閣文具印刷紙號印製

54

49

但因鄉民怕事，唯恐政府徵工，或懼外人前來，踐踏自己田園；有蝗發現，畏對人言；又有少數農民，常喜報災減租，或對竹蝗形態認識不清，偶有蚱蜢出現田邊，立刻報告發現竹蝗。本年梓潼鄉第八保有蝗未報，派員前往調查，故意指引錯路，以致事後竹蝗起飛，造成嚴重災害。又有河邊鄉第七保發現少數蚱蜢，即報竹蝗成災，後經調查始知有誤。治蝗人員因為缺少確實情報，跑遍山野，難尋蝗區所在，必須當地鄉民，有蝗即報，迅速確實，治蝗工作，始能及時發動，順利完成。

（乙）深入蝗區，發動民力——治蝗工作人員，常因鄉居太苦，多來居留場鎮，不願深入叢山，設站收蝗，等候鄉民送來；或因山地治安不靖，蛇豹為患，道路崎嶇，行動不便，事實上困難，以致其治蝗，……
在中心校或鄉公所坐等收蝗者，所得有限，決難肅清蝗患；如能深入蝗區，常駐山中，如大路鄉之巫家溝，大廟鎮之姜朝門等處，地臨蝗區，收捕最多。發動農民，亦須親自勸導說服，巡迴蝗區切實督導工作，以行動代宣傳，使農民能信服，而來自願參加，全民皆可動員。

（3）組織嚴密、通力合作——治蝗隊之組織，不能徒具虛文，以徒總隊、大隊、中隊，皆多名存實無；事實上只需保甲出而領導，農民自由組織，由三五人為一組，携帶菜蓆竹枝，大家通力合作，兩人在竹下拉緊竹蓆，一人搖動竹竿，蝗虫落在蓆上，

璧山、铜梁两县竹蝗防治报告（一九四九年十一月） 9-1-121（100）

再用竹枝拍打，然後裝入布袋，蝗虫必難逃散；人少即將竹席鋪在地上，人多合作更加容易，收捕竹蝗必多；婦人小孩常為單獨行動，以人圍捉，此打被窩，費時費力，收捕甚微。

（4）賞物獎勵，賞罰嚴明——以往治蝗工作，政府雖有經費補助，多為他人中飽，或為旅費雜支用盡，人民實得獎金甚少；故對治蝗多存觀望。現有獎金發現，鄉民立刻動員；難免仍有少數農民，意圖牟利取巧，故將竹葉泥沙摻雜竹蝗之間，此種情形，必須注意糾正，立予適當處罰；多數模範農民，送來竹蝗收拾清淨，則應特別獎勵，賞罰必須嚴明。

（5）劃分鄉域、分劃區劃[illegible]

匪同罪。圍剿不力者此打彼竄，人皆疲於奔命。治蝗工作必須上下同心，不分畛域，合力圍打，方能成功。蝗區正當銅璧之間，兩縣並無聯繫，而且互相推委，各自為政，驅蝗遠去，自求安寧；年年竹蝗成災，永無撲滅之日。今年銅梁治蝗工作發動稍遲，毗鄰各鄉皆受其害；且有蝗區鄉鎮不在輔導區所轄範圍之內，工作也就無法推動；今後必須蝗區各鄉，互助聯防，不分區界畛域，不管貧富貴賤，男女老幼，全體動員，合力圍剿，才能肅清蝗患。

（6）人力經費、影響工作人財兩缺，工作未完——今年治蝗工作，因有獎紗補助，成績似較往年為佳；但因參加負責人少，工作發動以後，又將派出同志全部他調；各地雖有駐鄉輔導員及民教主任協助辦理，惟其皆有經常

璧山四寶閣文具印刷紙號印製

璧山、铜梁两县竹蝗防治报告（一九四九年十一月） 9-1-121（102）

工作；或管保校，或作調查，難以全部時間，專作督導治蝗；因此各鄉多無專人負責。一人兼管巡迴聯絡，内外交忙，體力不支，決難勝任；對於整個治蝗工作，也就不無影響。

治蝗經費，原由農復會核准補助，但又遲未撥發；總處暫墊棉紗用完，工作被迫結束；事實明知各地竹蝗並未肅清，正待繼續努力；但因存紗完虞，只好通令停止。璧山各鄉，未有縣府撥紗，繼續收捕；銅梁各鄉，則多坐視飛蝗產卵，又將蝗患遺留明年。

九、結論

（一）治蝗工作，尚待努力——今年治蝗工作，雖已完滿結束；

各地捕獲竹蝗，約占百分之……

六十七。）但因蝗虫並未全部肅清，明年仍有發生蝗災可能。根據
政府報告及鄉農口述，得悉璧山竹蝗，最初發生在三十八年；以後
僅在梓潼、福祿、河邊等鄉發現；近年繼續由南向北蔓延，三
十六年大路發現竹蝗，今年則已遠傳依鳳、八塘。前年治蝗工作
較為認真，去年竹蝗為害較輕，故又未加注意，本年蝗災雖未形成
，但也未能根除淨盡，今冬如能繼續努力，發動農民翻土掘卵，
明年再加防治肅清，則可永免蝗災，不再發生。
（2）捕蝗獎紗、造福農民——本年治蝗，特提捕蝗獎紗實施
辦法，派員分赴蝗區各鄉，督導農民，捕蝗換紗，治蝗救災，
一舉兩得，農民既得實惠，同時又除大害，各地發現竹蝗，正當

璧山四寶閣文具印刷紙號印製

57

52

青黃不接之時，災民貧困，謀生不易，匪警頻傳，治安不靖，幸有獎紗補助，災民生活得以解決，免其挺而走險，影響社會安寧；且因捕蝗者深入高山，莠民無處躲藏，邊地匪警，因此乃告解決。

全部治蝗工作，付出獎紗及旅運雜支，共計折合銀幣一七四二·八〇元，實際減少受害作物面積一四二五畝，增加農民收益一一四〇〇元，收支相較，約為一比七；參加治蝗農民共有二二八九一人，平均每人每天可得獎紗一·八排，治蝗期間之生活，均得因此解決。

(3) 藥械防治，須經試驗——農復會治蝗專家邱式邦先生（已備卡）

親來視察結果，指示採用「六六六」（Agrocide No 10，Agrocide wettable Powder）並電廣州農復會，速運蝗藥二噸來璧，又經治蝗會議決定，高山全用人力捕捉，低處則視需要情形，施用藥劑防治，郎先生並在河边鄉寨子坡，親授噴射藥劑方法，先自竹枝搖下蝗蝻，再用藥劑噴射虫体及附近草地，因接觸毒殺，如有下山蔓延趨勢，宜在田边必經之路，噴射藥劑防線，以便迎頭痛擊，高山可用直昇飛機，在蝗區領空之上普遍噴晒，時間人力皆甚經濟。

粉劑「六六六」須加泥沙，水溶性「六六六」則須加水，稀釋比例一比十二，每畝用量約一至二斤，但是高山缺水，泥沙碾細亦

璧山四寶閣文具印刷紙號印製

璧山、铜梁两县竹蝗防治报告（一九四九年十一月） 9-1-121（106）

58

53

不容易，直昇飛機更難應用，此時此地，採用葯劑防治，實際困難頗多。

農復會允撥之蝗葯「六六六」，迄今尚未運到；氟矽酸鈉（Sodium Fluosilicate）雖有一桶，但缺麥麩，無法配製毒餌，以往葯械治蝗，雖經實驗証明有效，但在高山防治竹蝗，首次試用，尚待明年；實際困難，似較平地治蝗為多；能否正式採用，亦須再經試驗。

（4）加強情報，翻土掘卵——今年治蝗工作，缺少確實情報，各地發現竹蝗，多未迅速報告，且有錯報蝗災，返往調查，浪費時間頗多，以後希望每年六月開始，蝗區各鄉，必須五日詳報一次，有無竹蝗發現，並將發生時間，地點，面積，大小及災情各項，確實報告，以便及時發動，早日撲滅。

秋冬竹蝗老死，產卵越冬；更須嚴密注意，詳細調查死蝗地點，插立竹木標誌，以便冬季山草枯乾，再行翻土掘卵；可使蝗卵暴露，鳥雀啄食，或因天然凍死，自然殺滅蝗卵，減少竹蝗災害，如有經費充裕，可再擬訂掘卵獎勵辦法，撥紗或銀券補助，農民可得實惠，工作更易推動。

（5）合作動員，肅清蝗患——防治竹蝗，必須農民自動，根除蝗患，責在鄉鎮保甲，動員治蝗，更須上下同心，不分畛界地域，不管男女老幼，地方當局，負責督導執行，利用

璧山四寶閣文具印刷紙號印製

璧山、铜梁两县竹蝗防治报告（一九四九年十一月） 9-1-121（108）

59

54

外力補助、切實合作推動，自動自救、人助自助、始能肅清蝗患

、保障農業生產。

60

55

十 摘要

(1) 三十八年璧山、銅梁兩縣竹蝗防治工作，自六月二十五日開始，由華西實驗區農業組派員前往蝗區各鄉，發動農民，組織治蝗隊，按照捕蝗獎紗實施辦法，撥紗補助收捕竹蝗，全部工作已於七月十五日完全結束。

(2) 本年發生竹蝗地區，計有璧山之福祿、梓潼、河邊、大路、依鳳、八塘及銅梁之西泉、虎峰、大廟、天錫、太平等十一鄉鎮。

(3) 璧山之梓潼、大路、河邊三鄉，曾於六月二十五日以前發動農民，督導圍捕，共計動員二二一三人，捕蝗七三〇九兩；七月十六日以後，全縣六鄉又曾繼續收捕，共計動員四九〇四人，捕蝗二九一七三兩，前後

總共動員農民七二七人，捕蝗三六四八二兩，倉等食米獎紗，撥發補助

(4)第一期捕蝗獎紗標準，係按照捕蝗二兩獎紗一排，第二期減半發紗，或有鄉鎮分為三期，按照捕蝗二、三、四兩獎紗一排辦法辦理。

(5)六月二十五至七月十五日，璧山、銅梁兩縣鄉鎮總共動員農民二三八九一人，捕蝗一〇九、六三五兩，共合六八五二斤三兩。

(6)治蝗獎紗，總計發出三九二二四排，共合一九六卷一支四排，按當時之市價折合銀幣，共值一五六八·五六元，另加運送雜支一七四·二四元，總共開支一七四二·八〇元。

(7)全部捕蝗總數一〇九、六三五兩，按照三齡竹蝗每兩約一三〇個，估計，共約捕殺蝗虫一四二五万個，減少竹林、玉米、高粱及水稻等作

璧山四寶閣文具印刷紙號印製

璧山、铜梁两县竹蝗防治报告（一九四九年十一月） 9-1-121（111）

61

56

物害面積一四二五畝，增加農民收益折合銀幣一一四〇〇元。

(8)蝗區各鄉鎮本年撲滅蝗虫數量平均約佔百分之八十以上（最多的到百分之九十五，最少的亦到百分之六七十）雖未全部肅清，但在今年決不成災，不過現在尚須嚴密注意，並應調查未死蝗產卵地點；以便冬季翻土掘卵，明年繼續防治，始可肅清蝗患，保障農業生產。

——三十八年十一月四日先稿——

62

璧山铜梁两县竹蝗防治报告

编行者：中华平民教育促进会华西实验区农业组

编辑者：张石城

印刷者：民间出版社

出版年月：民国三十八年十一月

璧山四宝阁文具印刷纸号印製

中国农村复兴联合委员会为竹蝗防治费用事宜与华西实验区总办事处的往来公文　9-1-83（7）

收文 民國38年7月14日 賡字第220號

中國農村復興聯合委員會用牋

逕啟者准

貴處平實秘發字第五〇八号公函内附璧山銅梁两縣竹蝗防治工作计划申請书中文本乙份業經

收到除付審查外相應函覆

查照為荷

此致

中華平民教育促進會華西實驗區總辦事處

中國農村復興聯合委員會秘書處啟

七月七日

中華民國　年　月　日

第　頁

6.

報農復會請補助原稿

四川璧山銅梁兩縣竹蝗防治工作計劃 （一）

一、竹蝗發生區域——璧山縣屬之河邊、梓潼、福祿、大路、八塘及依鳳等六鄉，尤以大路、福祿兩鄉情形嚴重。銅梁縣屬之西泉、大廟等鄉山地均有發現。

二、為害情形——竹蝗多發生於山地，一、二齡時為害矮小之嫩竹及禾本科雜草，及至三齡以上則能攀登高大之竹類及附近山地之禾本科玉米、高粱等作物，被害之後輕則植物枝葉減少，發育不良，重則枯死，損失頗大。據于菊生先生於民國卅四年之調查估計，銅梁（[illegible]損失達七千七百餘萬元。

三、防治情形——由璧、銅兩縣縣政府會同華西實驗區派員督導發動農民組織治蝗隊集體上山捕殺並製定收買蝗蝻辦法，一種請價收購，使一般農民踴躍參

(一)治蝗隊——發動農民每日約一千二百人組織治蝗隊

由各鄉輔導員民教主任及徵募鄉建學院學生領

導農民治蝗隊上山捕殺並由華西實驗區及鄰

兩縣縣政府派員會同巡迴督導預計六十日完成

全部治蝗工作

(二)情報網——已發生蝗虫之各鄉鎮五日具報一次發

生竹蝗為害情形防治進度等未發生各鄉亦須

隨時具報有無竹蝗蔓延情形

(三)藥劑防治——附近山地之平原地帶盡可能利用治蝗

藥品防治所需 Agrocide No. 10. Agrocide wettable

powder 八磅請 農復會速運璧山

五、預算(以棉紗為計算標準)

(一)工資——發動民工六四〇〇〇人每人每日工資棉紗一

排合計六四〇斤

中国农村复兴联合委员会为竹蝗防治费用事宜与华西实验区总办事处的往来公文 9-1-83（9）

(二)旅費——督導及管理人員平均每天二〇人工作二〇日
計四〇〇日工作期中僅支旅費合計四〇斤
(三)運費——包括器械等之運輸八〇斤
(四)雜費——包括郵電紙筆等辦公費四〇斤
以上四項總計四百斤（十大包）約合銀元四〇〇〇元擬請
農復會准予補助。

中国农村复兴联合委员会为竹蝗防治费用事宜与华西实验区总办事处的往来公文　9-1-83（5）

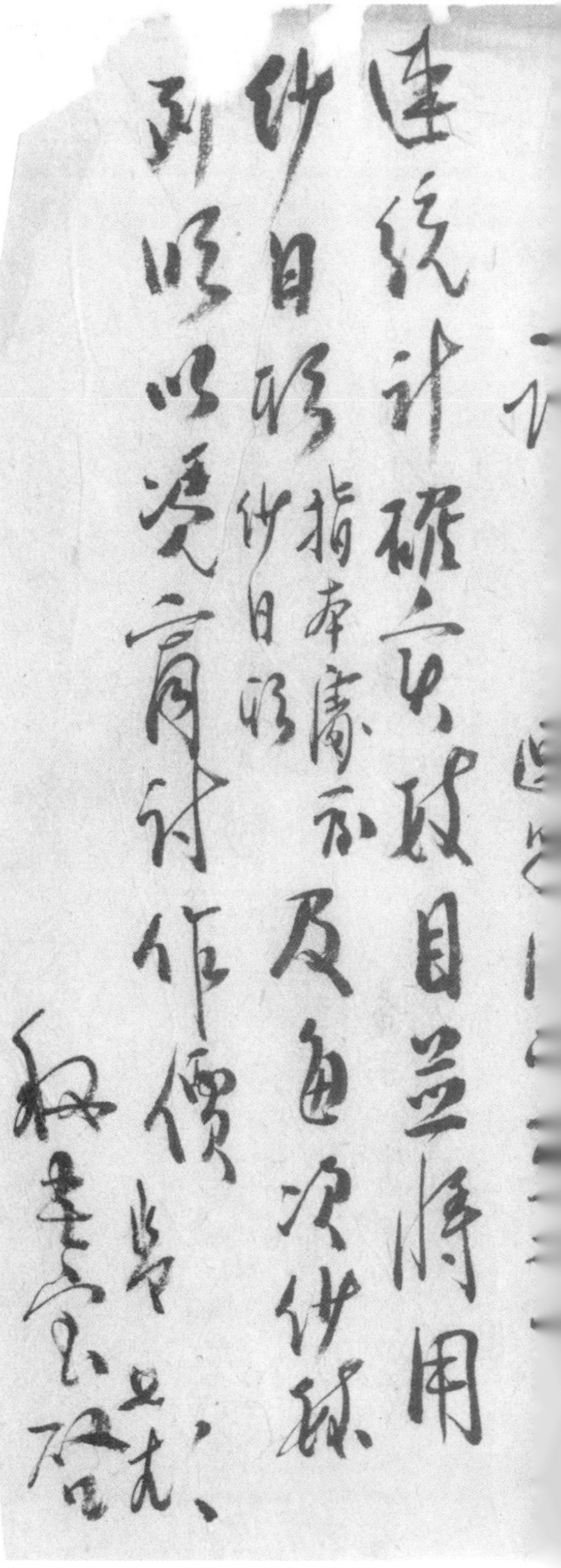

连续计议，并目并将用
纱日期（指本处不及色次纱球）
到期以凭商讨作价为要
秘书室启

中国农村复兴联合委员会为竹蝗防治费用事宜与华西实验区总办事处的往来公文　9-1-83（6）

收文　38年7月18日　農字第234號

詳細數字日內可以統計（約五包半）紗價折合銀元請示如何辦理　七·十八　城

中國農村復興聯合委員會（代電）

年月	字號	附件
	農?502	

事由

中華平民教育促進會華西實驗區總辦事處公鑒卅八年六月十九日平實秘農字第五〇八號公函附送璧山銅梁兩縣竹蝗防治工作計劃申請書請撥款補助等由經核申請書所列工作日數及民工人數等均爲估計數字現竹蝗防治工作即將結束所需經費已由四川省第三行政督察區及各鄉公所墊付實支數額究竟

中国农村复兴联合委员会为竹蝗防治费用事宜与华西实验区总办事处的往来公文 9-1-83（6）

中國農村復興聯合委員會

中国农村复兴联合委员会为竹蝗防治费用事宜与华西实验区总办事处的往来公文 9-1-83（3）

乙

中華平民教育促進會華西實驗區總辦事處(函)稿

事由：為竟秦治蝗費報請查照補助由

受文者：中國農村復興聯合委員會

年月日：七月廿二日
附件：治蝗費報總計報表
字號：字第二…號

農復會：

一、農穗臨五〇二號卅八年代電敬悉。

二、璧山銅梁兩縣竹蝗防治工作經已於七月十五日全部結束。

三、兩縣十一鄉鎮總共動員民工二一八三五人，捕蝗一〇八二八八兩，二八八兩，共合六七六八斤。

四、治蝗獎金及旅運雜支共(總)計(用紗)四三五七〇，總合共二一七并十七支，按照七月十五日璧山市價每并八元折合銀幣共計一七四二八元。

核稿　已繕
擬稿
副本　份送達

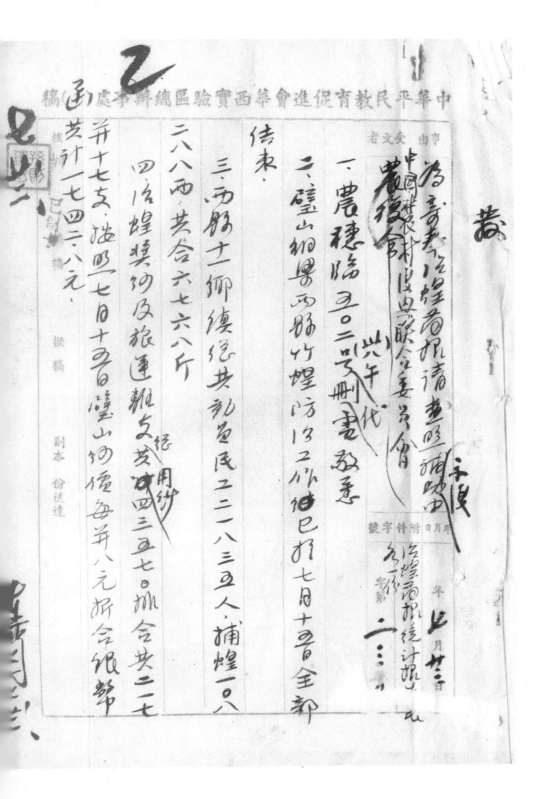

中国农村复兴联合委员会为竹蝗防治费用事宜与华西实验区总办事处的往来公文 9-1-83（4）

中華平民教育促進會華西實驗區總辦事處（ ）稿

事由　受文者

五、連同璧山縣各鄉公所墊發治蝗費用及治蝗報告印刷費（計劃）全部治蝗用費約需二〇〇〇〇元（紙幣）本年（依計已經撲滅竹蝗面積公頃八十）冬季繼續翻土掘卵（計劃）（估計）需動員民工四千人，經費預算一〇〇〇〇元，擬請貴會一次補助專款紙幣三〇〇〇元。

六、隨函附奉治蝗簡報及統計報告表各一份，詳細報告正在編印中，容後專奉。相應函請查照賜覆為荷。

核判　校稿　擬稿　七卅　城　副本　份送達

年月日發　附件　件　字號　字第　號

中国农村复兴联合委员会为竹蝗防治费用事宜与华西实验区总办事处的往来公文 9-1-83（10）

8

治蝗奖励实施办法

平教會華西實驗區治蝗實施辦法

三十八年六月 農業組擬

一、人員配佈

(一)河邊鄉（璧五區） 張遠定 佘紹禕 曾慶祥
大廟鄉（銅一區） 曹祥葆 譚仲篪 尹光榮

(二)太路鄉（璧五區） 譚力中 何奇鏡
龍溪鄉（〃） 王和恒 趙德勳

(三)八塘鄉（璧六區） 汪繼瀛 周術斌 李天錫
依鳳鄉（〃） 李[illegible]棚 賈文憲 楊永言

(四)福祿鄉（璧二區） 王廷杰 王慶國 龍鍾靈
梓潼鄉（〃） 賈厚友 戴集成 戴儒甫

(五)聯絡 陶存 汪靜

二、工作程序

(一)確定蝗區—根據情報確实調查選擇據点集中圍打

(二)聯絡宣傳—聯絡保甲長輔導員及民教主任普遍

中国农村复兴联合委员会为竹蝗防治费用事宜与华西实验区总办事处的往来公文　9-1-83（10）

（四）捕蝗換紗——捕蝗四兩換紗二排，多捕多換，早治早完

三、換領手續

（一）登記姓名保甲——一人負責填表登記，同時複寫三份，宜請本地保甲或民教主任担任，因其人名熟悉，填寫容易，登記後同時要蓋指印或私章。

（二）過秤捕蝗數量——秤後蝗虫据坑深埋，臭氣大，可作肥料。

（三）核發換紗領條——按照規定比率核發，填明加蓋私章。

（四）憑條換領棉紗——規定時間地点在鄉公所或保校領紗，普通都在上午捕打，下午發紗，當天可領。

四、換紗標準（分期及時間可按实際情形酌改）

（一）第一期（六月廿六日至三十日）四兩竹蝗換紗二排，多二兩加一排，少量不換，多捕多換。

（二）第二期——過期七月一日換紗減半，希望早打早換。

（三）第三期——過期七月十日或十五日換紗停止，限期撲滅，並予懲處。

（四）全部工作完畢，成績優良者另給奬賞。

9

五　治蝗須知

（一）棉紗運到應存鄉公所会同保管監放第一批運紗十并發放將完時即須派人回處取紗以免換紗工作中斷

（二）各鄉公所自籌換米辦法應取得聯繫已發米糧請先統計存查未發暫欠之米應照本辦法折合換紗但須按照規定手續登記辦理

（三）全部治蝗工作完畢應即統計捕蝗數量動員人數及發紗總數並請鄉保長簽章出據証明

（四）治蝗隊應請鄉公所通知保甲組織或由農民自動參加膳宿自理或由保甲統籌

（五）駐軍或鄉丁如願參加治蝗應由專人負責率領亦照規定辦法按紗獎助

（六）每天上午出發宜早太陽未出捕打容易中午以前上山輔導捕蝗午飯後則在山下設站登記收蝗下午規定時間回鄉公所或學校憑條發紗遺失不補

學生上山參加捕打竹蝗

（二）利用場期街頭講演或由鄉長召開保甲会議講解治蝗要点及換紗辦法

（三）寫標語貼佈告普遍宣傳動員治蝗

七、治蝗標語

（一）竹蝗為害大，趕快去圍打！

（二）打蝗去換紗，早打早去換！

（三）四兩蝗虫換紗、兩排，多打蝗虫多換棉紗！

（四）到×××打竹蝗，鄉公所去換紗！

（五）小蝗虫容易捉，大清早趕快打！

（六）搖動竹竿蝗虫落地，掃在一起換紗買來！

八、注意事項

（一）填表三份要蓋手印以便報銷

（二）每日統計捕蝗換紗數量隨時報告

（三）秤蝗公平無私，發紗定期不誤

（四）注重联繫，宣傳，統計及情報！

中国农村复兴联合委员会为竹蝗防治费用事宜与华西实验区总办事处的往来公文 9-1-83（12）

10

中華平民教育促進會華西實驗區農業組治蝗工作簡報

一、三十八年璧山銅梁兩縣竹蝗防治工作自六月二十五日起開始由華西實驗區農業組派員前往各鄉發動農民組織治蝗隊按照捕蝗獎紗實施辦法收捕竹蝗全部工作已於七月十五日正式結束

二、第一期捕蝗獎紗標準按照捕蝗六兩獎紗一排過期減半或有鄉鎮分為三期按照捕蝗二、三、四兩獎紗一排辦法辦理各鄉分期均照實際情形決定約在七月七日至十日之間

三、璧山縣梓潼河邊大路三鄉曾於六月十日至廿五日由鄉公所發動農民自行防治共計動員民工二〇二四人捕蝗六六三七兩共合四一五斤大照蓋按捕蝗一斤獎米大市升辦法自籌食米獎勵其他各鄉均未動員防治

四、六月二十五日以後各鄉獎紗運到正式動員捕打

動員民工二一八三五人捕蝗一〇八二八八兩共合六七六八斤連同六月二十五日前各鄉公所動員捕打之四一五斤共七一八三斤

五、兩縣十一鄉鎮治蝗獎紗及旅運雜支總共四三五七〇排合共二一七并十七支按照七月十五日璧山紗價每并八元折合銀幣共計一七四二·八元

六、縣府及各鄉公所墊發治蝗費用及治蝗報告印刷費用尚未計入估計全部治蝗用費約共銀幣二〇〇〇元

七、目前竹蝗多已五齡捕捉甚感困難各鄉已經撲滅竹蝗數量平均約佔百分之八十以上（最多百分之九十五最少百分之六十七）尚未全部肅清今年決難成災除由各鄉繼續捕打不另獎紗外擬於產卵期間監視成虫集中區域令冬發動民工翻土掘卵估計需工四千人經費預算約需一〇〇〇〇元連同前項已支費用總共

中国农村复兴联合委员会为竹蝗防治费用事宜与华西实验区总办事处的往来公文 9-1-83（13）

需款三〇〇〇元擬請農復會准予補助
八、全部捕蝗總數一〇二八八兩平均竹蝗三齡估計
每兩一三〇隻約共捕蝗一四、〇七七、四四〇隻減少竹
稻及玉米等作物受害面積一四〇〇畝增加農民收益
折合銀幣一一二〇〇元

11

中華平民教育促進會華西實驗區農業組
治蝗工作收支統計報告表

縣	鄉鎮	動員人數	捕蝗數量(兩)	獎勵數量([illegible])	旅運雜支([illegible])	支出總計([illegible])	折合銀元
	福祿	1921	7716	3111	295	3406	136.24
	梓潼	1224	4400	1393	15	1408	56.32

依[illegible]	1723	6339	1921	314	2233	[illegible]
八塘	463	[illegible]43	390	810	1200	48.00
小計	12225	48[illegible]80	20375	2794 *461	23630	945.20
西泉	4945	1[illegible]420	5484	48	5532	221.28
[illegible]	14[illegible]	13081	4280	11	4291	171.64
大[illegible]	2482	24429	7691	198	7889	315.56
天錫	500	4002	1157	22	1179	47.16
太平	141	516	227	3	230	9.20
小計	9590	59508	18839	282 *819	19940	797.60
總計	21835	108288	39214	4356	43570	1742.80

註：璧山、銅梁旅運雜支小計包括總辦事處[illegible]
[illegible]運雜費支出

璧山县财政整理委员会为请派员查勘蝗灾情形呈璧山县县政府公函　9-1-134（9）

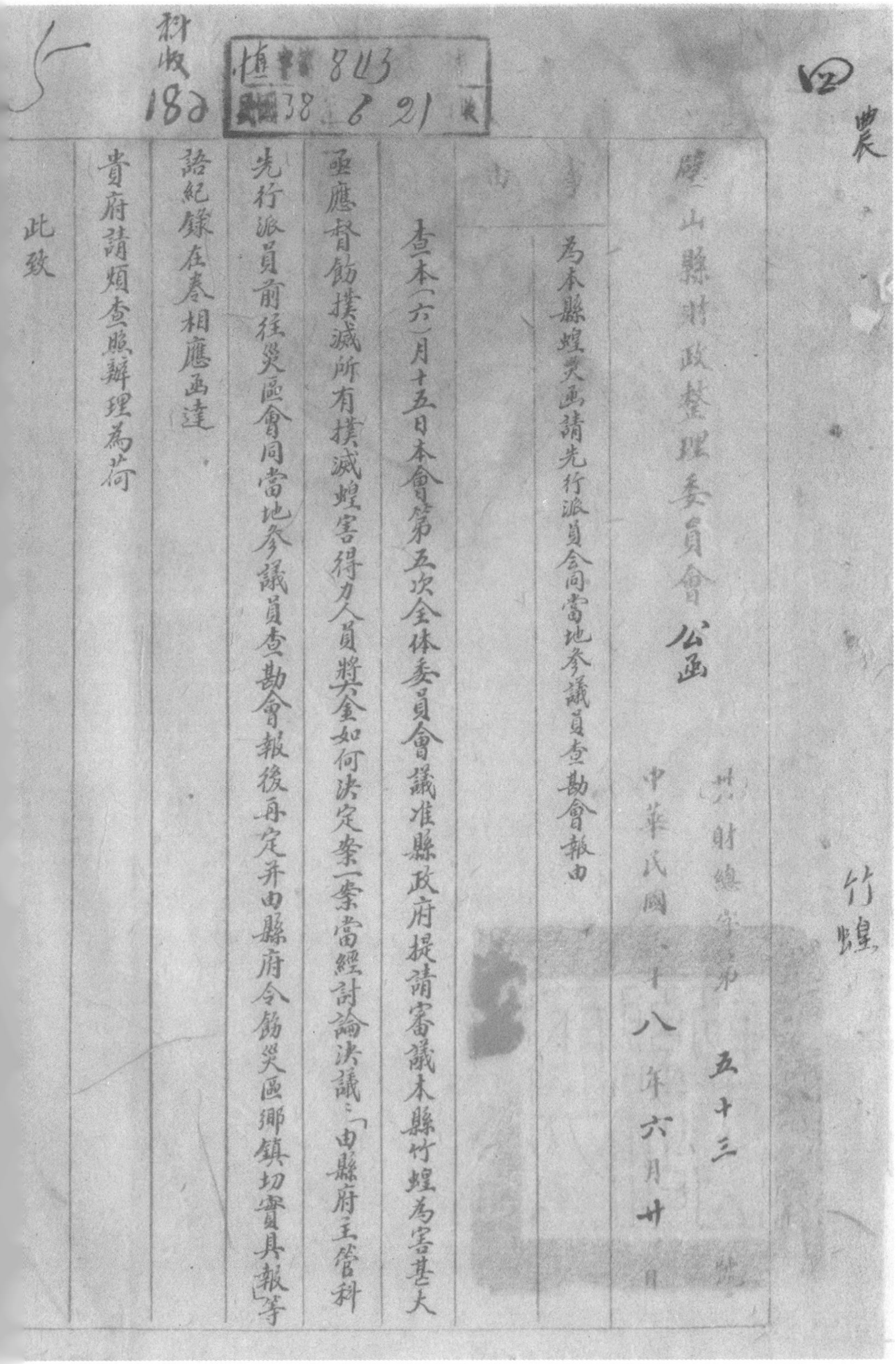

璧山縣財政整理委員會公函

財總字第五十三號

為本縣蝗災函請先行派員會同當地參議員查勘會報由

中華民國卅八年六月廿日

查本（六）月十五日本會第五次全体委員會議准縣政府提請審議本縣竹蝗為害甚大亟應督飭撲滅所有撲滅蝗害得力人員獎金如何決定案一案當經討論決議：「由縣府主管科先行派員前往災區會同當地參議員查勘會報後再定并由縣府令飭災區鄉鎮切實具報」等語紀錄在卷相應函達

貴府請煩查照辦理為荷

此致

璧山县财政整理委员会为请派员查勘蝗灾情形呈璧山县县政府公函　9-1-134（10）

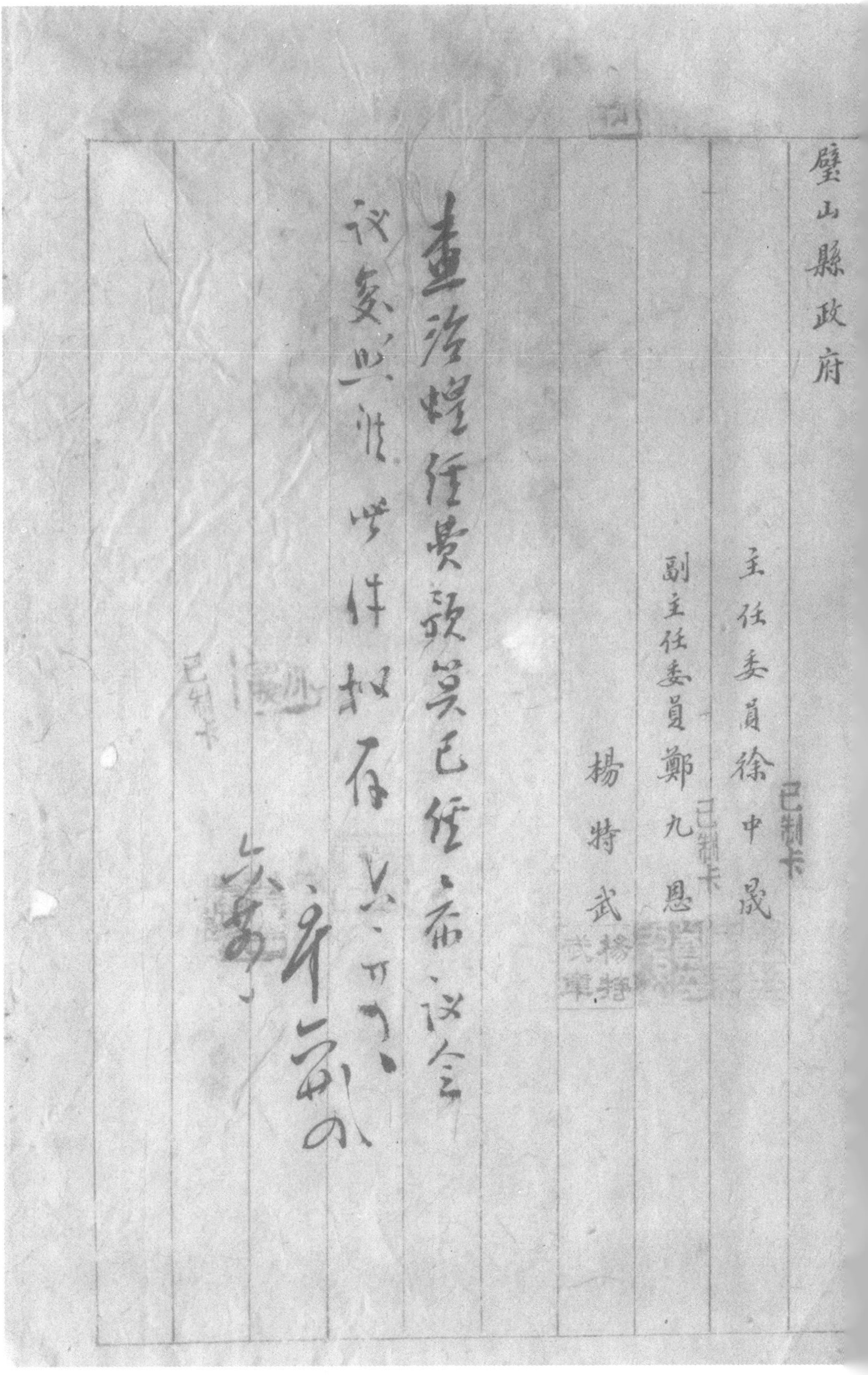

璧山縣政府

主任委員徐中晟
副主任委員鄭九恩
楊特武

已制卡

璧山县八塘乡向璧山县政府呈送危害红苕之虫仔及县政府请华西实验区予以查考并进行防治的公函 9-1-134（2）

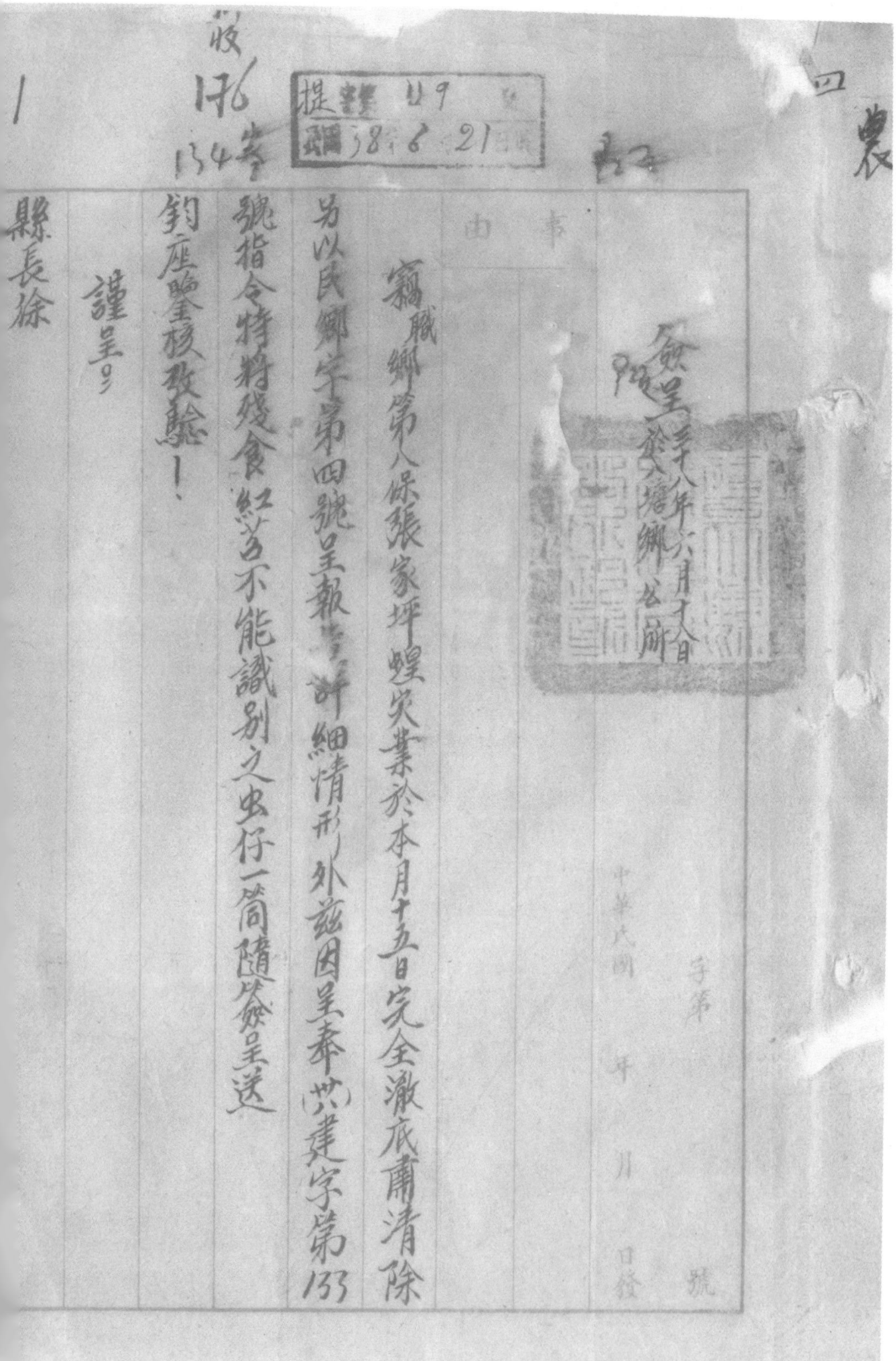

事由

僉呈 於三十八年六月十八日
八塘鄉公所

竊職鄉第八保張家坪蝗災業於本月十五日完全澈底肅清除
另以民鄉字第四號呈報詳細情形外，茲因呈奉（卅八）建字第133
號指令特將殘食紅苕不能識別之虫仔一筒隨文僉呈送
鈞座鑒核攷驗！
謹呈
縣長徐

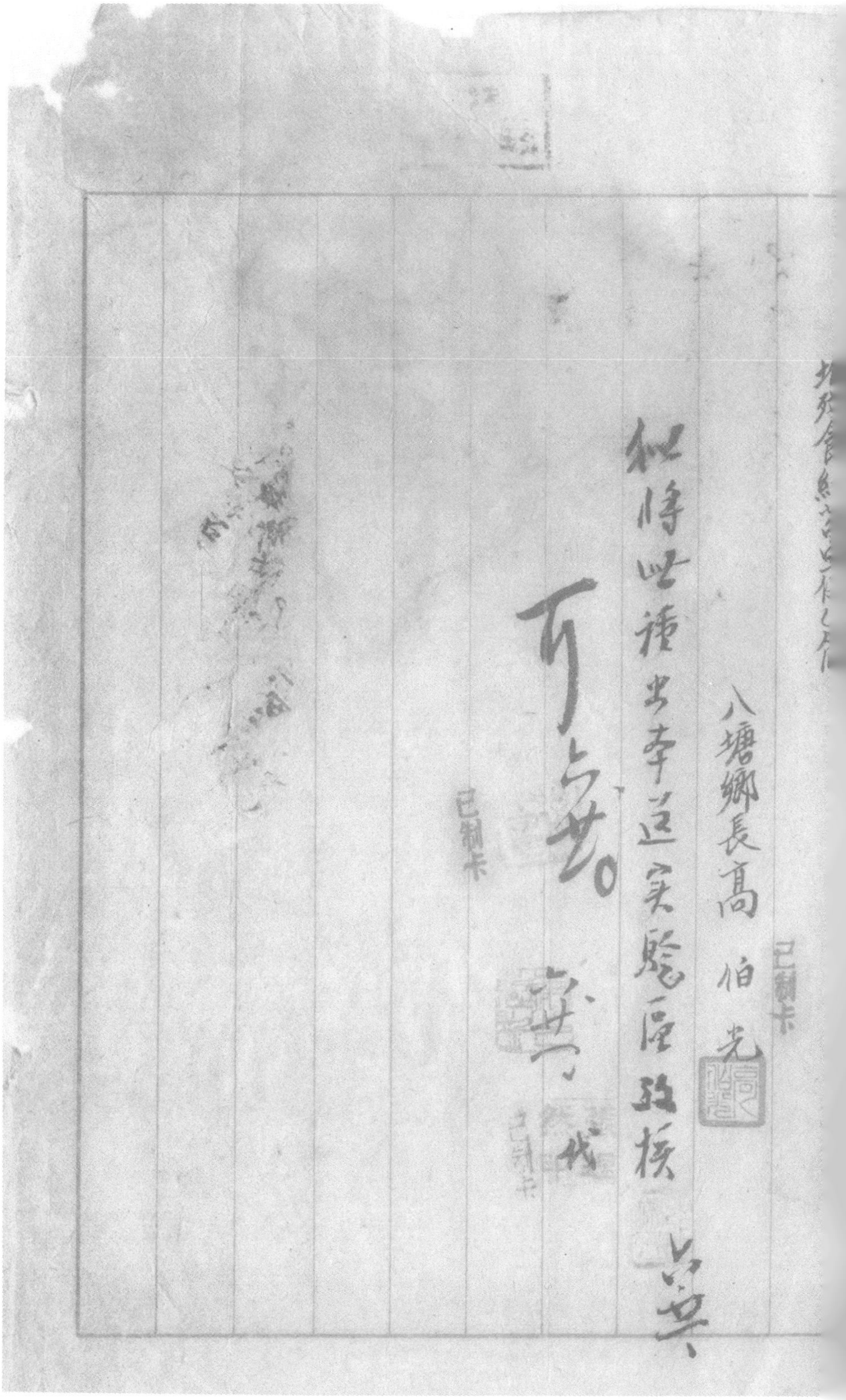

璧山县八塘乡向璧山县政府呈送危害红苕之虫仔及县政府请华西实验区予以查考并进行防治的公函　9-1-134（3）

璧山县八塘乡向璧山县政府呈送危害红苕之虫仔及县政府请华西实验区予以查考并进行防治的公函　9-1-134（4）

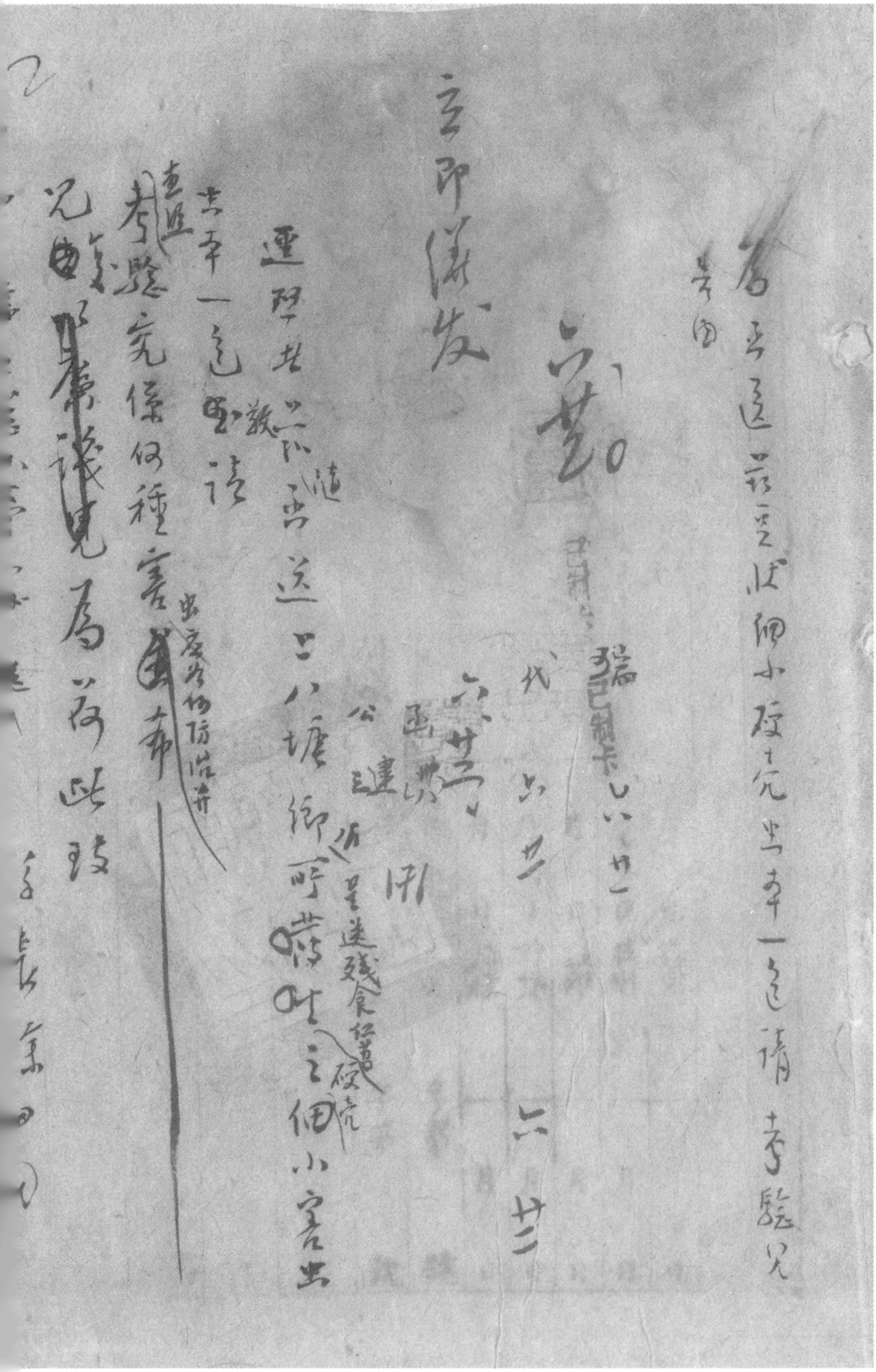

璧山县政府工作人员张瑞五关于勘查梓潼、福禄两乡蝗灾情形呈璧山县政府的报告及璧山县政府给福禄乡的手令　9-1-134（20）（21）

治蝗

報告　卅八年六月十九日於平教會宿舍

竊職奉
令偕同實驗區張徐二先生赴梓潼、福祿兩鄉勘查蝗災
情形當於本日會同前往梓潼該鄉公所說明職等來意並詢
其蝗災情形據該副鄉長言二、三、五、十各保均有竹蝗為害
張徐二君因要本日返回復命不便盡行勘查以該鄉第八保
為勘查區即邀同戴鋪等員同第八保長前往該災區查
看途經第九、十兩保據九保鄉民及十保長言該兩保均無竹蝗
為災並經查看亦無殘食狀況達至第八保魏家溝兩
災象重大之處經查看結果亦毫無形跡可見據該

璧山县政府工作人员张瑞五关于勘查梓潼、福禄两乡蝗灾情形呈璧山县政府的报告及璧山县政府给福禄乡的手令 9-1-134（22）

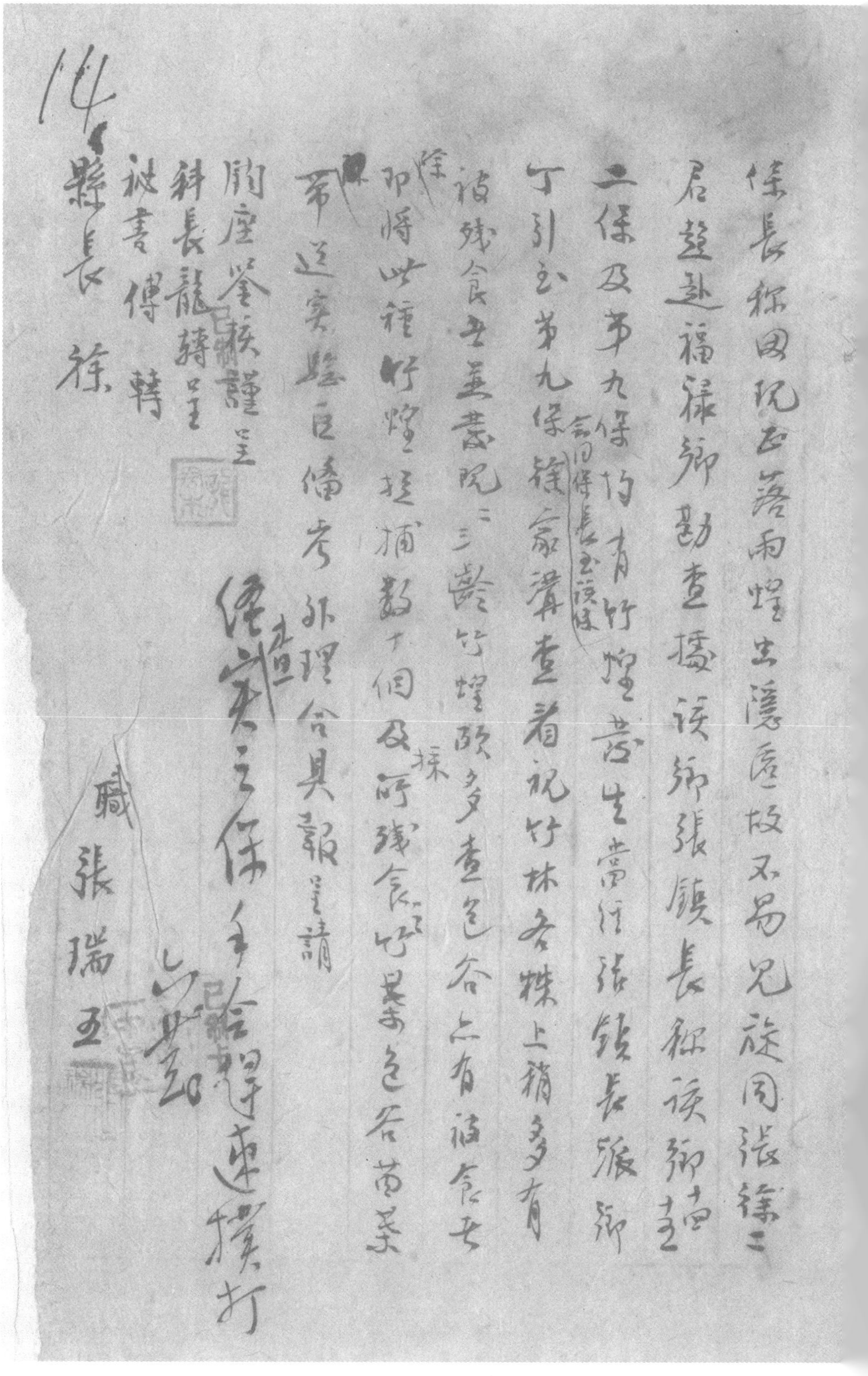
保長稱因現在落雨蝗虫隱匿故不易見旋同張鎮二
君趕赴福祿鄉勘查據該鄉張鎮長稱該鄉十四
二保及第九保均有竹蝗發生當經張鎮長派鄉
丁引至第九保（會同保長王茂陳）錢家灣查看祝竹林各株上稍多有
被殘食無甚蝗之三齡竹蝗頗多查包谷上有被食去
即將此種竹蝗捉捕數十個及所殘食之竹葉包谷苗葉
帶送案鑒之備考外理合具報呈請
鈞座鑒核謹呈
科長龍轉呈
秘書傅轉
縣長徐
職張瑞五
令第三保手令迅速撲打

璧山县政府工作人员张瑞五关于勘查梓潼、福禄两乡蝗灾情形呈璧山县政府的报告及璧山县政府给福禄乡的手令 9-1-134（23）

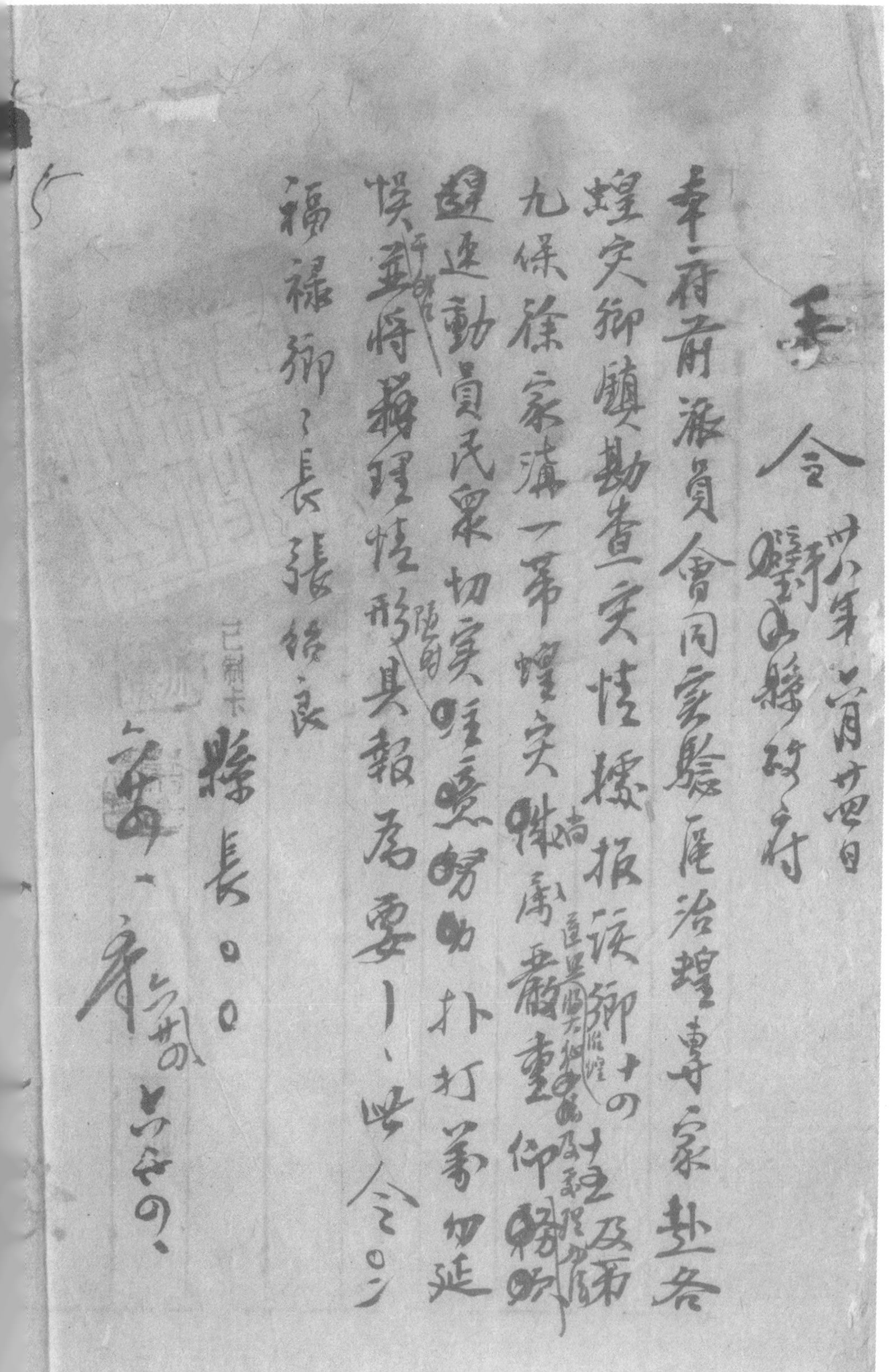

手令 卅八年六月廿四日
璧山縣政府
本府前派員會同實驗區治蝗專家赴各
蝗災鄉鎮勘查實情，據報該鄉十四、十五及兩
九保徐家灣一帶蝗災情屬嚴重，仰即轉飭
迅速動員民眾切實嚴密撲打，萬勿延
誤，並將辦理情形具報為要！此令。
福祿鄉鄉長張紹良
縣長〇〇
已制卡
六.廿四

195

急 字第 71 號
民國 38 年 8 月 25 日 收

46

中華平民教育促進會華西實驗區總辦事處（公函）（正）本

事由：函奉治蝗辦法請轉知鄉鎮查照由

受文者：璧山縣政府

據報河邊等鄉發生竹蝗本處擬就治蝗換紗辦法即日派員前往各鄉輔導捕打請速轉知河邊福祿梓潼大路依鳳八塘等鄉鎮保甲協助宣傳發動農民上山圍打依照規定換紗獎助附奉辦法一份敬希查照為荷

直封二六五

中華平民教育促進會華西實驗區辦事處 啓

年月日：卅八年八月廿日

附件：治蝗辦法一份 件

字號：辰字第一六五號

說明：
（一）此公文紙通知「報告」「公函」「代電」均可用
（二）第一個大（　）內係寫文別如「通知」「報告」「公函」「代電」等
（三）第二個小（　）內係寫「正」本或「副」本
（四）上行文本、副本 [illegible] 如轄專區，應依因公報告總辦事處，必要時以副本給縣（局）政府

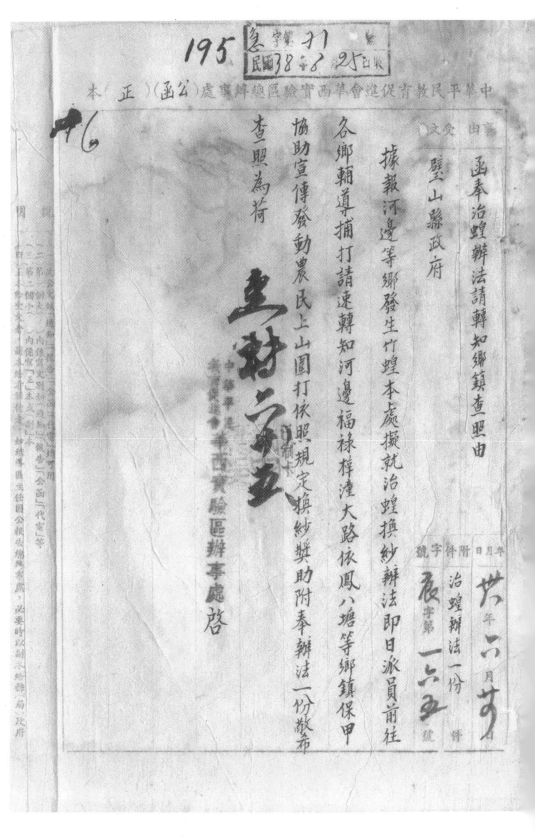

华西实验区总办事处为函送治蝗换纱办法及派员辅助治蝗工作事宜与璧山县县政府的往来公函 9-1-134（25）

17.

油印
卅份

華西實驗區治蝗實施辦法

三十八年六月
農業組擬

一、人員配佈

（一）河邊鄉（璧五區） 張遠定 余紹禕 曾慶祥

大廟鄉（銅一區） 曹祥燕 譚仲篪 尹克榮

（二）大路鄉（璧五區） 譚力中 何奇鏡

龍溪鄉（　〃　） 王和恒 趙德勳

（三）八塘鄉（璧六區） 汪維瀚 周術斌 李天錫

依鳳鄉（　〃　） 李棚 賈文憲 楊永言

（四）福祿鄉（璧三區） 王廷杰 王慶國 龍鍾露

梓潼鄉（　〃　） 賈厚友 戴集成 戴儒濂

（五）聯絡 陶存 汪靜

二、工作程序

（一）確定蝗區——根據情報確实調查選擇據点集中打

（二）聯絡宣傳——聯絡保甲長輔導員及民教主任普遍宣傳捕蝗換紗

（三）組治蝗隊——動員農民自願參加規定組織統一指揮

华西实验区总办事处为函送治蝗换纱办法及派员辅助治蝗工作事宜与璧山县县政府的往来公函 9-1-134（26）

（一）登記姓名保甲——一人負責填表登記后由社區……宜請本地保甲或民教主任担任因其人名熟悉填寫容易登記後同時要蓋指印或私章

（二）過秤捕蝗數量——秤後蝗虫掘坑深埋臭氣大可作肥料

（三）核發換紗領條——按照規定比率核發填明加蓋私章

（四）憑條換領棉紗——規定時间地点在鄉公所或保校領紗普遍都在上午捕打下午發紗當天可領

四 換紗標準（分期及時间可按实際情形酌改）

（一）第一期——（六月廿六日至三十日）四兩竹蝗換紗二排多二兩加一排少量不換多補多換

（二）第二期——過期七月一日換紗減半希望早打早換

（三）第三期——過期七月十日或十五日換紗停止限期讀減並予懲處

（四）全部工作完畢成績優良者另給奬賞

已復 六.廿九

已留卡

华西实验区总办事处为函送治蝗换纱办法及派员辅助治蝗工作事宜与璧山县县政府的往来公函 9-1-134（27）

18

五 治蝗須知

(一) 棉紗運到應存鄉公所會同保管監放第一批運紗十斤發放將完時即須派人回處取紗以免換紗工作中斷

(二) 各鄉公所自籌換米辦法應取得聯繫已發米糧請先統計存查未發暫欠之米應照本辦法折合換紗但須按照規定手續登記辦理

(三) 全部治蝗工作完畢應即統計捕蝗數量動員人數及換紗總數並請鄉保長簽章出據證明

(四) 治蝗隊應請鄉公所通知保甲組織或由農民自動參加膳宿自理或由保甲統籌

(五) 駐軍或鄉丁如願參加治蝗應由專人負責率領亦照規定辦法換紗獎勵

(六) 每天上午出發宜早太陽未出捕打者易中午以前上山輔導捕蝗午飯後則在山下設站登記收蝗下午規定時间回鄉公所或保校憑條發紗遺失不補

(二)學生上山參加捕打竹蝗
利用場期街頭講演或由鄉長召開保甲会議講解治蝗要点及換紗辦法
(三)寫標語貼佈告普遍宣傳動員治蝗

七、治蝗標語
(一)竹蝗為害大，趕快去圍打！
(二)打蝗去換紗，早打早去換！
(三)四兩蝗虫換紗兩，排名，打蝗虫多換棉紗！
(四)到×××打竹蝗，鄉公所去換紗！
(五)小蝗虫容易捉，大清早趕快打！
(六)搖動竹竿，蝗虫落地，掃在一起換紗買来！

八、注意事項
(一)填表三份要盖手印以便報銷
(二)每日統計捕蝗換紗數量隨時報告
(三)秤蝗公平無私，發紗定期不誤
(四)注重联繫宣傳統計及情報！

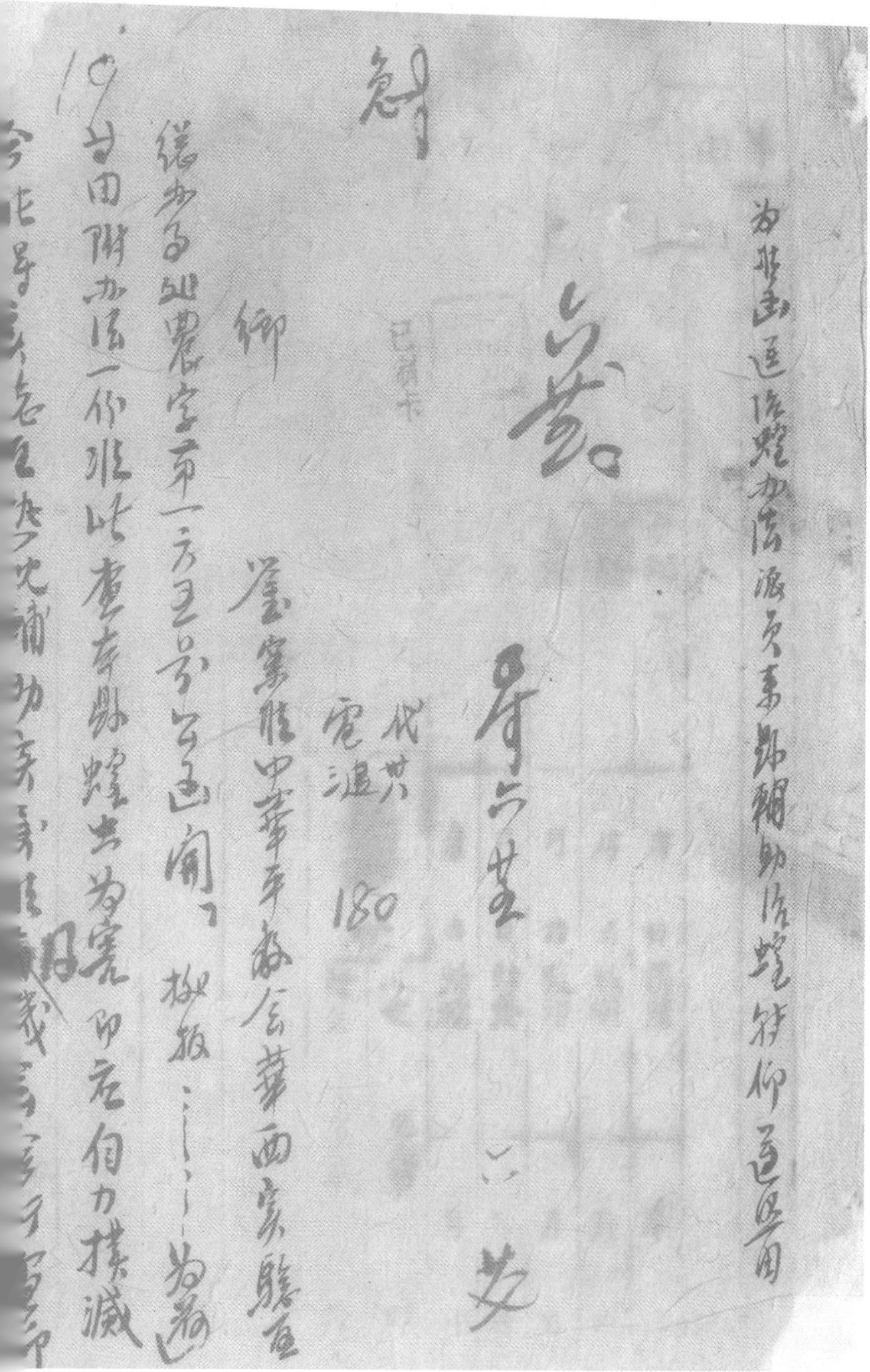

为函送治蝗办法派员来县辅助治蝗祈仰查照由

代电

180

绥步乡地农字第一六三号公函开：……

当由附办法一份，非此查本县蝗虫为害，即应自力扑灭

华西实验区总办事处为函送治蝗换纱办法及派员辅助治蝗工作事宜与璧山县县政府的往来公函 9-1-134（29）

华西实验区总办事处为函送治蝗换纱办法及派员辅助治蝗工作事宜与璧山县县政府的往来公函　9-1-134（30）

20

该〔乡〕务须把握时间与实验区派来协助人员切实
协同〔…〕发动民众至山间打翻于最短期内消灭
扑灭，至奖金合作金由实验区发放外，但工作报告仍照
前颁办法办理（随时具报）（注明奖金由何机关合作，在附记栏）为要。附表
孙○○　卅八、达三巳（南）　即附实验区治蝗办法一份

送达执行人员及地区副区

一、附表之乡长（副）、主席、常务理事
二、二五六区指导员
三、农推部驻乡治蝗辅导员。

八塘依凤、许信宾　已制卡
大路魏宾、傅瑄基　已制卡
河边福禄、钱俊华、程权、冉隆盛　已制卡

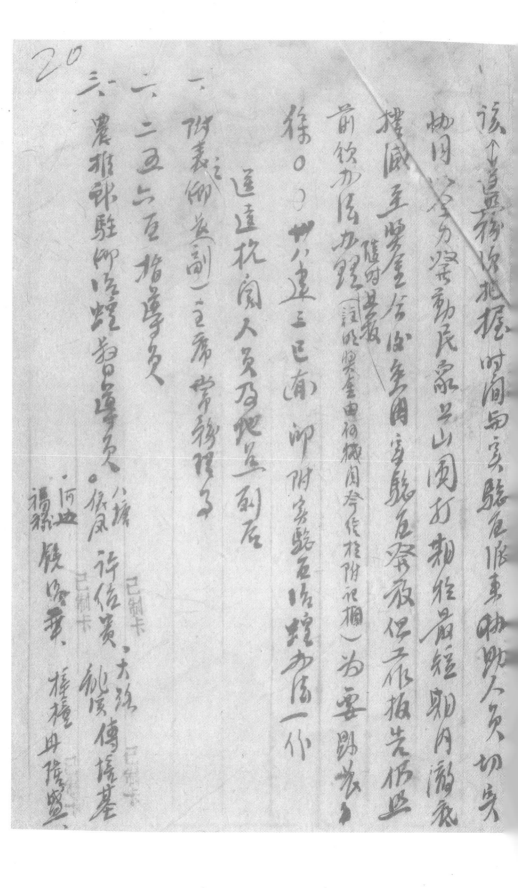

璧山县政府工作人员龙君木为呈报查勘沿西山蝗区各乡实地详情及督导捕蝗事宜呈璧山县县政府报告　9-1-134（32）

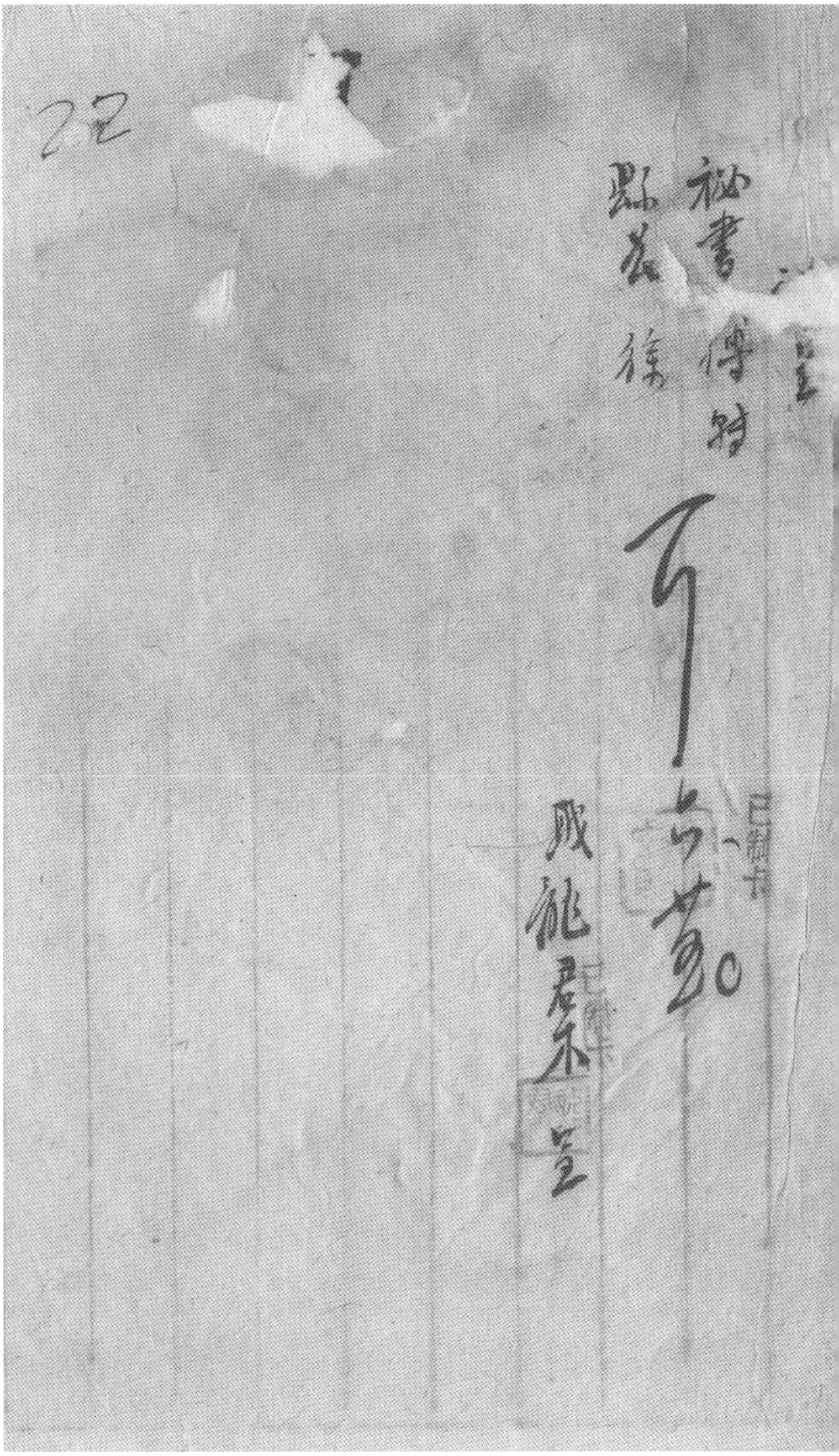
秘書傅轉
縣長孫
職龍君木呈
已制卡

璧山县政府工作人员龙君木为呈报查勘沿西山蝗区各乡实地详情及督导捕蝗事宜呈璧山县县政府报告　9-1-134（12）

農　附卷　青六卅

簽呈　卅年六月二三日　于本府

竊職奉派前往沿西山蝗區各鄉實地查勘詳情及督導撲蝗事務，遵於本月十九日偕同實驗區晏先生及治蝗專家邱式邦先生由縣出發，經河边鄉至大路鄉蝗區實地查勘後，繼至依鳳八塘查勘，旋於昨（二十二）日返府，謹將實際情形臚陳於后：

一、河边鄉蝗害發生最早，該鄉鄉長及其餘督導人員尚稱努力，民众捕蝗工作亦屬認真，現已撲殺大部，僅餘零星未盡，除飭督導人員及鄉保甲繼續努力外，並飭農推所指導員饒佐華將捕蝗工作按告表速即整理填報本府，以憑核办。

二、大路鄉蝗害最為嚴重，其詳情已於在該鄉查勘时

已制卡

專案呈案亦不再報、

三、依鳳鄉蝗虫最少，各處三三兩兩，零星散佈，未成災害，但為防患未然計，仍嚴令本府派往該鄉督導人員及鄉保甲長督飭民眾自行捕殺，並組成一防蝗隊，防備嗣後若發生蝗害時，即行撲滅。

四、八塘鄉蝗害亦較輕微，職未到達，即據農推所指導員許俊貴報告，業已肅清，據其估量約計三斤餘，除飭速將工作報告表急速填報外，並囑其仍隨時注意防範。

以上四項，特簽謹

鑒核示遵！

7

璧山县政府工作人员龙君木为呈报查勘沿西山蝗区各乡实地详情及督导捕蝗事宜呈璧山县县政府报告　9-1-134（13）

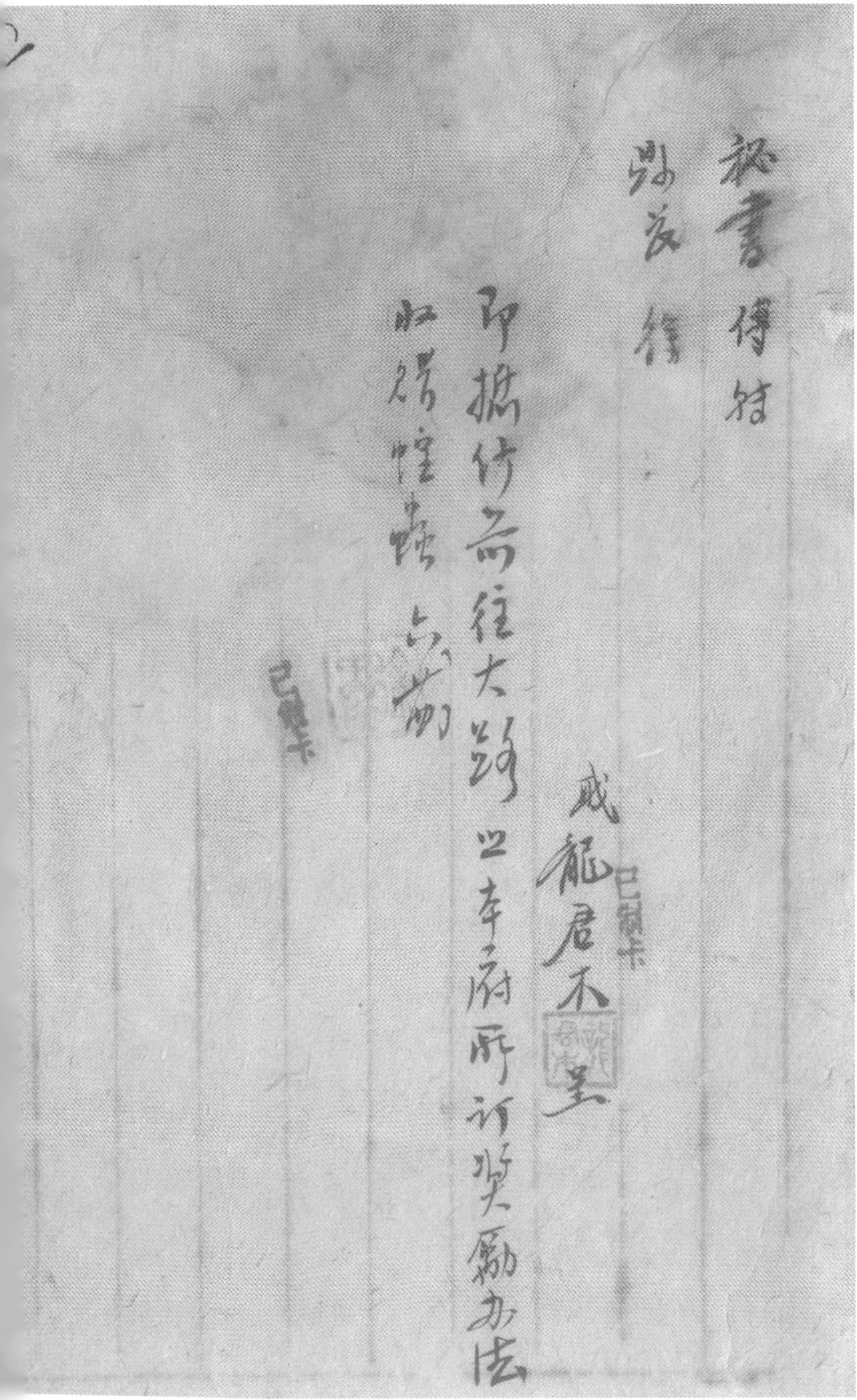

秘書傳轉

縣長鑒

職 龍君木 呈

即擬仿前往大路以本府所訂獎勵辦法

收買蝗蝻[illegible]

已製卡

已製卡

璧山县政府工作人员龙君木为呈报查勘沿西山蝗区各乡实地详情及督导捕蝗事宜呈璧山县县政府报告 9-1-134（14）

璧山县政府工作人员龙君木为呈报查勘沿西山蝗区各乡实地详情及督导捕蝗事宜呈璧山县县政府报告　9-1-134（31）

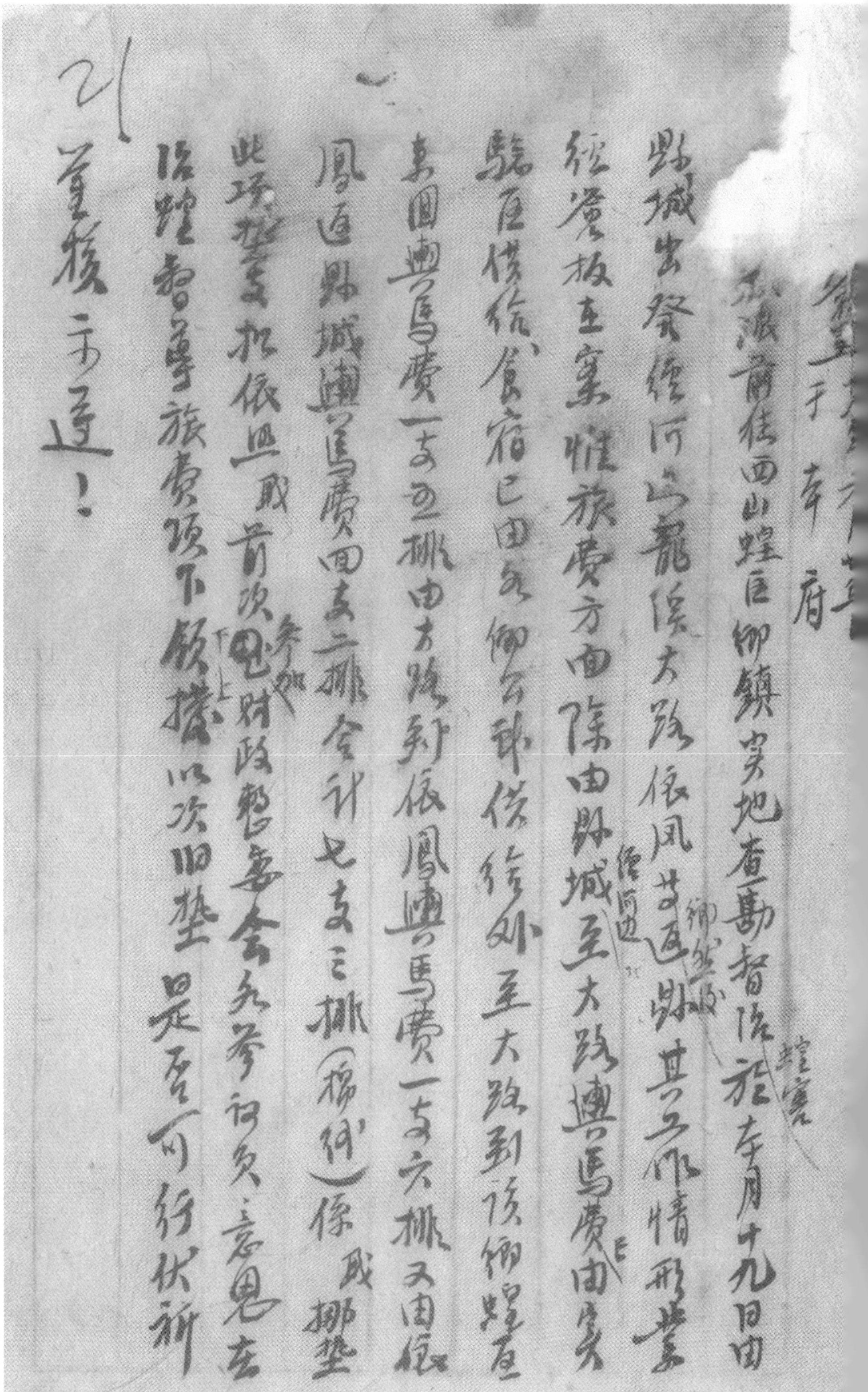
签呈　于本府
职奉派前往西山蝗区乡镇实地查勘督导（捕蝗），於本月十九日由
县城出发，经河边、龙凤、依凤、大路、依凤共五乡（镇），工作情形业
经签报在案。惟旅费方面，除由县城至大路挑马费由（已）本
县区借给，食宿已由各乡公所供给外，至大路到该乡蝗区
来回挑马费一支五挑，由大路到依凤挑马费一支六挑，又由依
凤返县城挑马费四支二挑，合计七支三挑（标价），系职挪垫，
此项挑费拟依照职前次参加财政整委会参议员意见，在
治蝗督导旅费项下领拨，以资归垫。是否可行，伏祈
鉴核示遵！
21

璧山县依凤乡乡公所为呈报查报竹蝗结果一事呈璧山县县政府函　9-1-134（5）

農 回

3

收 180

慎 民國38.6.21

璧山縣依鳳鄉鄉公所 呈

經建字第二五二號

民國三十八年六月廿日發

為遵令查報竹蝗一案由

本所遵令查報竹蝗茲據遵查結果：

（一）沿山各保發現竹蝗甚有下田害禾者為數尚少除立即撲滅外并定予本月廿日大舉清查案經本所組織殺蝗會以會者七八十人攜帶應用器械同行

（二）各保發現柏樹蟲老少柏樹均已將柏樹葉食盡其樹立死雜害甚大撲滅辦法無從依據

治蝗

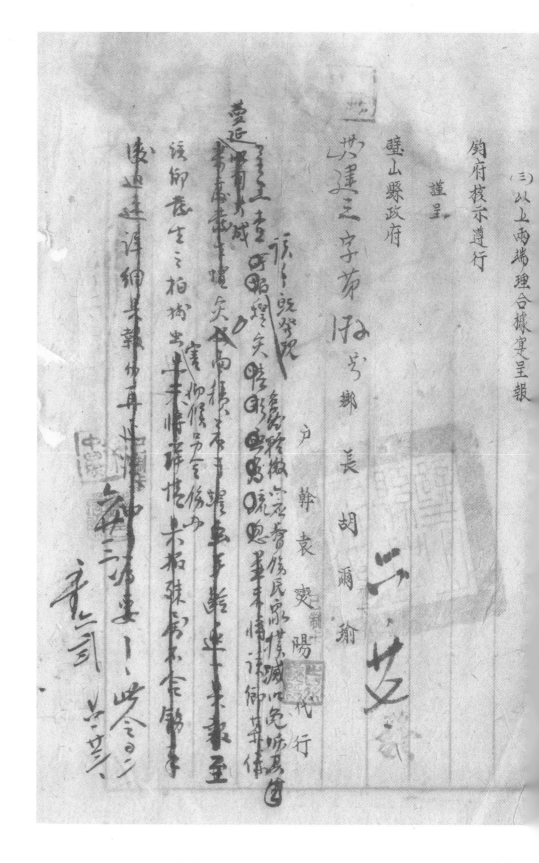

璧山县依凤乡乡公所为呈报查报竹蝗结果一事呈璧山县县政府函 9-1-134（6）

(三)以上兩端理合據寔呈報

鈞府核示遵行

謹呈

璧山縣政府

兼建之字第　　號

鄉長 胡爾瑜

戶幹 袁燮陽 代行

[illegible]

璧山县县政府所领治蝗经费之收据　9-1-134（17）

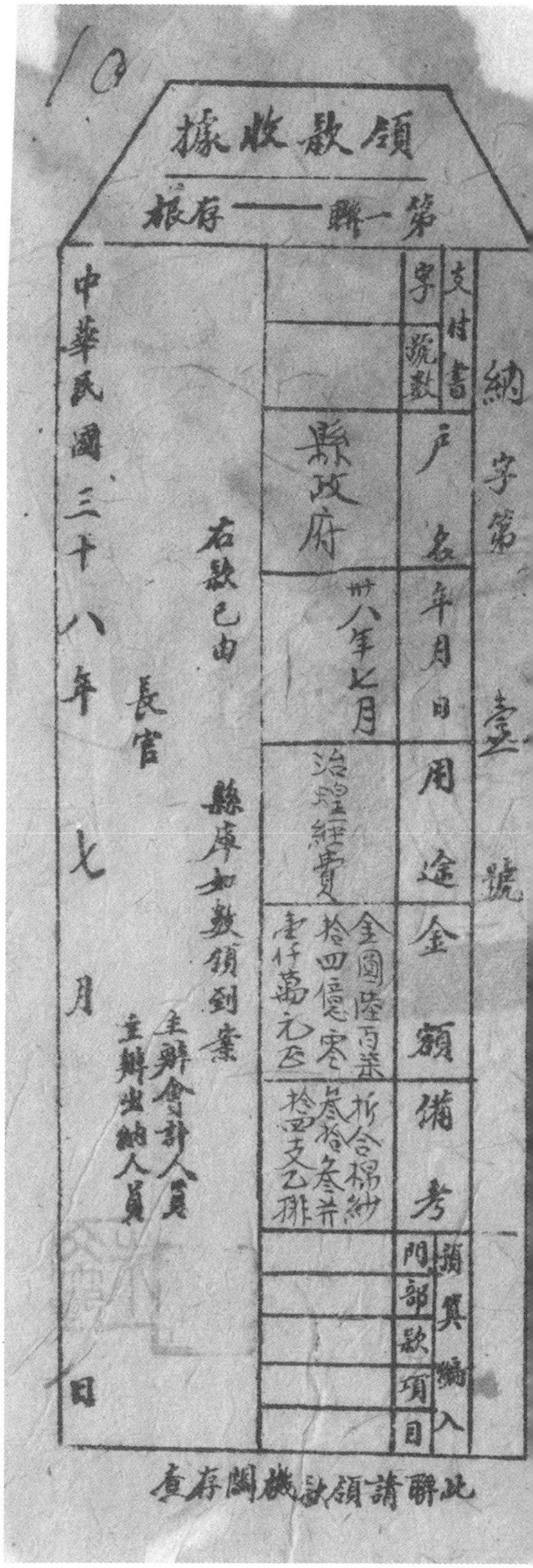

10

領款收據

第一聯——存根

納字第壹號

支付書字號數	戶名	年月日	用途	金額	備考	預算編入門部款項目
	縣政府	卅八年七月	治蝗經費	金圓陸百柒拾四億零壹仟萬元正	折合棉紗叁拾叁件拾四支乙排	

右款已由

長官

縣庫如數領到案

主辦會計人員

主辦出納人員

中華民國三十八年七月　日

此聯請領款機關存查

铜梁县太平乡治蝗工作总报告表、防治竹蝗奖纱登记表 9-1-23（2）

璧山县太平乡治蝗工作总报告表

（一）蝗虫调查（填明保甲小地名、面积数量并附简图）
（1）22保 8甲（小地名）太平衲果老坑
（2）22保 9甲（ 〃 ）
（3）6保 1、10甲（ 〃 ）猶家滩
（二）发现竹蝗日期 6月26日 竹蝗大小 龄
（三）开始捕蝗日期 7月5日 捕蝗办法
（四）捕蝗奖纱分期
（1）第一期自7月5日至8日蝗虫 两奖纱 136排
（2）第二期自7月9日至12日蝗虫 两奖纱 90排
（3）第三期自7月13日至15日蝗虫 两奖纱 1排
（五）已领纱 式 （开）发出纱一百开三丈（开）结余纱 拾叁丈 （开）
（六）每日捕蝗统计

月 日	动员人数	捕蝗两数	奖纱排数	备 考
7 5	[illegible]	[illegible]	[illegible]	

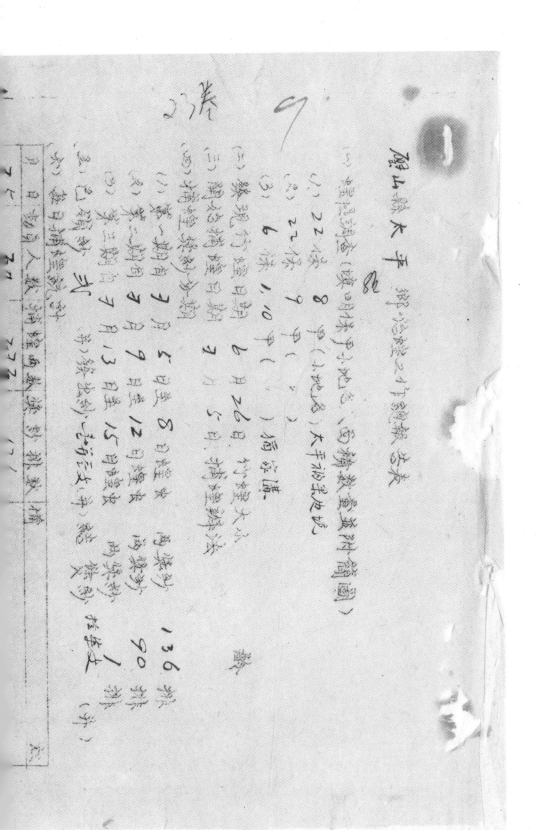

總計	141	576	227	

鄉長 　　　　保長

負責人 吴时叙 　　　　填表日期 7月17日

铜梁县太平乡治蝗工作总报告表、防治竹蝗奖纱登记表 9-1-23（3）

中華平民教育促進會華西實驗區

銅梁縣太平鄉 竹蝗奬紗登記表 7月5日

姓名	保	甲	捕蝗數量（兩）	發紗數量（排）	捐章	備註
牛化先	22	8	30	15		
郭云书	〃	11	34	17		
朱成全	6	10	100	50		
郭成友	〃	9	40	20		
郭丙堂	22	9	28	14		
郭云青	6	〃	40	20		

2

總計			272	136		

負責人簽章 吳忖叙

1.

铜梁县太平乡治蝗工作总报告表、防治竹蝗奖纱登记表 9-1-23（4）

中華平民教育促進會華西實驗區

銅梁縣太平鄉　　竹蝗獎紗登記表　　7月11日

姓名	保	甲	捕蝗斤量（兩）	發紗數量（排）	指章	備註
王良棣	6	7	300	90		

3

總計			300	90		

負責人簽章 吳时余

2.

铜梁县太平乡治蝗工作总报告表、防治竹蝗奖纱登记表　9-1-23（4）

铜梁县太平乡治蝗工作总报告表、防治竹蝗奖纱登记表 9-1-23（5）

中華平民教育促進會華西實驗區

铜梁縣太平鄉 竹蝗奬紗登記表 7月12日

姓名	保	甲	捕蝗數量（兩）	發紗數量（排）	指章	備註
韓炎林	2	10	4	1		

4

總計			4	1		

負責人簽章 吴时叙

3.

铜梁县太平乡治蝗工作总报告表、防治竹蝗奖纱登记表 9-1-23（5）

璧山县河边乡治蝗工作总报告表　9-1-61（46）

璧山縣河邊鄉治蝗工作總報告表

(一) 蝗區調查（填明保甲小地名及面積數量並附簡圖）

(1) 8 保 甲（小地名）顏家灣

(2) 10 保 甲（ 〃 ）

(3) 保 甲（ 〃 ）

(二) 發現竹蝗日期 六月九日 竹蝗大小

(三) 開始捕蝗日期 六月廿日 捕蝗辦法

(四) 捕蝗獎紗分期

(1) 第一期自6月26日至7日蝗虫[illegible]兩獎紗 1 排

(2) 第二期自7月8日至10日蝗虫4兩獎紗 1 排

(3) 第三期自 月 日至 日蝗虫 兩獎紗 排

(五) 已領紗15排（或 并）發出紗 （并）結餘紗 （并）

(六) 每日捕蝗統計

月日	動員人數	捕蝗兩數	獎紗排數	備註
6.26	39人	232兩	114排	

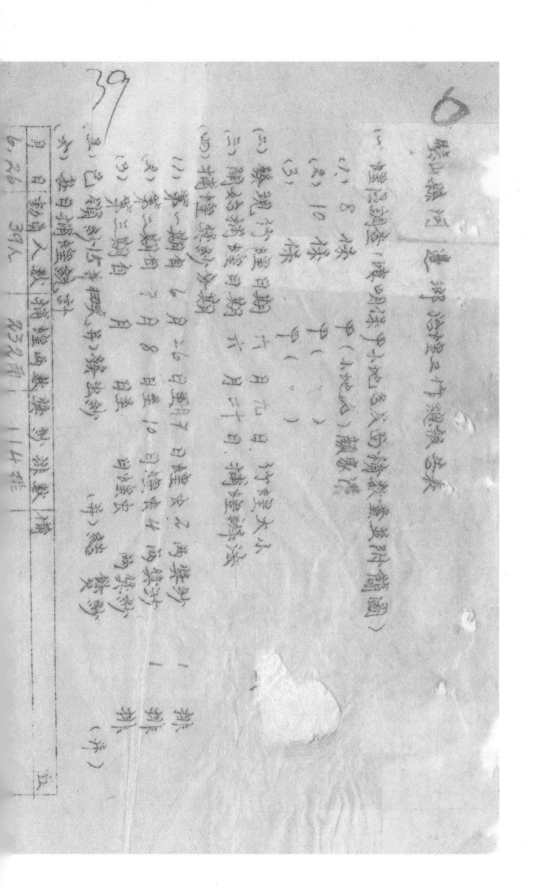

6.24	48	418	[illegible]	
6.30	12	125	62	
7.1	26	283	141	
7.3	20	72	36	
7.4	2	46	23	
7.5	52	118	59	
7.6	126	404	202	
7.7	31	130	65	
7.8	33	434	108	
7.9	6	28	7	
7.10	35	421	104	
總計	535人	3332[illegible]	1438[illegible]	

鄉長 保長
負責人 劉廣祥 孫宣道 填表日期 日

璧山县河边乡治蝗工作总报告表　9-1-61（47）

华西实验区铜梁第一辅导区虎峰乡治蝗奖纱报销表、治蝗工作总报告表、防治竹蝗奖纱登记表与地图　9-1-232（2）

232卷

4頁

8

華西實驗區銅梁第一輔導區虎峰鎮治蝗組獎紗報銷表

三十八年七月　日

期數	日數	日次	捕蝗人數	捕蝗數量（兩）	發紗數量（排）	獎紗標準	加存數（兩）加數	加存數（兩）存數	指導治蝗人員	備註
第一期	3	1	87	343	191	2兩獎紗1排	/	1	總幹事室聯絡員閻存、張遠定，縣政府[illegible]區主任	①第一期共發棉紗4件6支8排
		2	139	569	284	同上	/	1	區主任，鎮長，保甲長	捕蝗人數共361人　捕蝗
		3	135	791	393	同上	1	6	同　上	數量1743兩
第二期	7	4	108	1028	342	3兩獎紗1排	/	2	[illegible]	②第二期共發棉紗10件2排
		5	101	775	256	同上	2	9	鎮長，保甲長，羅天才，[illegible]	捕蝗人數共799人
		6	130	1239	407	同上	2	20	同　上	捕蝗數量共7266兩
		7	170	~~1441~~ 1491	495	同上	2	8	[illegible]	
		8	43	415	135	同上	1	11	王鎮長，保甲人員，區主任	
		9	78	700	230	同上	/	10	同　上	
		10	169	1618	537	同上	5	12	同　上	③
第三期		11	58	581	142	4兩獎紗1排	2	15		
		12	22	240	59	同上	3	7		
		13	86	1169	290	同上	/	9		
		14	43	705	177	同上	6	3		

期										
總計	15	15	1462	13081	4280					未領25斤 付紗21斤8兩 存3斤12兩

負責人：李克敬　宋承喜　夏平錦

手摺國　周耀漬　高遠志

證登人：鎮長 李介福　鎮民代表主席 張佐周　參議員 鄧紀元　中心國民學校校長 張宇軼

已銷去

華西实验区铜梁第一辅导区虎峰乡治蝗奖纱报销表、治蝗工作总报告表、防治竹蝗奖纱登记表与地图　9-1-232（2）

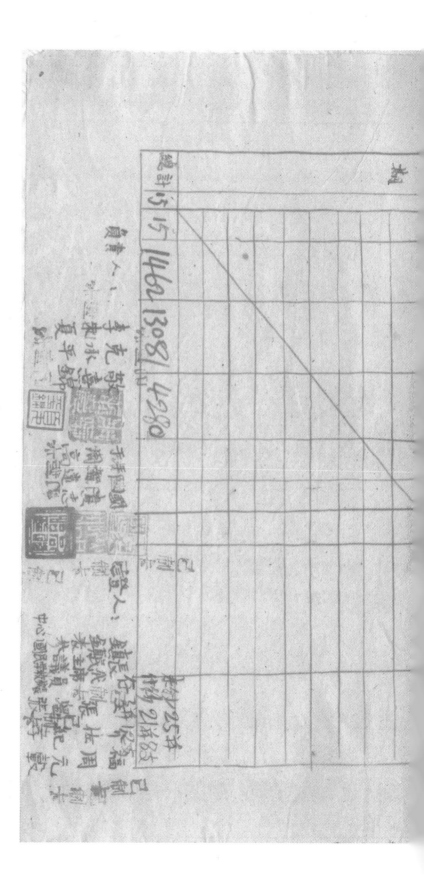

华西实验区铜梁第一辅导区虎峰乡治蝗奖纱报销表、治蝗工作总报告表、防治竹蝗奖纱登记表与地图 9-1-232（5）

铜梁县虎峰乡治蝗工作总报告表

（一）蝗区调查（填明保甲小地名及面积数量并附简图）
（1）二三保八、九、甲（小地名）桂花树、白果树、大水井、毛坪、黄花土
（2）二六保一、二、三、甲（ 〃 ）黄家山、金刚寺、大塆、塩塘湾、炮台凼口
（3）二五保 甲（ 〃 ）（协助二三保二六保农民捕蝗）
（二）发现竹蝗日期 六月二六日，竹蝗大小 二 龄
（三）开始捕蝗日期 七月一日，捕蝗办法
（四）捕蝗奖纱分期
（1）第一期自七月一日至三日蝗虫二两奖纱 一 排
（2）第二期自七月四日至十日蝗虫三两奖纱 一 排
（3）第三期自七月十一日至十五日蝗虫四两奖纱 一 排
（五）已领纱二五（并）发出纱二一（并）结余纱三并十二支（并）
（六）每日捕蝗统计

月 日	动员人数	捕蝗两数	奖纱排数	备注
7.1	84	383	191	存1两
7.2	139	569	284	存1两

7.6	130	1239	407	存20两外加2两
7.7	170	1491	495	存8两外加2两
7.8	43	415	135	存11两外加1两
7.9	78	700	230	存10两
7.10	169	1618	537	存12两外加5两
7.11	58	581	142	存15两外加2两
7.12	22	240	59	存7两外加3两
7.13	86	1169	290	存9两
7.14	43	705	177	存3外加6两
7.15	93	1377	342	存12两加3两
總計	1462	13081	4280	

鎮長王介福　保長李錫疇　游建三　田粹周　羅金全

負責人朱承熹　于邦國　填表日期七月十五

已制卡　已制卡　已制卡　已制卡　已制卡

华西实验区铜梁第一辅导区虎峰乡治蝗奖纱报销表、治蝗工作总报告表、防治竹蝗奖纱登记表与地图 9-1-232（6）

華西实驗区防治竹蝗奬紗登記表

铜梁縣第一輔導區虎峰鄉 竹蝗防治隊 月 日

姓名	保	甲	捕蝗數量（兩）	發紗數量（排）	指章	備註
王兴泰	23	9	19两	9		存1两 5人
王兴太	23	9	（4只）64两	5支2排		10人
刘锡洁	23	10	240	2支（20排）		10人
罗海良	23	10	36	1支8排		8人
罗桂林	23	10	8	4排		2人
郭久林	23	10	14	7排		5人
罗正友	23	10	4	2排		1人
周述舟	23	10	26	1支3排		6人
罗生祥	23	10	14	7排		5人
罗炳之	23	10	8	4排		2人
刘云昌	23	10	4	2排		1人
王述三	23	10	6	3排		1人
罗正良	23	10	16	8排		4人

李大堂	23	9	52	2支6排			10人
周义云	23	9	18	9排			4人
刘白松	23	9	4	2排			1人
李大[illegible]	23	9	16	6排			4人
谭西早	23	9	6	3排			1人
王海良	23	9	8	4排			2人
							87人
总　计			383两	19支1排		存1两	

负责人签章　李光敏　朱永喜

1.

华西实验区铜梁第一辅导区虎峰乡治蝗奖纱报销表、治蝗工作总报告表、防治竹蝗奖纱登记表与地图　9-1-232（6）

华西实验区铜梁第一辅导区虎峰乡治蝗奖纱报销表、治蝗工作总报告表、防治竹蝗奖纱登记表与地图 9-1-232（7）

華西实驗区防治竹蝗奬紗登記表

銅梁縣第一輔導區虎峰鄉 竹蝗防治隊 7月2日

姓名	保	甲	捕蝗數量（兩）	發紗數量（排）	指章	備註
刘定謨	25		3兩	1排		存1兩 1人
趙福安	23		4兩	2排		1人
彭洪良	23		2兩	1排		1人
郭義方	23	10	34兩	17排		8人
蕭希友	23	10	16兩	8排		4人
郭樹萱	23	10	12兩	陸排		3人
鄒德全	23	9	62兩	3支1排		15人
蕭九齡	23	9	32兩	16排		8人
郭海金	23	10	32兩	16排		8人
趙海雲	26	9	12兩	6排		3人
黄雲清	23	9	4兩	2排		1人
郭[illegible]	23	9	2兩	1排		1人

何紹林	23	10	10两	5排		1人
鄒[illegible]	23	10	6两	3排		1人
刘文清	23	10	20两	10排		5人
王兴泰	23	10	84两	42排		20人
羅正良	23	10	30两	15排		7人
彭長西	23	10	16两	8排		4人
陈大嫂	23	1	8两	4排		2人
黄樹山	23	10	34两	17排		8人
羅心有	23	10	4两	2排		1人
[illegible]	23	3	4两	2排		1人
李紹堂	23	3	66两	33排		15人
王海樓	23	9	34两	17排		8人
			569两	284排	81两	139人
總計						

負責人蓋章 李克敏 已領卡 朱永熹 已領卡

2.

华西实验区铜梁第一辅导区虎峰乡治蝗奖纱报销表、治蝗工作总报告表、防治竹蝗奖纱登记表与地图　9-1-232（8）

華西實驗區防治竹蝗奖紗登記表

銅梁縣第一輔導區虎峰鄉　　竹蝗防治隊七月三日

姓名	保	甲	捕蝗數量（兩）	發紗數量（排）	指章	備註
王洪恩	23	8	7兩	3排		存1兩　1人
羅海良	23	10	18兩	9排		2人
羅炳海	23	9	80兩	40排		16人
田炳良	24	5	4兩	2排		1人
李成忠	26	1	22兩	11排		6人
李成忠	26	1	18兩	9排		1人
吳國安	26	3	8兩	4排		2人
李德安	26	1	24兩	12排		4
李明積	26	1	14兩	7排		2人
鍾述清	26	7	35兩	18排		6人
鍾述清	26	7	[illegible]	4排		1人

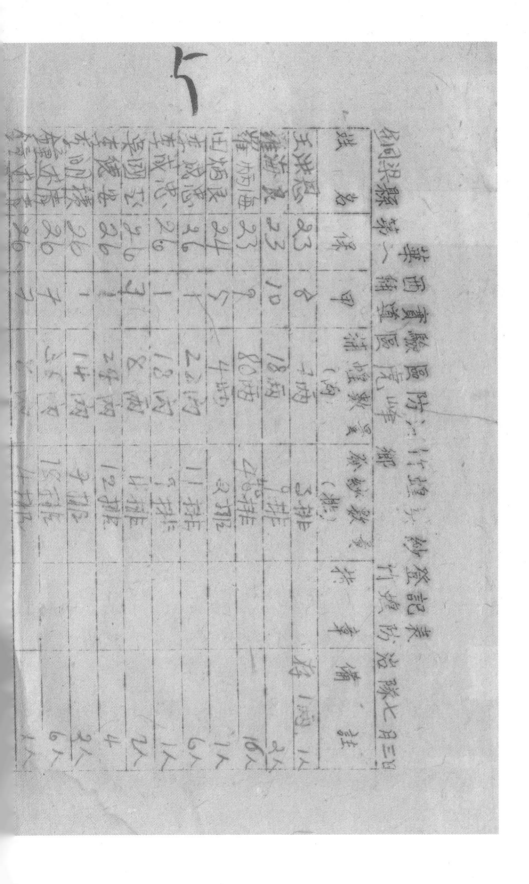

邱定民	26	7	30两	15排		[illegible]
邱定民	26	7	30两	15排		4人
李顺海	24	3	28两	14排		8人
李述全	28	7	44两	22排		6人
李義清	26	1	10两	5排		1人
赵海云	23	9	6两	3排		1人
李文三	26	3	4两	2排		1人
周海全	23	10	14两	7排		2人
王树林	23	10	40两	20排		存1两 8人
向海林	23	10				存1两
韩熙猷	23	10	22两	11排		存1两 4人
刘文卿	23	10	8两	4排		2人
周義方	23	10	4两	2排		1人
刘定谟	25	8	1	1排		加前存1两 1人
總計			516两	258排		88人

負責人簽章 李克敬 已制表 宋承熹 已制表

3.

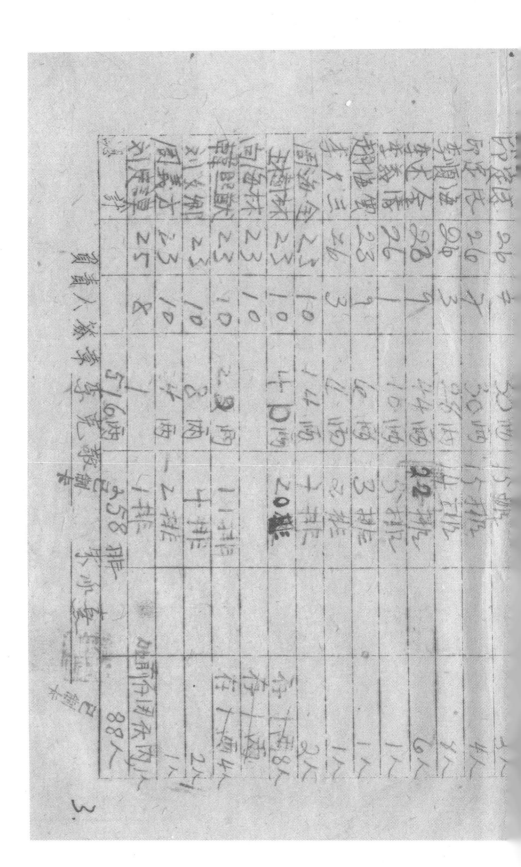

华西实验区铜梁第一辅导区虎峰乡治蝗奖纱报销表、治蝗工作总报告表、防治竹蝗奖纱登记表与地图　9-1-232（9）

9

华西实验区防治竹蝗奖纱登记表

铜梁县第一辅导区虎峰镇乡　　竹蝗防治队七月三日

姓名	保	甲	捕蝗数量（两）	发纱数量（排）	指章	备注
朱海崇	23	4	共36	18排		6人
朱庆喜	23	4				
罗金全	23	2	3	1排		4人（存一两）
朱庆寿	23	4	8	半排		2人
彭志良	23	6	5	2排		3人（存一两）
彭福安	23	6	11	5排		5人（存一两）
向明朗	26	1	4	2排		1人
李德三	26	1	36	18排		4人
李德海	26	1	24	12排		3人
王树三	[illegible]	10	32	16排		2人
彭银林	23	10	26	13排		2人

侯周氏	8		10	5排		2人
宋國家	23	9	37	18排		4人(存1兩)
總 計			275兩	13个排		47人 存5兩

負責人簽章 李東啟 已 朱永蓮

4.

华西实验区铜梁第一辅导区虎峰乡治蝗奖纱报销表、治蝗工作总报告表、防治竹蝗奖纱登记表与地图 9-1-232（9）

华西实验区铜梁第一辅导区虎峰乡治蝗奖纱报销表、治蝗工作总报告表、防治竹蝗奖纱登记表与地图 9-1-232（10）

華西實驗區防治竹蝗獎紗登記表

銅梁縣第一輔導區虎峰鄉 竹蝗防治隊 七月四日

姓名	保	甲	捕蝗數量（兩）	發紗數量（排）	指章	備註
高炳林	25	8	9兩	3		3人
廖海良	25	7	13兩	4		存1兩，2人
周吉云	25	8	9兩	3		2人
朱慶嘉	23	4	16兩	5		存1兩，2人
王樹云	23	10	39兩	13排		3人
時云祥	23	2	39兩	13排		3人
鄒德全	23	9	163兩	54排		8人
龔九齡	23	9	90兩	30排		8人
邱炳云	23	9	24兩	8排		3人
邱顯兵	23	9	1[illegible]兩	4排		3人
鄒海全	23	10	42兩	14排		5人
[illegible]	23	9	[illegible]	1[illegible]排		4人

彭樹云	23		27兩	9排		2人
田少清	24	1	12兩	4排		2人
税銀佩	23	9	6兩	2排		1人
王海良	23	10	33兩	11排		4人
羅正良	23	10	75兩	25排		6人
張成良	22	8	42兩	14排		1人
王樹林	23	10	102兩	34排		15人
羅玉源	22	10	30兩	10排		4人
羅正友	23	10	24兩	8排		3人
胡明良	23	4	33兩	11排		4人
曲云源	25	9	9兩	3排		2人
總計			1028兩	342排		待調 108人

負責人簽章 李克敏 朱承熹

5.

华西实验区铜梁第一辅导区虎峰乡治蝗奖纱报销表、治蝗工作总报告表、防治竹蝗奖纱登记表与地图 9-1-232（10）

华西实验区铜梁第一辅导区虎峰乡治蝗奖纱报销表、治蝗工作总报告表、防治竹蝗奖纱登记表与地图 9-1-232（11）

8

華西實驗區防治竹蝗獎紗登記表

銅梁縣第一輔導區虎峰鄉 竹蝗防治隊7月份

姓名	保	甲	捕蝗數量（兩）	發紗數量（排）	指章	備註
陳百添	24	4	12兩	4排		4人
羅文章	23	8	19兩	6排		存1兩 3人
李樹舍	23	9	100兩	33排		存1兩，15人
羅炳海	23	9	90兩	30排		8人
鄧德義	23	10	32兩	10排		存2兩 4人
向海林	23	10	47兩	16排		加前存1兩，5人
鄧海全	23	10	16兩	5排		存1兩，4人
羅山有	23	10	76兩	25排		存1兩，6人
黃樹生	23	4	48兩	16排		3人
沈述林	25	6	27兩	9排		7人
劉樹唐	25	6	3兩	1排		1人
[illegible]氏	25	7	3兩	1排		1人

何炳云	23	4	[illegible]	[illegible]		
鄒丕應	23	9	56两	[illegible]排		法[illegible]两，3人
祝銀卿	23	4	63两	[illegible]排		5人
羅正良	23	10	59两	17排		存2两，5人
羅繼民	23	7	56两	18排		存1两，6人
王海濱	23	10	45两	15排		6人
總計			775两	256排		加[illegible]两，減[illegible]，[illegible]6两，人數共101人

負責人簽章 李宪毅 朱承熹

6.

华西实验区铜梁第一辅导区虎峰乡治蝗奖纱报销表、治蝗工作总报告表、防治竹蝗奖纱登记表与地图 9-1-232（12）

9

華西實驗區防治竹蝗獎紗登記表

銅梁縣第一輔導區虎峰鄉　　竹蝗防治隊七月六日

姓名	保	甲	捕蝗數量（兩）	發紗數量（排）	指章	備註
李海帆	24	6	12兩	4排		3人
吴正海	25	1	24兩	6排		3人
吴正云	25	1	6兩	2排		1人
陳子高	25	6	66	22排		8人
熊有禄	6	2	46兩	15排		存1兩，3人
何紹林	23	10	39兩	13排		2人
郭持安	23	10	9兩	3排		3人
周吉云	25	8	6兩	2排		2人
周吉云	25	8	35兩	11排		存2兩，4人
熊志發	23	8	144兩	34排		[illegible] 4人

高炳林	25	9	30两	10排		4人
高炳森	25	6	6两	2排		2人
粟海良	25	7				
鄧邦祺	25	8	3两	1排		1人
羅雲鳳	23	8	25两	8排		存1两，2人
顧紹全	23	10	52两	17排		存1两，3人
彭治良	23	6	62两	20排		存2两，5人
曹樹興	23	4	77两	25排		存2两，4人
陳玉輝	23	4	57两	17排		3人
王興泰	23	10	71两	23排		存1两，3人
鄒樹云	23	10	65两	21排		存2两，5人
羅心海	23	10	30两	10排		5人
周義貴	23	9	3两	1排		存2两，1人
黄福海	23	5	8	2排		存2两 4人
王海良	23	10	67两	22排		存1两，6人
總計			966两	316排		18两 75人

負責人簽章 朱承喜 已 于邦國

7.

华西实验区铜梁第一辅导区虎峰乡治蝗奖纱报销表、治蝗工作总报告表、防治竹蝗奖纱登记表与地图 9-1-232（12）

华西实验区铜梁第一辅导区虎峰乡治蝗奖纱报销表、治蝗工作总报告表、防治竹蝗奖纱登记表与地图 9-1-232（13）

10

華西實驗區防治竹蝗奬紗登記表

銅梁縣第一輔導區虎峰鄉　　竹蝗防治隊七月六日

姓名	保	甲	捕蝗數量（两）	發紗數量（綹）	指章	備註
羅炳[illegible]	23	10	6两	2排		1人
刘[illegible]清	23	9	82两	27排		在1两，5人
羅山友	23	10	21两	7排		3人
邱炳云	23	9	51两	17排		3人
邱[illegible]	23	9	25两	8排		在1两，4人
羅山良	23	8	19两	7排		加[illegible]数2两，5人
李汉周	23	6	18	6排		4人
[illegible]	24	5	3两	1排		1人
羅朝友	24	5	3两	1排		1人
趙海云	23	9	18两	6排		2人
[illegible]	23	4	21两	7排		4人

總計						35人

負責人簽章

8.

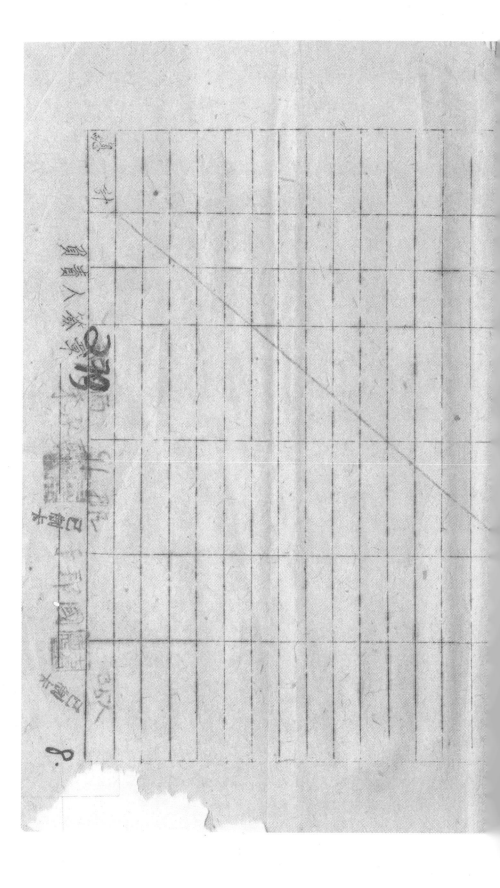

华西实验区铜梁第一辅导区虎峰乡治蝗奖纱报销表、治蝗工作总报告表、防治竹蝗奖纱登记表与地图 9-1-232（14）

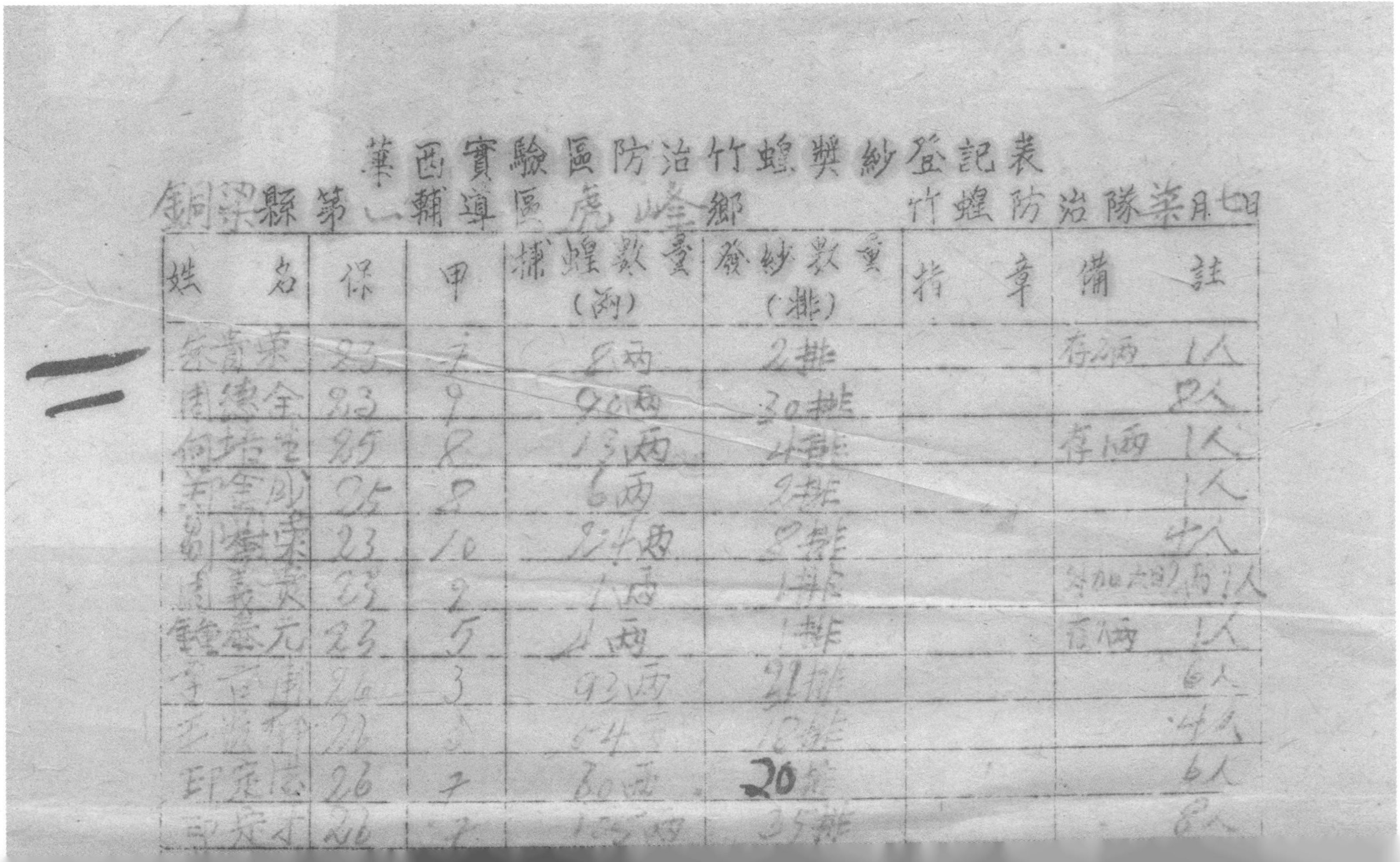

二

华西實驗區防治竹蝗奬紗登記表

銅梁縣第一輔導區虎峰鄉　　　　竹蝗防治隊第　月七日

姓名	保	甲	捕蝗數量（兩）	發紗數量（綹）	指章	備註
[illegible]	23	7	8兩	2綹		存2兩 1人
周德全	23	9	90兩	30綹		8人
何培堂	25	8	13兩	4綹		存1兩 1人
[illegible]	25	8	6兩	2綹		1人
劉[illegible]	23	10	24兩	8綹		4人
[illegible]	23	2	1兩	1綹		[illegible] 1人
鍾泰元	23	5	4兩	1綹		存1兩 1人
[illegible]	26	3	93兩	21綹		6人
[illegible]	22	[illegible]	64[illegible]	18綹		4人
邱宗[illegible]	26	7	80兩	20綹		6人
邱[illegible]	26	7	[illegible]兩	25綹		8人

雷海清	25	7	23两	[illegible]排		[illegible]两	4人
田炳全	24	4	3两	1排			1人
李云祥	26	1	30	10排			4人
李云祥	26	1	9两	3排			1人
李德五	26	1	30两	10排			4人
李德[illegible]	26	1	21两	7排			4人
李德三	26	1	3两	1排			1人
閻寿[illegible]	26	1	21两	7排			[illegible]人
[illegible]樹清	23	9	7	2排		[illegible]两	1人
郭作[illegible]	23	10	37	12排		[illegible]两	4人
[illegible]	26	7	120两	40排			8人
李福安	24	10	6两	2排			1人
汪炳軒	24	10	12两	4排			4人
李素安	24	10	3两	1排			1人
总計			971两	322			96人

負責人簽章 [illegible] 邦

9.

华西实验区铜梁第一辅导区虎峰乡治蝗奖纱报销表、治蝗工作总报告表、防治竹蝗奖纱登记表与地图 9-1-232（14）

华西实验区铜梁第一辅导区虎峰乡治蝗奖纱报销表、治蝗工作总报告表、防治竹蝗奖纱登记表与地图 9-1-232（15）

華西實驗區防治竹蝗獎紗登記表

銅梁縣第一輔導區虎峰鄉　　竹蝗防治隊7月6日

姓名	保	甲	捕蝗數量（兩）	發紗數量（排）	指章	備註
韓述昌	26	2	3兩	1排		3人
韓[illegible]昌	26	2	3兩	1排		3人
李華軒	26	1	126兩	42排		6人
[illegible]	[illegible]	2	18兩	6排		4人
李文三	26	2	30兩	[illegible]排		4人
李成伯	26	1	51兩	17排		4人
賈樹枝	24		6兩	2排		3人
李桂林	26	2	30兩	10排		3人
李正喜	26	2	1[illegible]兩	4排		3人
吳國安	26	2	42兩	14排		3人
[illegible]	24	5	3兩	1排		3人
[illegible]	26	1	30兩	10排		3人

蔡[illegible]	23	[illegible]	9[illegible]	3排		1人
[illegible]	22	[illegible]	21两	7排		3人
[illegible]	24	2	[illegible]两	1排		4人
李海山	26	2	18两	6排		4人
李海山	26	2	[illegible]两	10排		4人
[illegible]	26	2	24两	8排		4人
張[illegible]	25	6	28两	9排		[illegible]两 5人
[illegible]	25	6	6两	2排		1人
楊[illegible]	23	6	18两	6排		[illegible]两，4人
總計			520两	173排		[illegible]人

負責人簽章 [illegible] [illegible]

10.

华西实验区铜梁第一辅导区虎峰乡治蝗奖纱报销表、治蝗工作总报告表、防治竹蝗奖纱登记表与地图 9-1-232（16）

華西實驗區防治竹蝗奬紗登記表

銅梁縣第一輔導區虎峰鄉 竹蝗防治隊 7月20日

姓名	保	甲	捕蝗數量（兩）	發紗數量（排）	指章	備註
[illegible]	23	7	26	9排		[illegible] 6人
[illegible]	23	2	43	14排		存[illegible] 4人
[illegible]	23	7	40	12排		存1兩 2人
[illegible]	23	7	44	12排		5人
[illegible]	23	9	[illegible]	3排		存2兩 1人
[illegible]	23	9	[illegible]	3排		存2兩 2人
[illegible]	23	9	52	15排		存1兩 5人
周樹[illegible]	23	10	44	15排		存[illegible] 5人
向海[illegible]	23	10	43	14排		[illegible] 2人
羅正良	23	10	81	27排		5人
王明[illegible]	25	5	2	2排		[illegible] 1人

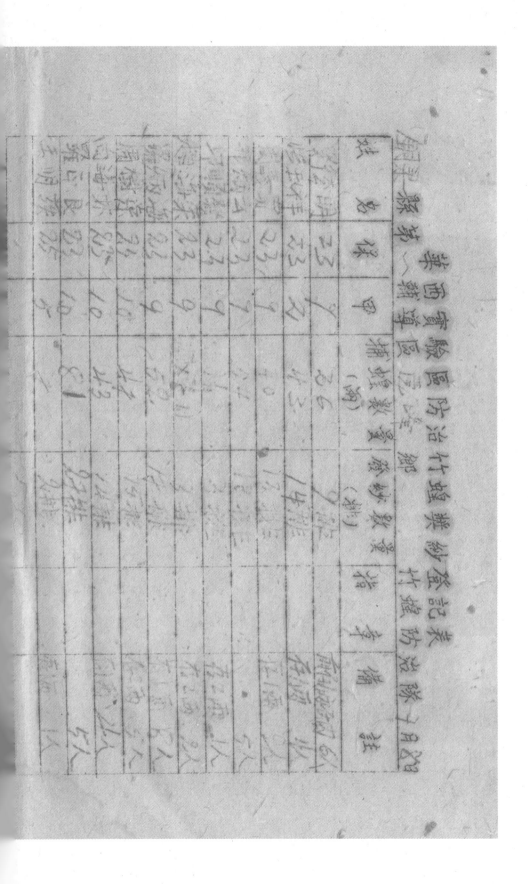

總計			411斤	138斤		[illegible] 43人

負責人簽章 [illegible] 于邦國

华西实验区铜梁第一辅导区虎峰乡治蝗奖纱报销表、治蝗工作总报告表、防治竹蝗奖纱登记表与地图 9-1-232（16）

华西实验区铜梁第一辅导区虎峰乡治蝗奖纱报销表、治蝗工作总报告表、防治竹蝗奖纱登记表与地图 9-1-232（17）

華西實驗區防治竹蝗奬紗登記表

銅梁縣第一輔導區虎峰鄉　　竹蝗防治隊[illegible]月9日

姓名	保	甲	捕蝗數量（兩）	發紗數量（排）	指章	備註
李載金	24	9	9	3排		2人
田云丰	24	2	6	2排		2人
羅應明	23	9	13	4排		4人
沈述林	25	6	84	28排		[illegible] 8人
沈述林	25	6	78	24排		6人
羅海江	25	2	21	7排		4人
羅世海	25	3	60	20排		6人
宋震喜	23	4	20	6排		衣2兩 3人
鄭以貴	23	9	30	10排		4人
王興泰	23	10	51	17排		2人
羅正海	23	11	21	7排		[illegible]
[illegible]大榮	25	3	84	28排		5人

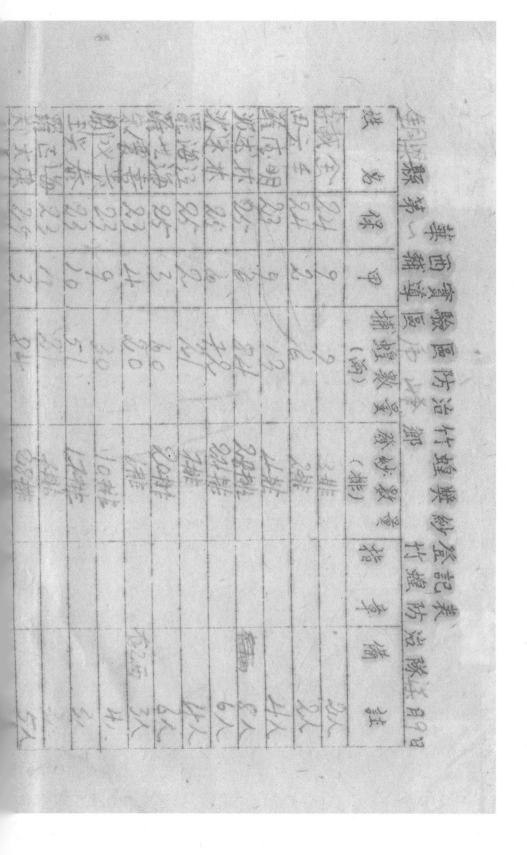

蔡正甸	23	10	6	[illegible]			1人
罗德良	23	10	40	13排		[illegible]	5人
邱炳云	23	9	65	20排			3人
邱顺发	23	9	16	5排			4人
邱金全	23	9	14	4排		[illegible]	3人
刘治林	23	9	6	2排			3人
總計			700	230			

負責人簽章 朱承嘉 王邦国

12.

华西实验区铜梁第一辅导区虎峰乡治蝗奖纱报销表、治蝗工作总报告表、防治竹蝗奖纱登记表与地图 9-1-232（17）

华西实验区铜梁第一辅导区虎峰乡治蝗奖纱报销表、治蝗工作总报告表、防治竹蝗奖纱登记表与地图 9-1-232（18）

華西實驗區防治竹蝗奬紗登記表

銅梁縣第一輔導區虎峰鄉 竹蝗防治隊 [illegible]月[illegible]日

姓名	保	甲	捕蝗數量（兩）	發紗數量（排）	指章	備註
[illegible]	23	9	4兩	2排		[illegible] 2人
[illegible]	26	3	1[illegible]兩	[illegible]排		[illegible]人
[illegible]林	26	2	69兩	13排		4人
[illegible]	26	2	21兩	7排		4人
[illegible]	23	10	14兩	4排		[illegible]2兩，2人
周[illegible]水	23	10	24兩	8排		4人
[illegible]	23	10	6兩	2排		2人
[illegible]	23	20	35兩	9排		4人
[illegible]	26	1	27兩	9排		4人
[illegible]	26	1	12兩	4排		4人
[illegible]	26	2	45兩	15排		3人
[illegible]	1[illegible]	[illegible]	[illegible]兩	[illegible]排		[illegible]兩，[illegible]

15

何銀山	26	1	133兩	44排		18人
[illegible]	23	7	[illegible]兩	11排		有1兩，7人
李華軒	26	1	9[illegible]兩	32排		5人
[illegible]	23	3	12兩	4排		4人
李德輝	26		33兩	11排		4人
熊席雲	26	8	49兩	6排		有1兩，4人
李炳富	26	8	48兩	16排		4人
李光烈	26	2	63兩	31排		6人
祝榮清	26 23	9	141兩	19排		有2兩，5人
周[illegible]	26		75兩	25排		4人
馬[illegible]	25	7	24兩	7排		4人
鄧[illegible]清	25	6	24兩	8排		4人
王興[illegible]	23	10	16 [illegible]兩	6排		有[illegible]2兩，[illegible]人
總計			1230兩	409排		[illegible]，130人

負責人簽章 朱承[illegible] 已于那周

13.

华西实验区铜梁第一辅导区虎峰乡治蝗奖纱报销表、治蝗工作总报告表、防治竹蝗奖纱登记表与地图 9-1-232（19）

华西实验区防治竹蝗奖纱登记表

铜梁县第一辅导区虎峰乡　　竹蝗防治队7月1日

姓名	保	甲	捕蝗数量（两）	发纱数量（排）	指章	备注
向鸿恩	26	2	6两	2排		1人
周言崇	25	6	90两	30排		5人
罗海良	23	7	7两	2排		存1两，2人
罗炳章	23	12	53两	17排		存2两，4人
李海山	26		15两	5排		4人
邱炳云	23	9	27两	9排		2人
苏树堂	25	13	34两	11排		存1两，4人
朱述清	25	3	7两	2排		存1两，3人
马春廷	26	10	84两	28排		3人
[illegible]	25	10	48两	16排		七日[illegible]5人
[illegible]	26	1	18两	6排		4人

總計			382畝	126排		[illegible] 39

負責人簽章 [illegible] 已[illegible]

14.

91

华西实验区铜梁第一辅导区虎峰乡治蝗奖纱报销表、治蝗工作总报告表、防治竹蝗奖纱登记表与地图　9-1-232（19）

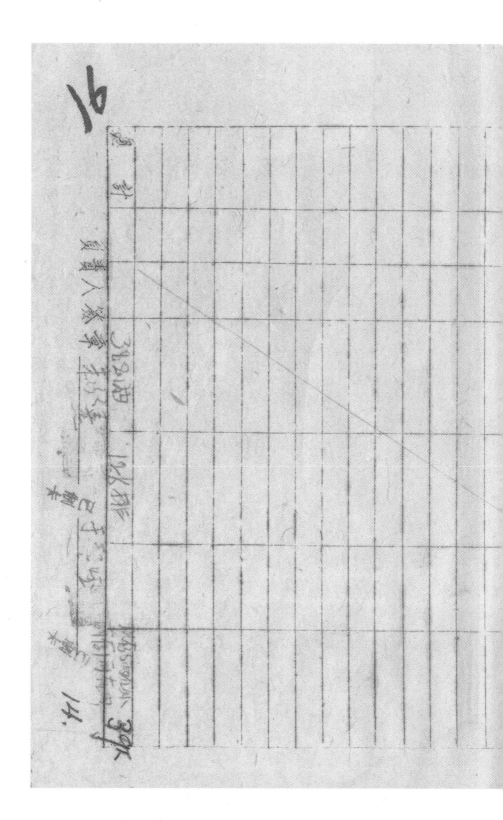

华西实验区铜梁第一辅导区虎峰乡治蝗奖纱报销表、治蝗工作总报告表、防治竹蝗奖纱登记表与地图 9-1-232（20）

華西实驗区防治竹蝗奨紗登記表

銅梁縣第一輔導區虎峰鄉 竹蝗防治隊 [illegible]月 日

姓名	保	甲	捕蝗數量（两）	发紗數量（排）	指章	備註
維炳章	23		12	3排		2人
吴[illegible]	25	1	24两	6排		4人
汪述林	25	~~5~~	~~13排~~52两	13排		4人
張光[illegible]	25	1	16两	4排		3人
邱炳云	23	9	63两	16排		[illegible] 5人
邱志云	23	9	36两	9排		现存2两 5人
王兴[illegible]	23	10	41两	10排		现存1两 [illegible]
羅正良	23	10	36两	9排		4人
邹[illegible]全	23	9	53两	13排		[illegible] 8人
邹树云	23	9	53两	13排		存1两 5人
邹树宣	23	9	35两	8排		存3两 4人
韓[illegible]明	23	10	16两	4排		3人

趙海六	23	9	5兩	12排		收[illegible] 4人
總 計			581兩	1[illegible]排		估15担 加2担 58人

負責人簽章 [illegible]（印） [illegible]（印）

已刻木　已刻木

15.

华西实验区铜梁第一辅导区虎峰乡治蝗奖纱报销表、治蝗工作总报告表、防治竹蝗奖纱登记表与地图　9-1-232（21）

華西實驗區防治竹蝗獎紗登記表

銅梁縣第一輔導區虎峰鎮鄉　　竹蝗防治隊[illegible]

姓名	保	甲	捕蝗數量（兩）	發紗數量（排）	指章	備註
郭[illegible]	23	10	21	2		[illegible] 1人
[illegible]	23	9	22	28		[illegible] 5人
周[illegible]	23	9	83	21		[illegible] 3人
[illegible]	23	10	66	16排		[illegible] 5人
羅[illegible]	23	10	18	4		[illegible] 3人

總計			240	59		[illegible]

負責人簽章 宋承憲 于邦國

16.

华西实验区铜梁第一辅导区虎峰乡治蝗奖纱报销表、治蝗工作总报告表、防治竹蝗奖纱登记表与地图 9-1-232（21）

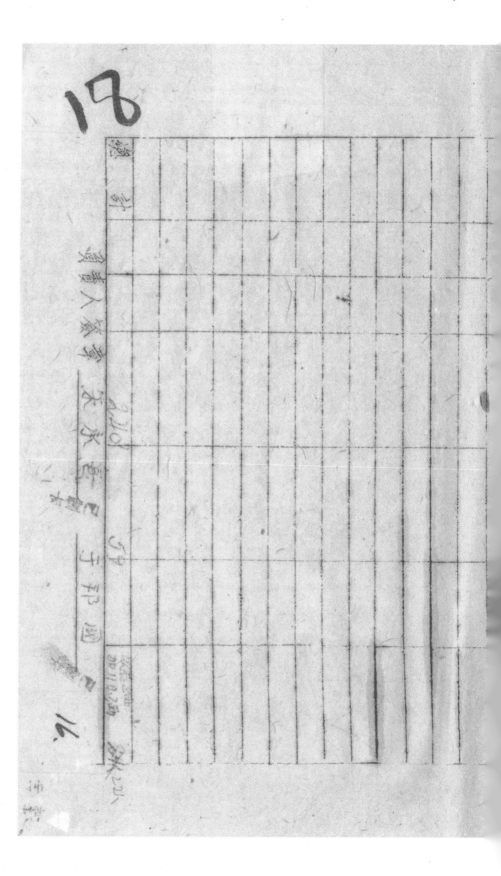

华西实验区铜梁第一辅导区虎峰乡治蝗奖纱报销表、治蝗工作总报告表、防治竹蝗奖纱登记表与地图 9-1-232（22）

華西實驗區防治竹蝗獎紗登記表

銅梁縣第一輔導區虎峰鄉　　　竹蝗防治隊　月　日

姓名	保	甲	捕蝗數量（兩）	發紗數量（挑）	箱章	備註
熊[illegible]	23	8	80	20		4人
向墉云	26	1	72	18		4人
向墉云	26	1	56	14		4人
趙炳林	26	1	20	5		4人
[illegible]	23	10	154	38		存2包 4人
李華軒	26	1	12	23		4人
李華軒	26	1	72	18		4人
李華軒	26	1	72	18		4人
李曉海	26	1	8	2		4人
李[illegible]	26	3	96	24		6人
邹炳荣	23	9	32	8		3人
[illegible]	23	[illegible]	32	8		3人

[illegible]	26	1	216	10		5人
[illegible]	24	1	244	11		5人
[illegible]	24	1	[illegible]	26		3人
[illegible]	[illegible]	10	44	11		5人
[illegible]方	23	10	44	11	[illegible]	5人
李顺涯	26	8	104	26		4人
[illegible]绍云	28	9	16	4		1人
周吉荣	25	8	28	7		4人
罗[illegible]	23	10	4	1		2人
總計			1169兩	290兩		[illegible]兩、86人

負責人簽章 [illegible] 于邦國

17

华西实验区铜梁第一辅导区虎峰乡治蝗奖纱报销表、治蝗工作总报告表、防治竹蝗奖纱登记表与地图 9-1-232（22）

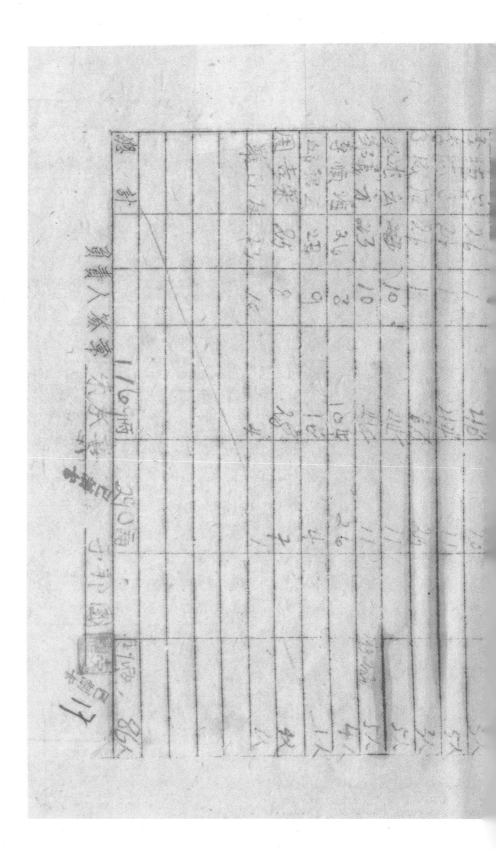

华西实验区铜梁第一辅导区虎峰乡治蝗奖纱报销表、治蝗工作总报告表、防治竹蝗奖纱登记表与地图 9-1-232（23）

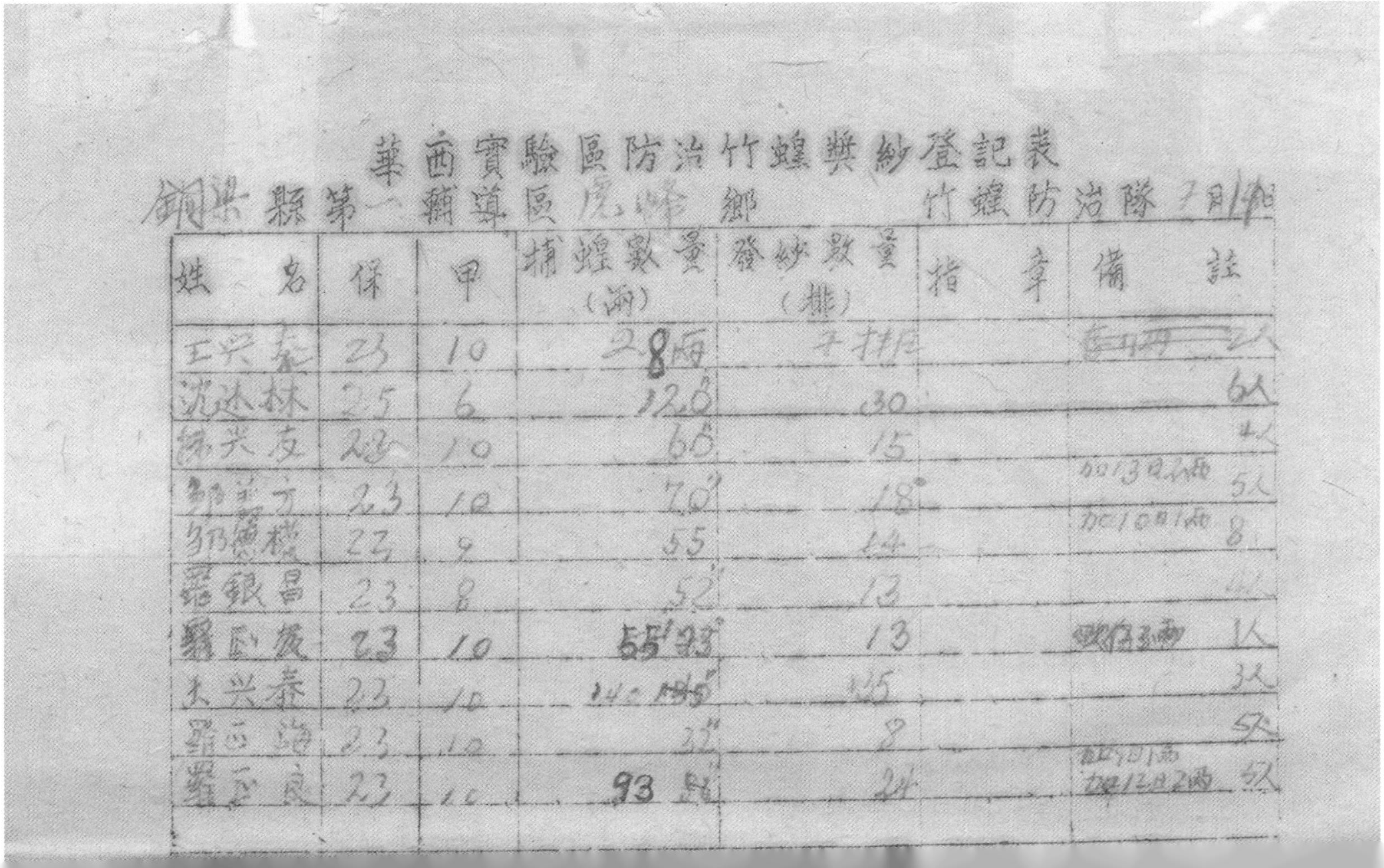

華西實驗區防治竹蝗獎紗登記表

銅梁縣第一輔導區虎峰鄉　竹蝗防治隊 7月1日

姓名	保	甲	捕蝗數量（兩）	發紗數量（排）	指章	備註
王兴泰	23	10	2 8两	7排		[illegible] 2人
沈述林	25	6	120	30		6人
缪兴友	23	10	60	15		4人
邹万方	23	10	70	18		加13日1两 5人
邹德楼	23	9	55	14		加10日1两 8
罗银昌	23	8	52	13		4人
罗正发	23	10	55 [illegible]	13		[illegible] 1人
大兴泰	23	10	140 135	35		3人
罗正海	23	10	32	8		5人
罗正良	23	10	93 [illegible]	24		加9日1两 加12日2两 5人

總計			705兩	177排		加6砸 減3砸 43人

負責人簽章 朱城熹 于邦國

18.

华西实验区铜梁第一辅导区虎峰乡治蝗奖纱报销表、治蝗工作总报告表、防治竹蝗奖纱登记表与地图 9-1-232（23）

华西实验区铜梁第一辅导区虎峰乡治蝗奖纱报销表、治蝗工作总报告表、防治竹蝗奖纱登记表与地图　9-1-232（25）

華西實驗區防治竹蝗奬紗登記表

铜梁縣第一輔導區虎峰鄉　　竹蝗防治隊 [illegible]

姓名	保	甲	捕蝗數量（兩）	發紗數量（排）	指章	備註
[illegible]正清	23	9	43	10排		[illegible] 4
邱海林	23	[illegible]	37	9排		存[illegible] 2人
刘海全	23	10	50	12排		存2兩 4人
[illegible]吉有	23	10	52	13排		4人
[illegible]	23	10	[illegible]	18排		存1兩 5人
郭德森	25	1	24	6排		3人
郭德全	23	9	67	16排		存3兩 8人
沈树林	25	6	60	15排		4人
刘树清	25	6	40	10排		4人
黄吉甫	26	2	104	26排		6人
李[illegible]海	26	[illegible]	172	[illegible]排		4人
李[illegible]三	26	1	144	[illegible]排		4人

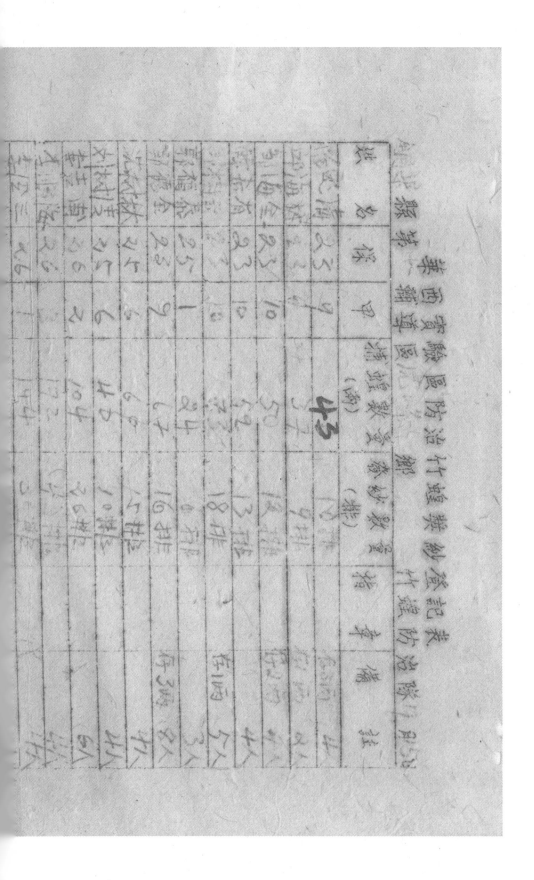

[illegible]	26	1	124	31排			4人
向貞[illegible]	26	1	[illegible]	[illegible]排			4人
鄧樹安	23	10	49	12排		[illegible]	5人
羅[illegible]	25	[illegible]	32	8排			4人
羅[illegible]有	23	10	40	12排		[illegible]	[illegible]
羅[illegible]	23	10	8	[illegible]排			5人
羅[illegible]	23	10	12	3排			4人
[illegible]	23	6	32	8排			4人
總計			1377兩	342排		[illegible]	93人

負責人簽章 [illegible] [illegible]

19.

华西实验区铜梁第一辅导区虎峰乡治蝗奖纱报销表、治蝗工作总报告表、防治竹蝗奖纱登记表与地图　9-1-232（25）

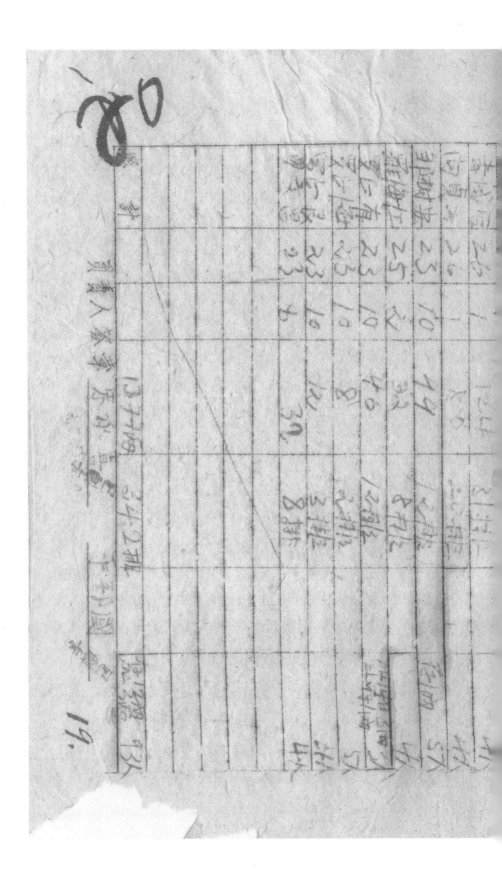

华西实验区铜梁第一辅导区虎峰乡治蝗奖纱报销表、治蝗工作总报告表、防治竹蝗奖纱登记表与地图 9-1-232（27）

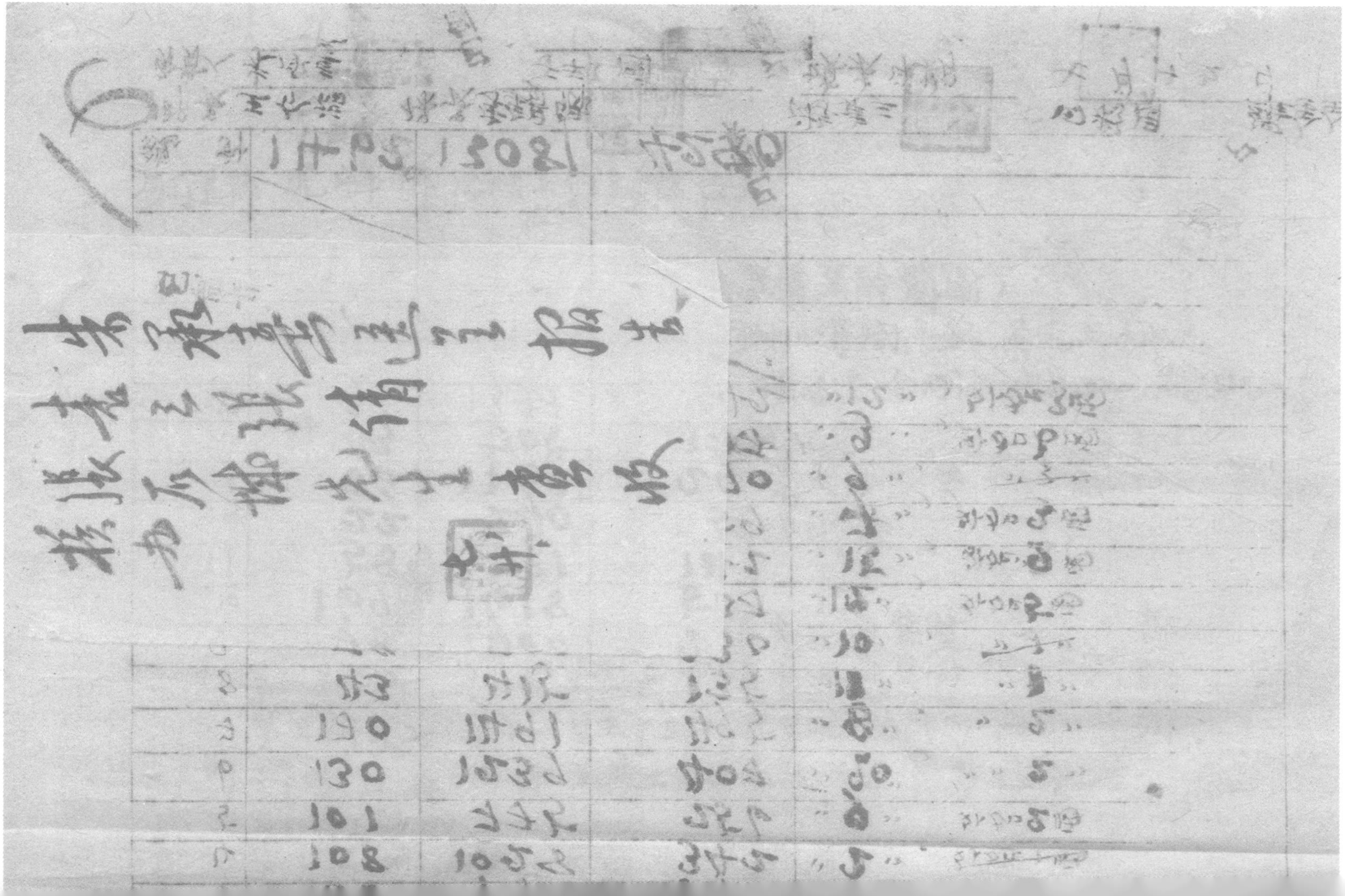
朱秉熹遂呈报告
表三张 请
张石城先生查收
核办
七廿

华西实验区铜梁第一辅导区虎峰乡治蝗奖纱报销表、治蝗工作总报告表、防治竹蝗奖纱登记表与地图 9-1-232（3）

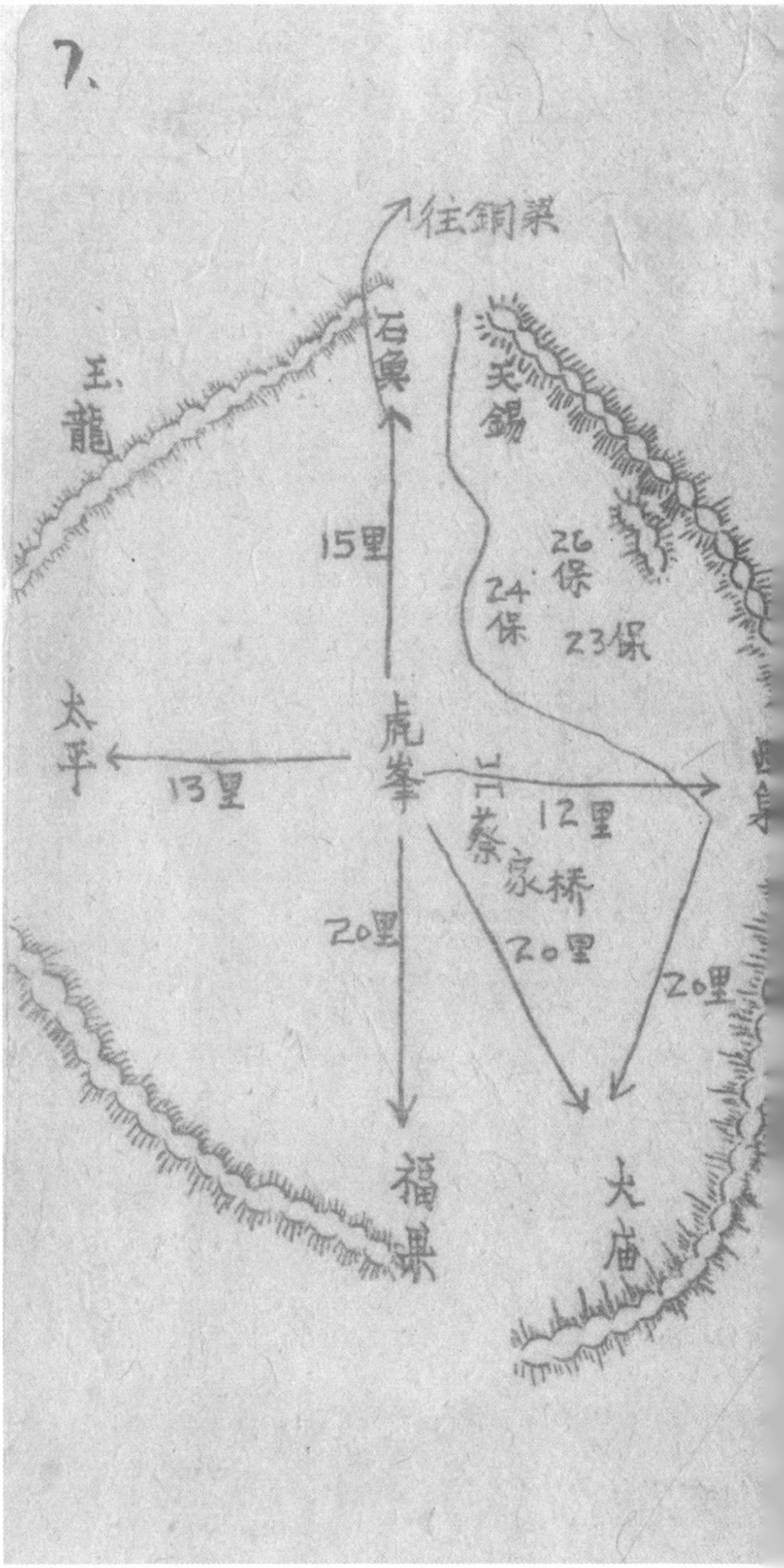

华西实验区铜梁第一辅导区虎峰乡治蝗奖纱报销表、治蝗工作总报告表、防治竹蝗奖纱登记表与地图 9-1-232（24）

华西实验区铜梁第一辅导区虎峰乡治蝗奖纱报销表、治蝗工作总报告表、防治竹蝗奖纱登记表与地图 9-1-232（24）

华西实验区铜梁县西泉乡治蝗工作报告表及防治竹蝗奖纱登记表 9-1-233（2）

44页 233号 1

銅梁縣西泉鄉治蝗工作總報告表

（一）蝗區調查（填明保甲小地名及面積數量並附簡圖）
（1）一保 甲（小地名）蔣家院子 4. 四保 黃家坡 7. 七保 肖家坡
（2）二保 甲（ 〃 ）千坵塝 5. 五保 河灣 8. 八保 李家灣
（3）三保 甲（ 〃 ）保家坡 6. 六保 滥田灣 9. 九保 大寺坡
（二）發現竹蝗日期 六 月廿五日. 竹蝗大小 二三 齡
（三）開始捕蝗日期 六 月廿八日. 捕蝗辦法
（四）捕蝗奬紗分期
（1）第一期自六 月廿八 日至七月三日蝗虫四兩奬紗 二 排
（2）第二期自七 月 四 日至七月九日蝗虫三兩奬紗 一 排
（3）第三期自七 月 十 日至七月十五日蝗虫四兩奬紗 一 排
（五）已領紗廿九 （件）發出紗廿七件八支四排）結餘紗一件十一支十排（件）（兩支生紗）
（六）每日捕蝗統計

6月28日	動員人數	捕蝗兩數	奬紗排數	備 註
6.28	15	34	17	
29	101	355	172	

2	205	615	303	
3	400	946	470	
4	185	697	226	
5	190	781	246	
6	410	1255	410	
7	180	516	168	
8	450	1549	505	
9	578	2539	824	
10	501	2070	512	
11	370	1009	246	
12	350	898	221	
13	100	408	103	
14	300	1151	279	
15	401	1881	474	
總計	4945	17420	5484	

鄉長 張昭楷　保長

負責人 吳昌輝 巳觮卡　謝國民　填表日期　七月十七

华西实验区铜梁县西泉乡治蝗工作报告表及防治竹蝗奖纱登记表　9-1-233（2）

华西实验区铜梁县西泉乡治蝗工作报告表及防治竹蝗奖纱登记表 9-1-233（3）

P.1

華西实驗区防治竹蝗奬紗登記表

銅梁縣第一輔導區西泉鄉　竹蝗防治隊 6月29日

姓名	保	甲	捕蝗數量（兩）	發紗數量（排）	指章	備註
喻炳丙	1	8	12	7		
刘文清			10	5		六月廿八日
刘国栋	〃	—	10	5		
冉習之	2	2	27	13		存一両
喻順州	2	2	4	2		
周树清	2	5	6	3		
李德芳	2	4	5	2		存一両
袁海城	2	4	3	1		存一両
袁秉新	2	4	6	3		
袁树清	2	4	7両	3		存一両
王海丙	2	4				
袁奇海	2	4				

共捕蝗34両
發紗17排

張國禄	2	2	4	2		
李鴻遠	2	2	16	8		
田炳清	2	4	2	1		
黄明軒	2	5	10½	5¼		
黄明軒	2	1	8	4		（代送）
袁嗣之	2	4	3	3		
袁吉昌	2	4	3			
袁炳仁	2	4	4	2		
黄雲甫	2	5	5	2		存1両
張光銀	2	5	4	2		
張遠良	2	5	4	2		
陳永福	2	2	6	3		
黄竹清	2	5	2	1		
黄海云	2	5	1			存1両
總計			288除外共計134	64		存6両

負責人簽章 張遠定 陶存

华西实验区铜梁县西泉乡治蝗工作报告表及防治竹蝗奖纱登记表　9-1-233（3）

华西实验区铜梁县西泉乡治蝗工作报告表及防治竹蝗奖纱登记表 9-1-233（4）

華西实驗区防治竹蝗奬紗登記表

銅梁縣第一輔導區　西泉鄉　　竹蝗防治隊　六月廿九日

姓名	保	甲	捕蝗数量（兩）	奬紗数量（排）	指章	備註
顏樹安	2		8	4		
顏炳安	2		9	4		存一兩
李元新	2		2	1		
喻炳清	1	7	10	5		
喻順州	2	2	26	13		（4人）
喻天錫	1		2	1		
劉合順	1	7	46	23		
劉國銀	1	8	55	27		存一兩
劉錫清	1	8				
劉萬良	1	8	8	4		
劉樹堂	1	8	37	18		存一兩
喻光國	1	8	8	4		

				本日捕蝗蝻353兩	共計172排	
				存蝗蝻9兩	動員約40人	
総	計		219	108		3兩

負責人簽章 張遠宣 陶存

华西实验区铜梁县西泉乡治蝗工作报告表及防治竹蝗奖纱登记表 9-1-233（4）

华西实验区铜梁县西泉乡治蝗工作报告表及防治竹蝗奖纱登记表　9-1-233（5）

P.3

華西实驗区防治竹蝗奬紗登記表

銅梁縣第一輔導區西泉鄉　竹蝗防治隊　六月卅日

姓名	保	甲	捕蝗数量（两）	发纱数量（排）	指章	備註
胡少全	二		8	4		
李洪元	2	2	10	5		存一两
李厚生	2	2	4	2		
李锡之	2	2	6	3		
張國祥	2	2	10	5		
李锡中	2	2	10	5		
冉錫之	2	6	10	5		
黄云輔	2	5	4	2		
張炎章	2	5	6	3		
劉偣成	1	6	32	16		
喻先銘	1	7	8	4		

二				每日捕蝗		
張光榮	2	5	16	8		
				李日捕蝗蝻139两 蒸竹共计69排		
一				존蝗蝻1两動員約40人		
			七月一日			
胡少全	3	3	17两	8排		存一两
劉合順	[illegible]	7	20	10数		
李錫之	2	2	24	12		
李長義	2	2	11	5		存一两
李廉寧	2	2	42	21		
張光銀	2	2	12	6		
黄海云	2	2	4	2		
劉廿德	1	1	12	6		
劉廿輌	1	1				
劉廿吉	1	1	14	7		
総計						

負責人簽章 ________ ________

4. 3

华西实验区铜梁县西泉乡治蝗工作报告表及防治竹蝗奖纱登记表 9-1-233（5）

华西实验区铜梁县西泉乡治蝗工作报告表及防治竹蝗奖纱登记表　9-1-233（6）

P.4.

華西实驗区防治竹蝗奬紗登記表

銅梁縣第一輔導區西泉鄉　竹蝗防治隊七月一日

姓名	保	甲	捕蝗數量（兩）	卖纱數量（排）	指章	備註
胡炳云	3	3	11	5		存一兩
颜炳安	2	1	13	7		前存一兩
颜永福	2	1	16	8		
蔡樹清	3	1	54	27		
颜樹安	2	1	4	2		
李逢原	2	2	28	14		
黄海银	2		5	3		前存一兩
黄乃貴	2		3	1		存一兩
胡九二	3	3	4	2		
胡炳云	3	3	10	5		
陳建章	3	3	11	5		存一兩

					存蝗蝻5两(又發前存蝗蝻2两共計1排		
			七月二日起				
劉合順	1	7		42	21		
蔡樹清	3	1		68	34		
葉海林	3	1		6	3		
黄海銀	2			12	6		
黄太書	2			6	3		
黄陳氏	2	1		6	3		
顏炳安	2	1		13	7		存二两(前存7两)
顏述安	〃	〃		3	1		存一两
顏長青	2	3		7	3		存一两
李洪元	2	2		7	4		前存一两
李云生	2	2		21	10		存一两
李多中	〃	〃		18	9		
李康林	〃	〃		31	15		存一两
総　計							

負責人簽章 ________ ________

东.4.

华西实验区铜梁县西泉乡治蝗工作报告表及防治竹蝗奖纱登记表　9-1-233（6）

华西实验区铜梁县西泉乡治蝗工作报告表及防治竹蝗奖纱登记表 9-1-233（7）

華西实驗区防治竹蝗奬紗登記表 P.5.

銅梁縣第一輔導區西泉鄉 竹蝗防治隊 六月二日

姓名	保	甲	捕蝗數量（兩）	发纱數量（排）	指章	備註
岳長義	2	2	7	4		留存一兩
顔永福	2	1	6	3		
李銀清	3	2	8	4		
陳河武	3	2	2	1		
李樹華	3	2	6	3		
陳福才	3	2	4	2		
侯炳霞	3	2	7	3		存一兩
陳金全	3	3	5	2		存一兩
曾銀海	3	3				
李銀才	3	3	3	1		存一兩
劉樹云	3	2	5	2		存一兩

黄宣贵	2			3	2		前一项
李吉士	3	3		4	2		
王绍清	3	3		12	6		
劉柏樹	3	3		12	6		
胡少金	3	3		16	8		
葉海林	3	3		6	3		
陳建章	3	3		10	5		
巫海貴	3	3		2	1		
胡炳文	3	3		9	4		存一項
侯守林	3	1		4	2		
袁炳林	3	1		8	4		
葉述云	3	1		2	1		
李光兴	2	1	}				
顏兴福	2	〃	→	6~~3~~	3		
喻順周	〃	〃	}				
総計							

負責人簽章 ______ ______

85

华西实验区铜梁县西泉乡治蝗工作报告表及防治竹蝗奖纱登记表　9-1-233（7）

华西实验区铜梁县西泉乡治蝗工作报告表及防治竹蝗奖纱登记表 9-1-233（8）

華西實驗區防治竹蝗奬紗登記表

T.6.

銅梁縣第一輔導區 西泉 鄉　　竹蝗防治隊七月二日

姓名	保	甲	捕蝗數量（兩）	發紗數量（排）	指章	備註
王樹青	3		26	13		
雷在良	1	2	10	5		
雷玉良	1					
			本日捕蝗蝻433兩發紗219排。			
			存蝗蝻7兩（昔前存蝗蝻4兩發紗2排）。			
七月三日						
李銀才	3	3	5	3		前存一兩
李吉士	3	3	7	3		存一兩
劉和順	1	7	26	13		
李錫之	2	2	12	6		
張國祿	2	2	16	8		

喻先蓉	1	3		6	3	
喻順財	2	2		3	1	存一两
顏炳安	2	2		10	5	
李銀興	2	2		7	3	存一两
喻順安	2	2		5	3	前存一两
顏少軒	2	2		5	2	存一两
冉公讓	2	2		8	4	
蔡樹青	38	1		13	9	
顏長青	2	2		5	3	前存一两
黄代貴	2			7	3	存一两
黄濂銀	2		)	6	3	
黄先一	2			3	2	前存一两
張陳氏	2			16	8	
李世芳	3	2		12	6	
總計						

負責人簽章 ________ ________

79

R.6

华西实验区铜梁县西泉乡治蝗工作报告表及防治竹蝗奖纱登记表　9-1-233（8）

华西实验区铜梁县西泉乡治蝗工作报告表及防治竹蝗奖纱登记表 9-1-233（9）

P.7.

8

華西實驗區防治竹蝗獎紗登記表

銅梁縣 第一輔導區 西泉鄉 竹蝗防治隊 7月3日

姓名	保	甲	捕蝗數量（兩）	發紗數量（綹）	指章	備註
陳金全	3	3	4	2		
侯丙貴	3	2	4	2		
李吉士	3	3	3	2		[illegible]補一兩
李銀才	3	3	8	4		
雷[illegible]全	1	3	10	5		
雷[illegible]氏	1	3	20	10		
劉周氏	1	8	45	24		
魏素雲	3	2	26	13		
簡樹軒	1	1	11	5		存一兩
冉幺嫂	2	2	4	2		
譚家福	2		8	4		

喻元銘	1	7	8	4		
陳金全	3	3	2	1		
侯炳成	3	2	3	2		前存一兩
李世才	3	2	12	6		
黄代貴	2		10	5		
喻順成	1	8	54	27		
曹少青	2	1	4	2		
顏步軒	2	2	2	1		
郭炳安	3	1	4	2		
陳鍾章	3	3	11	6		前存一兩
胡步全	3	3	5	3		前存一兩
李沐卿	3	1	24	12		
李康福	2		15	8		前存一兩
總計	（本日共計）		514	259	（存蝗蛹6兩黄前蝗蝻10兩去纱5排	

負責人簽章 ________ ________

38

K.7

华西实验区铜梁县西泉乡治蝗工作报告表及防治竹蝗奖纱登记表　9-1-233（9）

华西实验区铜梁县西泉乡治蝗工作报告表及防治竹蝗奖纱登记表 9-1-233（10）

P.8.

華西實驗區防治竹蝗獎紗登記表

銅梁縣第一輔導區西泉鄉　　竹蝗防治隊 8月4日

姓名	保	甲	捕蝗數量（兩）	發紗數量（排）	指章	備註
劉知順	1	7	24	8½		（五人）
劉源才	1	8	21	7		2人
袁金全	2	4	8	2		存二兩（2人）
喻先齋	1	7	10	3		存一兩（3人）
黃海銀	2	5	6	2		
李樹華	3	2	10	3		存一兩
侯炳蓋	3	2	4	1		存一兩
陳金全	3	3	3	1		
李吉士	3	3	4	1		存一兩
李銀才	3	3	3	1		
顏長清	3	1	4	1		存一兩

喻順卅	2	2	2	1	[illegible]
李銀新	2	2	12	4	（2人）
官鉦順	5	8	6	2	
陳明安	5	6	6	2	（2人）
劉厚林	5	3	6	2	
[illegible]	5	5	12	4	
喻順[illegible]	1	8	43	14	各一两（5人已2日）
[illegible]	2	2	34	12	[illegible]各二两（5人）
[illegible]	[illegible]	1	52	17	各一两（4人）
[illegible]	[illegible]	3	12	4	（3人）
李炳安	3	3	4	1	各一两
[illegible]	2	2	57	19	（5人）
何[illegible]	3	1	2		各二[illegible]两
					（2人）
[illegible]計	5	5	361	117（[illegible]）	[illegible]

負責人簽章 吳昌棣 唐[illegible]

（動員[illegible]71人）

8.

华西实验区铜梁县西泉乡治蝗工作报告表及防治竹蝗奖纱登记表 9-1-233（10）

华西实验区铜梁县西泉乡治蝗工作报告表及防治竹蝗奖纱登记表 9-1-233（11）

华西實驗區防治竹蝗獎紗登記表

銅梁縣第一輔導區 西泉 鄉 竹蝗防治隊

姓名	保	甲	捕蝗數量（兩）	發紗數量（綑）	指章	備註
李述儀	3	2	12	4		
[illegible]	3	2	6	2		
彭文林	5	9	45	14		李士翔
陳柏如	3	2	7	2		[illegible]
徐德林	5		2			奬款暫存
李朝宗	2	4	12	4		（2人）
李世之	2	2	30	10		（3人）
冉夕之	2	2	36	12		
李銀才	3	3	3	1		
吳明德	3	3	2			存二兩
冉守德	3	3	4	1		存一兩

李吉士	5	3		5	2	[illegible]二两
袁其福	1	2		7	2	存一两
袁四[illegible]	2	1		9	3	
喻先[illegible]	1	7		8	2	存二两
劉[illegible]	5	7		15	1	存一两五钱
劉[illegible]	5	5		11	3	存三两[illegible]
何樹[illegible]	3			6	2	[illegible]
陳[illegible]	3	2		6	2	
[illegible]全	3	3		6	2	
李[illegible]	3	2		9	3	
李[illegible]	3	2		13	6	
[illegible]	3	1		83	36	前存一两[illegible]
[illegible]	3	1		10	13	存一两
李[illegible]	2	2		24	8	
總　計						

負責人簽章＿＿＿＿＿＿　＿＿＿＿＿＿

No. 9

华西实验区铜梁县西泉乡治蝗工作报告表及防治竹蝗奖纱登记表　9-1-233（11）

华西实验区铜梁县西泉乡治蝗工作报告表及防治竹蝗奖纱登记表 9-1-233（12）

华西實驗區防治竹蝗獎紗登記表

[illegible]縣第 輔導區 西泉鄉　　竹蝗防治隊[illegible]

姓名	保	甲	捕蝗數量（兩）	發紗數量（排）	指章	備註
蘇心福	2	2	2	1		存一兩
李良仁	2	2				
喻焰如	2	2	9	3		
朱德元	2	2	9	3		
曾廿青	2	2	6	2		存一兩
吳宗[illegible]	3		5	1		存一兩
冉宗垣	3		7	2		存一兩
冉世元	3		4	1		存一兩
冉宗虞	3		1			存一兩
冉宗恩	3		2	1		存一兩
李良才	3	3	2	1		存一兩

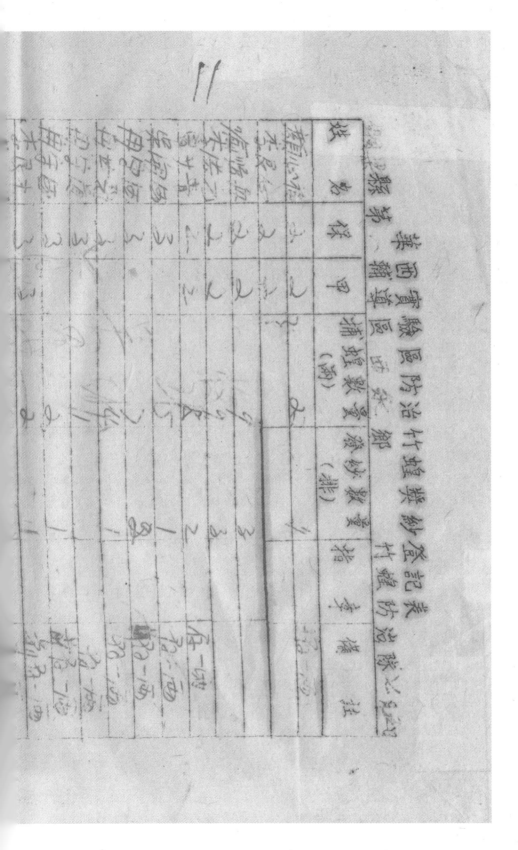

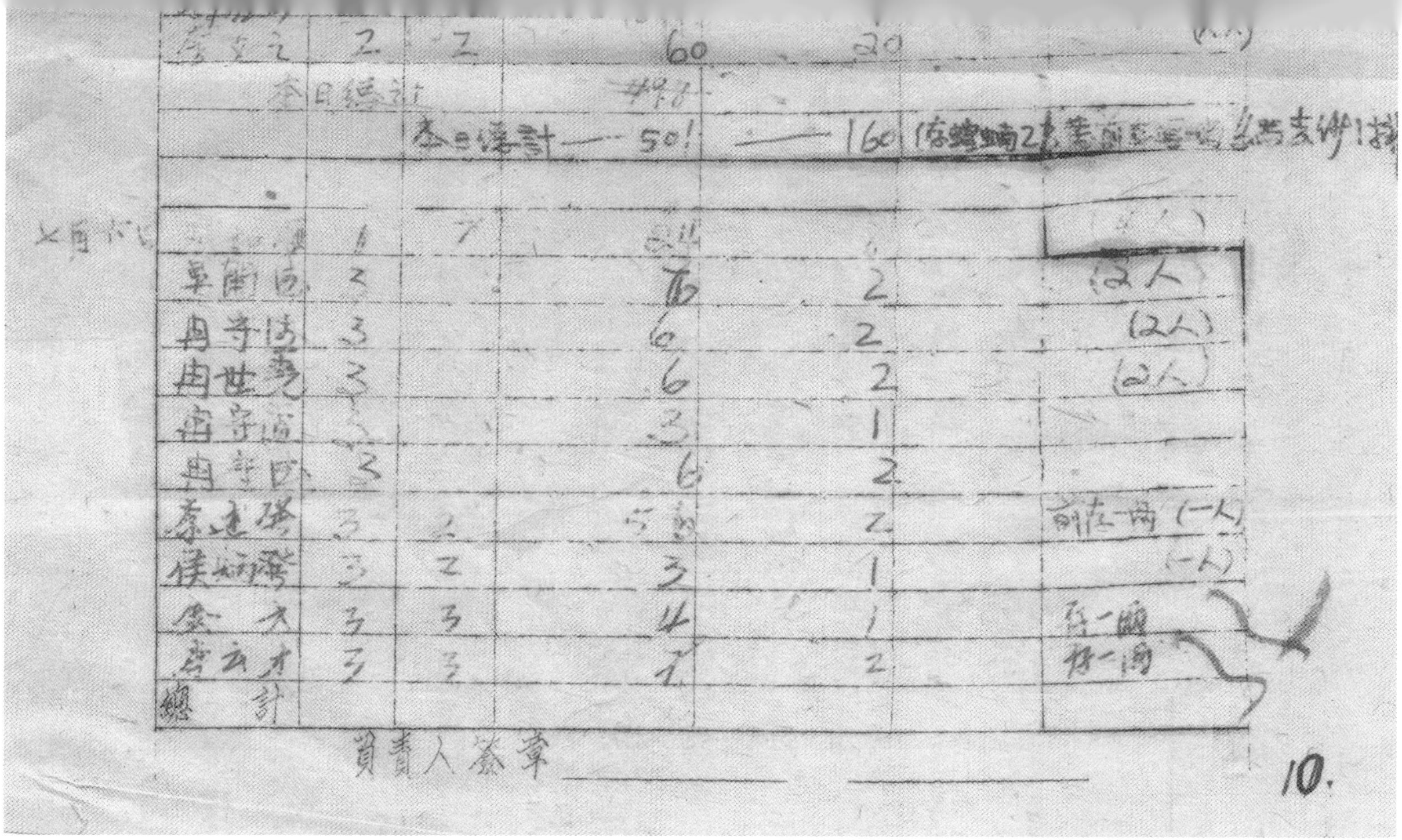

李文之	2	2		60	20	([illegible])
本日總計				#48		
		本日總計——50!			——160	除蝗蝻2.5[illegible] 总为支钞1挑
[illegible]	1	7		24	[illegible]	([illegible])
卓衡臣	3			16	2	(2人)
冉守清	3			6	2	(2人)
冉世尧	3			6	2	(2人)
冉守道	3			3	1	
冉守臣	3			6	2	
秦远强	3	2		5[illegible]	2	前存一两(一人)
侯炳发	3	2		3	1	(一人)
李 文	3	3		4	1	存一两
唐云才	3	3		7	2	存一两
總 計						

負責人簽章

10.

华西实验区铜梁县西泉乡治蝗工作报告表及防治竹蝗奖纱登记表　9-1-233（12）

华西实验区铜梁县西泉乡治蝗工作报告表及防治竹蝗奖纱登记表　9-1-233（13）

12

P.9

華西實驗區防治竹蝗奬紗登記表

銅梁縣第一輔導區西泉鄉　竹蝗防治隊

姓名	保	甲	捕蝗數量（兩）	發紗數量（排）	指導	備註
李青士	3	3	4	1		存一兩
李言光	3	3	6	2		
李義九	3	3	6	2		
李一心	2	2	25	8		存一兩
[illegible]	2	2				
袁[illegible]氏	2	1	9	3		
[illegible]	3	1	24	8		
[illegible]	1	2	25	8		存一兩
[illegible]	5	2	13	4		存一兩（三人）
[illegible]	3	1	11	4		[illegible]一兩

[illegible]	3	3		8	3	[illegible]
[illegible]	3	3		9	3	
[illegible]	3	3		25	8	[illegible]
[illegible]	3	3		12	4	
[illegible]	3	3		15	4	
[illegible]	3	3		6	3	
[illegible]	3	3		6	3	
[illegible]	3	2		17	[illegible]	
[illegible]	2	2				
[illegible]	2	2		7	2	[illegible]
[illegible]	1	8		47	14	[illegible]
[illegible]	1	7		15	4	
[illegible]	1	7		20	[illegible]	[illegible]
[illegible]	3	2		6	2	[illegible]
[illegible]	2	1		36	32	
總計						

負責人簽章

华西实验区铜梁县西泉乡治蝗工作报告表及防治竹蝗奖纱登记表　9-1-233（13）

华西实验区铜梁县西泉乡治蝗工作报告表及防治竹蝗奖纱登记表　9-1-233（14）

13

華西實驗區防治竹蝗獎紗登記表

銅梁縣第一輔導區 西泉 鄉　　竹蝗防治隊 ［illegible］ 月 日

姓名	保	甲	捕蝗數量（兩）	發紗數量（綑）	指章	備註
黄炳林	3	1	13	4		存一兩（一人）
[illegible]	3	3	4	1		存一兩
曾[illegible]	1	2	7	2		
曾文卿	1	10	236	8		
曾松柏	〃	〃				
曾[illegible]	〃	〃				
曾[illegible]	1	10	2			原二兩
[illegible]	5	9	4	1		[illegible]二兩
陈[illegible]	4	6	7	2		存一兩
杨树林	4	7	5	1		存二兩
袁树之	2	1	8	2		存二兩

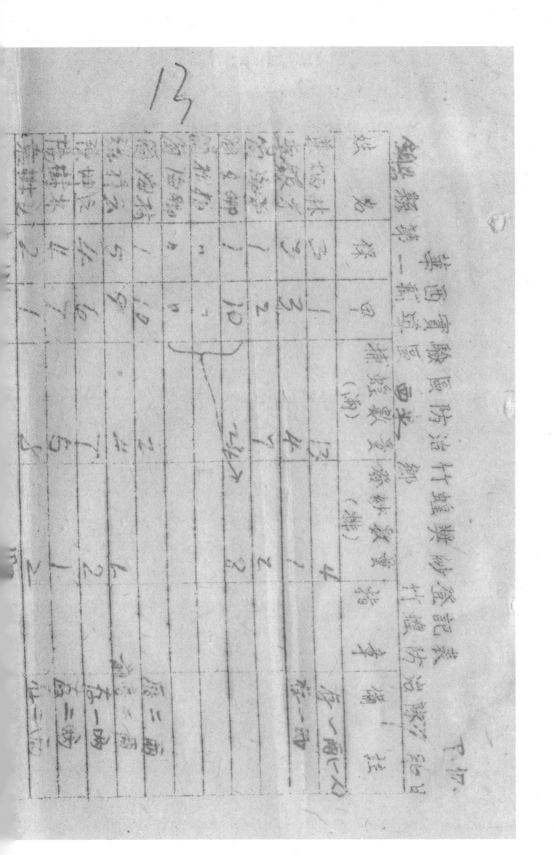

起	陳瑞太	1	1		[illegible]		
	傅烜玉	2	2		11	1	存一两
	[illegible]					3	
	陳相臣	3	2		5	2	上存一两
	李雲全	2			60	20	
	李国西	2			30	10	19 [illegible]
	雷光昌	2	2		6	2	
	合計	本日共收蝗蛋 [illegible]				共发稀饭 [illegible] 十	动员 [illegible] 人共 [illegible]
			×日八日				
起	李吉云	3	3		9	3	
	徐荣林	3	1		22	9	存一两 [illegible]
	張國禄	2	2		48	16	
	葉炳初	3	1		24	8	
	廖正生	2	2		36	12	
	總計						

負責人簽章 ________ ________

华西实验区铜梁县西泉乡治蝗工作报告表及防治竹蝗奖纱登记表　9-1-233（14）

华西实验区铜梁县西泉乡治蝗工作报告表及防治竹蝗奖纱登记表　9-1-233（15）

14

華西實驗區防治竹蝗奬紗登記表

銅梁縣第八輔導區西泉鄉　　竹蝗防治隊 7月[illegible]日

姓名	保	甲	捕蝗數量（兩）	發紗數量（排）	指章	備註
曾[illegible]	2	2	12	4		
劉[illegible]	5	2	5	1		[illegible]
[illegible]	[illegible]	3	3	1		
[illegible]	5	5	24	1		合一[illegible]
[illegible]	[illegible]	[illegible]	18	6		
[illegible]	1	7	8	2		[illegible]二兩
喻先[illegible]	1	7	14	5[illegible]		[illegible]
王[illegible]	3	10	21	5		（2人）
[illegible]	5	8	5	1		合二[illegible]
林桂[illegible]	5	3	4	1		合一[illegible]
[illegible]	[illegible]	3	6	2		

洪世璣	3	3	10	3	存一两
陳相五	3	2	8	2	存二两
李述銘	3	2	13	4	存一两
李吉士	3	2	6	2	
熊建章	3	3	44	16	（5人）
葉樹卿	3	1	93	31	（6人）
	本日計動員52人共捕蝗蝻444兩總捕獲149斤				
		七月九日			
喻海濤	1	5	5	1	存二两
袁吉堂	1	5	5	1	存二两
馮述葉	2		26	13	黃存一两
劉子園	5	3	16	6	蕭存二两
[illegible]述安	2	1	18	9	蕭存二两
劉金明	1	7	51	17	
總計					

負責人簽章 ____________ ____________

13.

华西实验区铜梁县西泉乡治蝗工作报告表及防治竹蝗奖纱登记表　9-1-233（15）

华西实验区铜梁县西泉乡治蝗工作报告表及防治竹蝗奖纱登记表　9-1-233（16）

15

華西實驗區防治竹蝗獎紗登記表

銅梁縣第一輔導區西泉鄉　　竹蝗防治隊　七月九日

姓名	保	甲	捕蝗數量（兩）	發紗數量（綁）	指章	備註
[illegible]	4	4	9	3		
[illegible]	4	4	5	1	一	第二團
[illegible]	4	4	3	1		
[illegible]	3	3	3	1		
[illegible]	3	3	9	3		
[illegible]亮明	5	5	19	4		
[illegible]	3	3	54	18		（六人）
[illegible]	2	1	2	1		
王[illegible]	3	2	6	2		
王[illegible]	3	7	3	1		

[illegible]	〃	〃		12	4		
[illegible]	〃	〃		6	2		
[illegible]	〃	〃		8	3		[illegible]
[illegible]	〃	〃		[illegible]	6		
[illegible]	〃	〃		18	6		
[illegible]	〃	〃		14	[illegible]		[illegible]
[illegible]	〃	〃		13	4		
[illegible]	〃	〃		20	6		[illegible]
[illegible]	〃	[illegible]		13	[illegible]		
[illegible]	[illegible]	〃		5	1		[illegible]
[illegible]	〃	〃		6	2		
[illegible]	〃	〃		3	1		
[illegible]	1	5		[illegible]			[illegible]
[illegible]	1	5		1	1		[illegible]
[illegible]	1	5		1	1		[illegible]
總計							

負責人簽章 ______ ______

14

华西实验区铜梁县西泉乡治蝗工作报告表及防治竹蝗奖纱登记表　9-1-233（16）

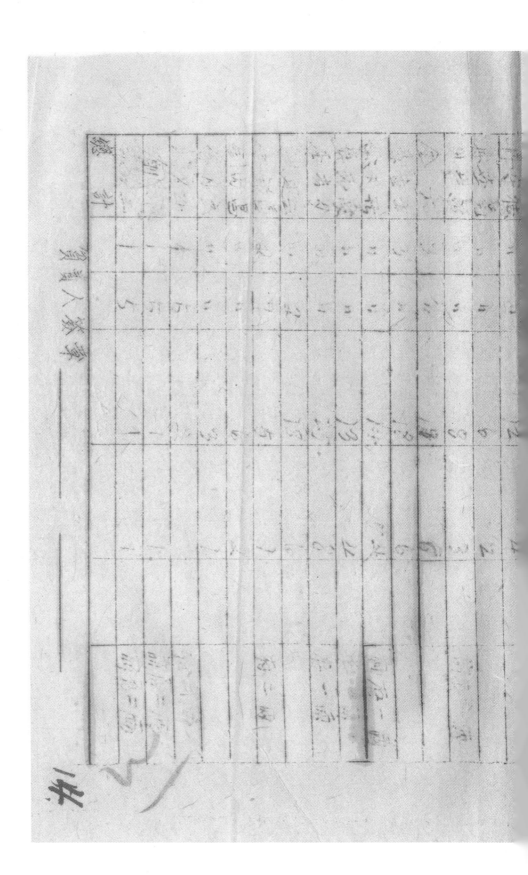

华西实验区铜梁县西泉乡治蝗工作报告表及防治竹蝗奖纱登记表 9-1-233（17）

16

華西實驗區防治竹蝗奬紗登記表

銅梁縣第八輔導區西泉鄉　　竹蝗防治隊　[illegible]月[illegible]日

姓名	保	甲	捕蝗數量（兩）	發紗數量（排）	指章	備註
葉炳林	3	1	37	12		[illegible]
[illegible]	1	1	8	2		[illegible]
徐[illegible]	1	5	6	2		
[illegible]	2	3	25	25		
曹[illegible]	2	3	14	4		[illegible]
夏[illegible]	5	2	3	1		
[illegible]	2	2	43	16		[illegible]
[illegible]	2	2	21	7		[illegible]
[illegible]	5	7	3	1		
張[illegible]	5	7	8	2		[illegible]
[illegible]	[illegible]	[illegible]	[illegible]	[illegible]		[illegible]

[illegible]	3	1	5	1		
李開[illegible]	2	3	7	3		[illegible]
[illegible]	3	3	20	1		[illegible]
彭恩[illegible]	[illegible]	1	4	1		[illegible]
劉[illegible]	5	3	5	2		[illegible]
李[illegible]	[illegible]	3	18	6		[illegible]
[illegible]	3	2	30	12		[illegible]
[illegible]	3	4	15	6		[illegible]
[illegible]西[illegible]	7	12	12	4		[illegible]
[illegible]	2	3	3	1		
[illegible]	3	6	7	2		[illegible]
[illegible]	2	6	3	1		
[illegible]	2	6	1			[illegible]
[illegible]	2	6	3	1		
總計						

負責人簽章 ________ ________

15.

华西实验区铜梁县西泉乡治蝗工作报告表及防治竹蝗奖纱登记表　9-1-233（17）

华西实验区铜梁县西泉乡治蝗工作报告表及防治竹蝗奖纱登记表　9-1-233（18）

华西实验区铜梁县西泉乡治蝗工作报告表及防治竹蝗奖纱登记表　9-1-233（18）

华西实验区铜梁县西泉乡治蝗工作报告表及防治竹蝗奖纱登记表　9-1-233（19）

18

[illegible]	3	3		5	2		
陈[illegible]	3	3		15	2		谷一两
王长发	2	2	1	9	2		谷一两
王次发	2	2		4	1		
[illegible]池带	3	2		10	2		谷二两
罗天生	5	1	、	7	1		谷二两
张祥[illegible]	5	1		2			谷二两
吴[illegible]轩	3	4		14	3		谷二两（[illegible]）
陈相[illegible]	3	2		6	1		谷二两
[illegible]	2	2		2	[illegible]		[illegible]

[illegible]	[illegible]	[illegible]	3	1		[illegible]
[illegible]	3	3	7	1		[illegible]二两
[illegible]	7	5	4	1		
周[illegible]	5	8	6	1.5		[illegible]二两
唐[illegible]	1		9	2		[illegible]
[illegible]						
[illegible]		1	363.38	9		[illegible]
[illegible]			331[illegible]			

8
9

本17

华西实验区铜梁县西泉乡治蝗工作报告表及防治竹蝗奖纱登记表　9-1-233（19）

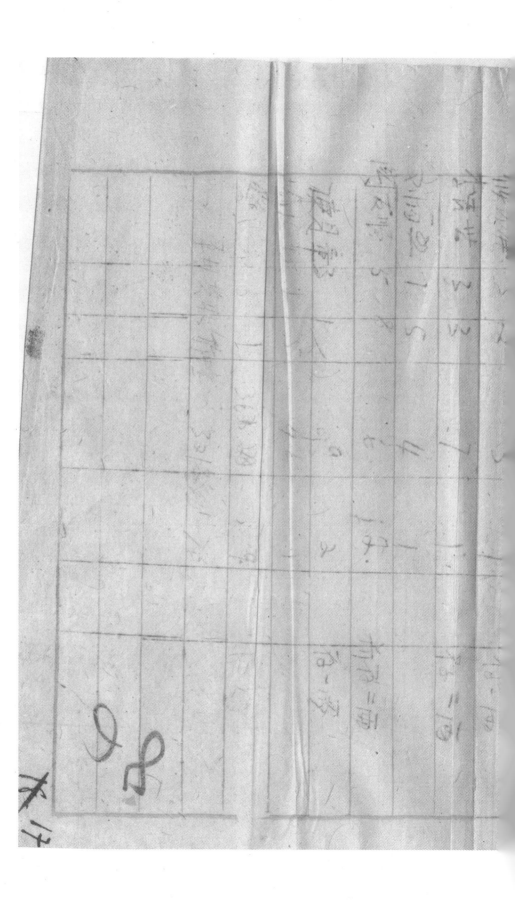

华西实验区铜梁县西泉乡治蝗工作报告表及防治竹蝗奖纱登记表 9-1-233（20）

華西实验区防治竹蝗奬紗登記表

銅梁縣第一輔導區西泉鄉 竹蝗防治隊 7月11日

姓名	保	甲	捕蝗數量（兩）	發紗數量（排）	指章	備註
[illegible]述云	3	2	12	3		
李云才	3	3	4	1		
唐[illegible]	2	3	4	1		
刘元[illegible]	5	3	9	2		[illegible]一[illegible]
[illegible]乃[illegible]	5	3	7	1		[illegible]
李代[illegible]	5	3	5	1		[illegible]一兩
[illegible]女	3	3	4	1		
[illegible]	3	2	4	1		
[illegible]計			蝗捕49兩共發12排			
[illegible]明	5	1	4	1		[illegible]
[illegible]	3	[illegible]	26	6		[illegible]二兩
[illegible]	3	[illegible]	6	1		[illegible]二兩

[illegible]云卿	5	二	2			[illegible]二两
[illegible]永高	5	二	3	1		作二两
田兴文	5	三	4	1		
李在云	5	石	3			作二两
罗兴宪	5	山	3			作二两
李在兴	5		2			作二两
曲	各甘未讨收蝗虫		62两	[illegible]	[illegible]	
谢绍德			21	5		各一斤
杨沛和	4	1	3	2		
[illegible]			[illegible]	[illegible]		
[illegible]			[illegible]	[illegible]		
詹少清	2	2	17	4		存一两
[illegible]	3	1	24	[illegible]		[illegible]
[illegible]	3	3	3			[illegible]
总计	[illegible]	[illegible]	[illegible]			[illegible]

负责人签章 ______ ______

冉怀德 3 1 5 2

18.

华西实验区铜梁县西泉乡治蝗工作报告表及防治竹蝗奖纱登记表 9-1-233（21）

華西實驗區防治竹蝗獎紗登記表

縣第　輔導區　　鄉　　竹蝗防治隊　月　日

姓名	保	甲	捕蝗數量（兩）	發紗數量（排）	指章	備註
[illegible]						
[illegible]						
[illegible]						
[illegible]						
[illegible]						
[illegible]						
[illegible]						
[illegible]						
[illegible]						
[illegible]						
[illegible]						

	本欧共计收蝗82两共发种奖纱22[illegible]					
總計						

負責人簽章________ ________

华西实验区铜梁县西泉乡治蝗工作报告表及防治竹蝗奖纱登记表　9-1-233（22）

第1頁

華西实验区防治竹蝗奬紗登記表

銅梁縣第一輔導區　西泉　鄉　　竹蝗防治隊　6月30日

21

	姓名	保	甲	捕蝗数量（两）	發紗數量（排）	指章	備註
6.30	印賢謨	8	1	2	1		
	王長久	9	1	5	2		存1
	李開祥	9	1	4	2		
	王錫元	9	1	4	2		
	葉春賢	9	2	4	2		
	代朝海	[illegible]	1	6	3		
	王岳[illegible]	9	3	4	2		
	王國久	9	3	5	2		存[illegible]
	王万全	9	3	4	2		
	王[illegible]	9	3	4	2		
7.1	王正材	9	2	9	4		存1兩
	[illegible]	9	2	4	2		

王國有	9	2		2	1		
宋燈綠	10	3		4	2		
曾永高	8	8		2	1		
王長弘	9	1		2	1		
王邦倫	7	3		5	2		
許吉國	8	7		6	3		
蕭光福	9	5		4	2		
許孟國	8	7		8	4		
[illegible]	9	2		4	2		
王長發	9	2		2	1		
王正万	9	2		6	3		
李順啟	9	[illegible]		6	3		
代宗民	8	6		2	1		
葉壽賢	9	2		8	4		
曾永高	8	8		5	2		
總計				125	50		

負責人簽章

20.

华西实验区铜梁县西泉乡治蝗工作报告表及防治竹蝗奖纱登记表 9-1-233（22）

华西实验区铜梁县西泉乡治蝗工作报告表及防治竹蝗奖纱登记表 9-1-233（23）

第2頁

22

華西實驗區防治竹蝗獎紗登記表

銅梁縣第一輔導區西泉鄉　竹蝗防治隊

姓名	保	甲	捕蝗數量（兩）	發紗數量（排）	指導員簽註		
7.1 孫仙桃	7	5	3	1		存1	去7.5
謝清云	8	3	4	2			
代榮國	8	6	3	1		存1	云7.2
羅天富	6	8	3	1		存1	云7.2
張朝林			1			存1	
黃萬良	8	1	3	1		存1	
謝顯容	9	4	3	1		存1	云7.2
印郛平	9	3	4	2			
刘仲级	9	3	6	3			2.13
王天榮	9	3	3	1		存1	

7.2

陳宗謂	8	7	2	1		
宋登榮	10	3	2	1		
王邦林	7	3	2	1		
代長滋	9	1	2	1		
侯春陸	7	8	2	1		共谷7两
			共計27	20		
代宋氏	8	6	2	1		
代登闊	8	6	1	1		去谷虫1两
罗世俊	9	7	10	5		
許夢麟	8	9	10	5		
唐光禮	9	5	4	2		
曾永富	8	8	4	2		
羅天富	6	8	3	2		去谷虫1两
張鄭榮	6	3	2	1		
代元春	8	6	2	1		
劉仙謝	7	4	2	1		

負責人簽章 ____________ ____________

华西实验区铜梁县西泉乡治蝗工作报告表及防治竹蝗奖纱登记表　9-1-233（23）

华西实验区铜梁县西泉乡治蝗工作报告表及防治竹蝗奖纱登记表 9-1-233（24）

第3页

华西實驗區防治竹蝗奬紗登記表

銅梁縣第五輔導區西泉鄉　　竹蝗防治隊 7月2

姓名	保	甲	捕蝗數量（兩）	發紗數量（排）	指章	備註
刘光绪	9	3	7	3		存/兩
林锡九	9	3	4	2		
谢桂成	9	3	2	1		
石家菼(?)	8	6	6	3		
赵炳如	8	8	4	2		
劉云青	8	9	10	5		
刘忠㷀(?)	9	4	2	1		
石云良	8	7	2	1		
王國樹	9	3	16	8		
王長海	9	3	12	6		

廖邦平	9	4	4	2		
謝茂容	9	4	3	2		差[illegible]虫1两
谢茂璧	9	4	2	1		
黄鼎元	9	4	2	1		
曾德威	9	4	5	2		存1两
刘海青	9	4	10	5		
王长宏	9	1	2	1		
饶朝忠	8	4	4	2		
陈鸿陵	8	5	4	2		
王云才	9	2	4	2		
陈鸿禽	9	5	3	1		存1两
叶春风	9	2	3	1		存1两
付元富	9	7	4	2		
张锡裔	9	7	4	2		
曾有伦	9	7	2	1		
徐长富	9	1	4	2		
侯春源	8	黄尽签章	3	1		存1两
			各田共計182	90		共发存虫三两，存未二两

共73

22

华西实验区铜梁县西泉乡治蝗工作报告表及防治竹蝗奖纱登记表　9-1-233（25）

華西實驗區防治竹蝗獎紗登記表

銅梁縣第壹輔導區西泉鄉　　竹蝗防治隊7832

姓名	保	甲	捕蝗數量（兩）	發紗數量（排）	指章	備註
羅啟華	8	9	2	1		
宋之良	9	5	34	17		
胡元發	9	5	22	11		
夏瑞廬	9	5	6	3		
鍾紹清	9	6	8	4		
王樹才	9	5	8	4		
羅啟恆	8	9	6	3		
印鹿康	8	9	7	3		係1兩
侯大能	9	3	10	5兩		
王心海	9	3	2	1		
[illegible]	[illegible]	[illegible]	[illegible]	[illegible]		

陆九林	8	9	4	2		
吴佳书	8	9	4	2		
[illegible]春	8	9	2	1		
[illegible]	9	[illegible]	3	3		
陈[illegible]	8	5	4	2		
陈[illegible]	8	5	2	1		
[illegible]人[illegible]	6	8	6	3		
王[illegible]	8	1	2	18		
邱[illegible]	8	9	4	2		
邱[illegible]全	9	8	3	2		[illegible]1两
王安全	9	8	6	3		
王[illegible]	8	2	2	1		
陈[illegible]	7	1	5	2		[illegible]1两
代[illegible]	8	1	2	2		[illegible]1两
刘[illegible]	9	4	9	4		[illegible]1两
[illegible]	8	7	8	4		

负责人签章 ________ ________

华西实验区铜梁县西泉乡治蝗工作报告表及防治竹蝗奖纱登记表　9-1-233（25）

华西实验区铜梁县西泉乡治蝗工作报告表及防治竹蝗奖纱登记表　9-1-233（26）

第5頁

25

華西實驗區防治竹蝗奬紗登記表

銅梁縣第叁輔導區西泉鄉　　竹蝗防治隊　月　日

姓名	保	甲	捕蝗數量（兩）	發紗數量（排）	指導	備註
袁治成	8	9	4	2		存1兩
印清元	8	9	5	2		
陈昌碧	8	5	2	1		
林钱九	9	3	4	2		去存8/1兩
刘志镒	9	4	9	5		
田紫兴	8	7	6	3		
张绍林	8	7	2	1		
陈治廷	8	5	2	1		
谢桂成	9	3	5	2		存1兩
刘巨才	9	2	8	4		
龚人寿	10	1	2	1		

王大荣	9	3	5	3		[illegible]
李炳民	9	7	5	2		[illegible]
邱邦丕	9	4	6	3		
谢道宗	9	4	5	2		[illegible]
李世全	9	4	4	2		
陈海裕	8	5	2	1		
谢贵云	9	4	2	1		
王龙佳	8	7	2	1		
[illegible]	9	4	4	2		
石[illegible]	8	5	4	2		
谢炳虎	9	4	8	4		
唐大楼	8	7	3	1		[illegible]
李光朗	8	7	2	1		
陈述宗	8	4	6	3		
缪大钟	8	7	8	4		

負責人簽章 ______________ ______________

24

华西实验区铜梁县西泉乡治蝗工作报告表及防治竹蝗奖纱登记表　9-1-233（26）

华西实验区铜梁县西泉乡治蝗工作报告表及防治竹蝗奖纱登记表　9-1-233（27）

第6页

華西實驗區防治竹蝗獎紗登記表

銅梁縣第五輔導區西泉鄉　　竹蝗防治隊7組3

姓名	保	甲	捕蝗數量（兩）	發紗數量（排）	指導備註
代芳云	8	1	3	1	存1两
李祥林	8	1	4	2	
侯森海	8	2	4	2	
代元楼	8	6	2	1	
羅玉山	7	6	2	1	
羅向榮	7	6	2	1	
王邦船	7	3	4	2	
印定全	9	8	7	3	存1两
陳鸿順	8	5	3	1	存1两
王长玉	9	1	2	1	
王长洪	9	1	3	1	存1两

去7.3

去7.3

26

陈昌碧	8	5	2	1		
代云楼	8	6	4	2		
曾永富	8	8	4	2		交存虫1两
孙仙桃	7	4	6	3		
代元青	8	6	2	1		
唐光福	9	5	4	2		
石大嫂	8	7	8	4		
石安实	8	7	2	1		存1两
陈朝忠	8	4	8	4		
吴云青	8	9	16	8		
赵炳如	8	9	5	2		存1两
庄中泽	9	7	5	2		存1两
罗收鬼	8	8	14	7		
代元德	8	9	4	2		
總計			本次發紗211排 收虫432两			

負責人簽章

26.

华西实验区铜梁县西泉乡治蝗工作报告表及防治竹蝗奖纱登记表 9-1-233（28）

节7页

華西實驗區防治竹蝗奬紗登記表

銅梁縣第壹輔導區西泉 鄉 竹蝗防治隊 7月4日

姓名	保	甲	捕蝗數量（兩）	發紗數量（綹）	指章	備註	
張紹林	8	7	3	1			
石成之	7	6	3	1			
陳宏模	8	5	5	1		存2兩	[illegible] 7.4
陳昌碧	8	5	5	1		存2兩	[illegible]2兩 7.4
代文丙	8	6	9	3			
陳宏謂	8	5	5	1		存2兩	[illegible] 7.4
代朝貴	6	4	6	2		（五人）	
龔人富	6	4	3	1			
孙仙桃	7	4	3	1			
刘忠沛	6	6	3	1			

宋元良	9	5	27	9		(四人)
钟绍青	9	5	32	10		(二人) 存2两
罗国林	9	6	4	1		存1两
屠光福	9	5	5	1		存2两
关德元	9	1	3	1		
王安全	9	8	6	2		
刘光绪	9	3	7	2		存1两
刘众从	9	3	3	1		
曾永高	8	8	6	2		
曾永福	8	8	3	1		
代元青	8	6	3	1		
李在贵	8	7	9	3		
罗启华	8	9	6	2		
吴泽书	8	9	3	1		
胡在春	8	8	3	1		
總計						

6

負責人簽章 ____________ ____________

26.

华西实验区铜梁县西泉乡治蝗工作报告表及防治竹蝗奖纱登记表　9-1-233（29）

第8页

28

華西實驗區防治竹蝗獎紗登記表

銅梁縣第壹輔導區西泉鄉　　竹蝗防治隊7月4日

姓名	保	甲	捕蝗數量（兩）	發紗數量（綹）	指章	備註
羅虞富	6	3	6	2		
陳宏石	8	5	3	1		
石存富	8	6	5	1		存二兩
石成方	7	6	3	1		
王龍生	8	5	3	1		
石家富	8	5	6	2		
張二嫂	8	5	3	1		
石成富	8	6	3	1		
王占珍	8	4	3	1		
陳昌碧	8	5	2	1		去前存1兩

[illegible]	8						
梁協全	8	5		6	2		
陈家梅	8	5		4	2		已前存2两
夏瑞处	9	5		15	5		
刘玄白	6	6		3	1		
孙仙桃	7	4		6	2		
代文丙	8	6		12	4		
張九林	8	8		18	6		
谢贵璧	9	4		3	1		
贵鼎元	9	4		3	1		
谢送容	9	4		3	1		
	本日共收蝗336两			奖纱.109排		共存14两	已前存5两
總計							

負責人簽章 ______ ______

8 / 承

华西实验区铜梁县西泉乡治蝗工作报告表及防治竹蝗奖纱登记表　9-1-233（29）

华西实验区铜梁县西泉乡治蝗工作报告表及防治竹蝗奖纱登记表 9-1-233（30）

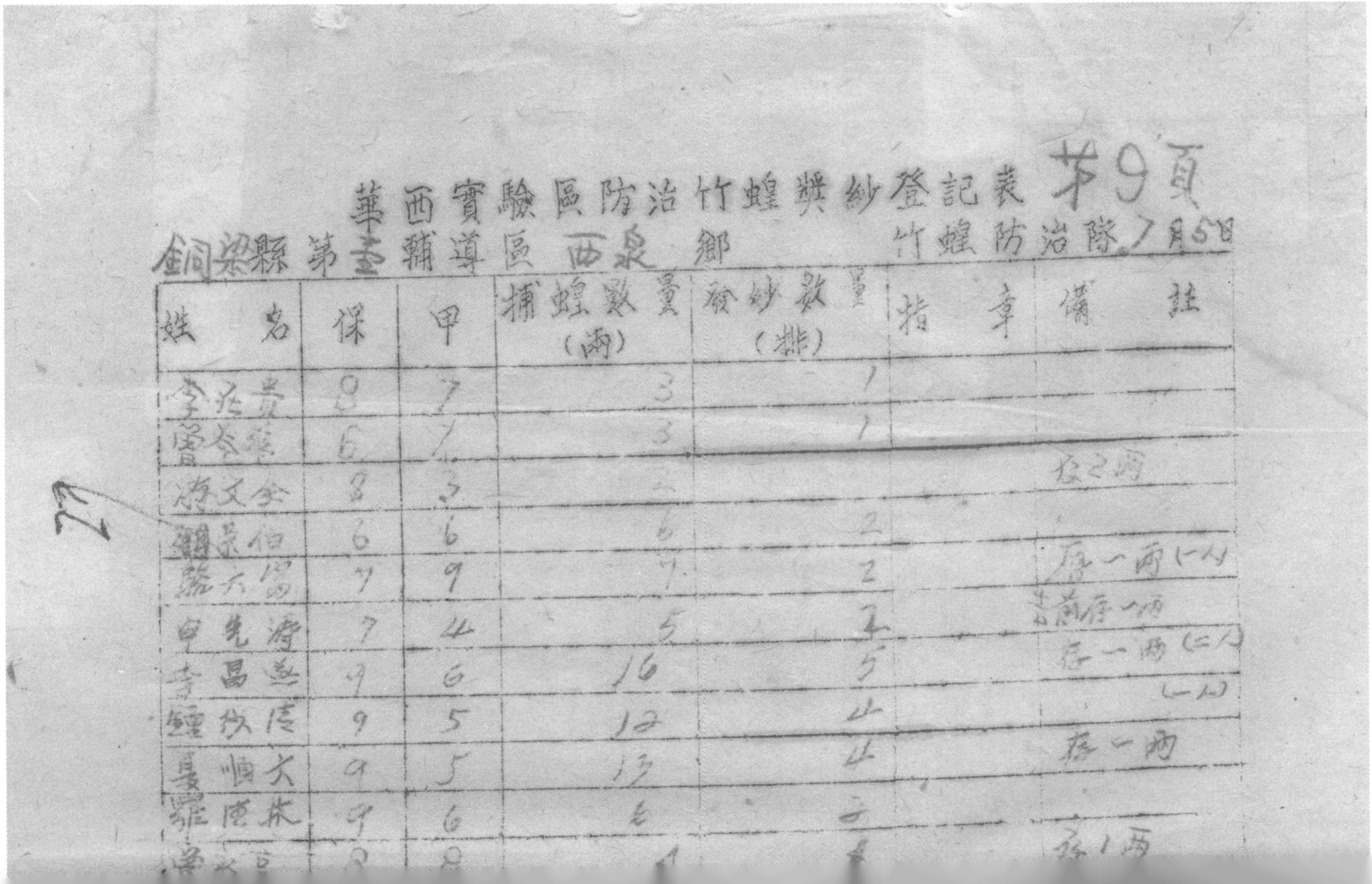

華西實驗區防治竹蝗獎紗登記表 第9頁

銅梁縣第壹輔導區西泉鄉　竹蝗防治隊 7月5日

姓名	保	甲	捕蝗數量（兩）	發紗數量（排）	指章	備註
李[illegible]貴	8	7	3	1		
曾[illegible][illegible]	6	7	3	1		
游文全	8	3	2			存2兩
[illegible]景伯	6	6	6	2		
[illegible]六富	7	9	7	2		存一兩（一人）
曾先澍	7	4	5	2		黃存一兩
李昌盛	9	6	16	5		存一兩（二人）
鍾欽傳	9	5	12	4		（一人）
袁順大	9	5	12	4		存一兩
羅德林	9	6	6	2		
[illegible]	8	8	4	[illegible]		存1兩

咔琮芬	8	7		3			
羅文翰	8	2		[illegible]			存1两
陈鸿虔	8	5		4	1		存1两
閔宣元	6	2		3	1		
屠克藩	9	5		9	3		(二人)
李遂九	9	5		7	2		存1两 (二人)
李世金	9	5		5	1		存2两 (二人)
陈宏谟	8	5		3	1		
陈宏梅	8	5		4	1		存1两
曹兴富	6	2		3	1		
陈昌碧	8	5		4	1		存1两
吕子方	7	6		6	2		
王长珍	9	4		6	2		
李丙星	9	5		8	2		存2两
冉春白	8	7		3	1		
總計							

負責人簽章 ______ ______

28.

华西实验区铜梁县西泉乡治蝗工作报告表及防治竹蝗奖纱登记表　9-1-233（31）（32）

華西實驗區防治竹蝗奬紗登記表　第10頁

銅梁縣第三輔導區西泉鄉　　竹蝗防治隊　月　日

姓名	保	甲	捕蝗數量（兩）	發紗數量（排）	指章	備註
覃太荣	7	7	3	1		
邱榮根	6	9	3	1		
陳恩富	6	6	6	2		（十人）
周正才	6	7	5	1		存2兩
何元寶	6	7	3	1		（四人）
陸成云	8	8	3	1		
黄鼎元	9	4	4	1		存1兩
謝桂堂	9	4	3	1		
孫仙欽	8	7	3	1		
羅定海	8	7	6	2		
[illegible]	9	0	[illegible]	[illegible]		

[illegible]	8	[illegible]	[illegible]			
胡在昌	8	9	3	1		
胡在春	8	9	4	1		存1兩
吴佳書	8	9	3	1		
王安全	9	8	6	2		
王存鎰	8	7	3	1		
代天嬌	8	6	9	3		
王存富	8	7	6	2		(二人)
邓炳凡	8	8	11	4		交前存1兩
游文全	8	3	3	1		
邱仙根	7	4	6	2		(二人)
陈淑章	8	7	4	1		存1兩
代元貴	8	6	3	1		
代永佳	8	3	6	2		
羅緑富	7	9	7	2		存1兩
羅恢光	8	9	3	1		
總計		[illegible]蝗280[illegible]	[illegible]7斤	共存21兩		交前存2兩

負責人簽章 ________ ________

29.

华西实验区铜梁县西泉乡治蝗工作报告表及防治竹蝗奖纱登记表　9-1-233（31）（32）

华西实验区铜梁县西泉乡治蝗工作报告表及防治竹蝗奖纱登记表　9-1-233（33）

華西實驗區防治竹蝗奬紗登記表

第11頁

銅梁縣第一輔導區西泉鎮鄉　竹蝗防治隊　7月6日

姓名	保	甲	捕蝗數量（兩）	發紗數量（排）	指章	備註
李順明	9	8	3	1		（一人）
李[illegible]	9	7	[illegible]	7		[illegible]存一兩
戴方文	8	6	2	1		
王[illegible]	9	2	[illegible]	11		（一人）
曾永高	8	8	[illegible]	1		去前存1兩
戴[illegible]	8	6	[illegible]	1		存一兩
戴[illegible]	8	6	5	2		
戴元國	5	6	3	1		
劉朝章	8	6	3	1		
戴方炳	8	6	6	2		
陳[illegible]文	8	5	[illegible]	1		存1兩
陳[illegible]	8	5	[illegible]	[illegible]		[illegible]

31

石民万	7	6	5	1		存2两
陳昌披	8	5	4	2		未發2两
黄世涵	7	5	5	1		存2两
王長英	8	4	4	1		存1两
宋嘉六	10	1	3	1		
王子江	9	3	13	4		存1两
赵宗全	9	7	13	4		存1两
王以全	9	3	4	3		
王長英	9	3	6	2		
顧子姑	9	3	7	2		存1两
石大提	7	7	6	2		
戴元精	8	6	1	1		去前存2两
冯天明	6	7	2			存2两
楊秀宜	6	7	2			存2两
總計			149	44		

負責人簽章 ______ ______

30

华西实验区铜梁县西泉乡治蝗工作报告表及防治竹蝗奖纱登记表　9-1-233（33）

华西实验区铜梁县西泉乡治蝗工作报告表及防治竹蝗奖纱登记表　9-1-233（34）

32

第42页

華西實驗區防治竹蝗奬紗登記表

銅梁縣第一輔導區西泉鄉　　竹蝗防治隊上級

姓名	保	甲	捕蝗數量（兩）	發紗數量（綹）	指章	備註
王長洪	9	1	6	2		（一人）
羅文高	7	9	6	2		（一人）
閔德元	6	6	4	1		存一兩
羅文選	6	2	5	2		去前存一兩
曾在福	6	2	5	2		
孫光濤	7	4	4	1		存一兩
盧中海	8	8	2			存二兩
袁炳金	8	2	6	2		
王世榮	9	6	4	1		存1兩
王世蕙	9	6	4	1		存1兩
石青林	8	7	6	2		（二人）

李世全	9	5	10	4		共前存2两
屈克福	9	5	7	3		共前存2两
李道九	9	5	12	4		(二人)
李世银	9	5	3	1		
印贵谋	8	1	5	2		
胡长荣	8	4	4	1		存1两
邓九林	8	9	4	1		存1两
印鼎陆	8	1	5	2		共前存1两
尤文全	8	3	6	2		
罗啟华	8	9	4	1		存1两
吴佳富	8	9	2			存2两
刘克福	9	3	4	1		存1两 (二人)
刘忠族	9	3	8	3		共存虫1两
陈仙桃	7	4	6	2		
總計						

負責人簽章 ________ ________

三

34

华西实验区铜梁县西泉乡治蝗工作报告表及防治竹蝗奖纱登记表　9-1-233（34）

华西实验区铜梁县西泉乡治蝗工作报告表及防治竹蝗奖纱登记表 9-1-233（35）

第13頁

33

華西實驗區防治竹蝗奬紗登記表

銅梁縣第[illegible]輔導區西泉鄉 竹蝗防治隊7月6日

姓名	保	甲	捕蝗數量（兩）	發紗數量（排）	指章	備註
[illegible]朝林	6	4	3	1		
羅天德	8	7	3	1		
蔣心靈	8	7	3	1		
刘朝華	8	6	2			存1两
代方丙	8	6	6	2		（三人）
王國賢	9	2	12	4		
王正才	9	2	9	3		（三人）
夏瑞[illegible]	9	5	25	8		存1两（三人）
鍾紹清	9	5	32	11		[illegible]存[illegible]1两
何文[illegible]	9	5	3	1		（三人）
王樹才	9	5	12	4		

[illegible]	[illegible]	[illegible]				
李鼎新	9	5	32	11		去前存1两(四人)
吴之青	8	9	9	3		(二人)
董海洲	9	5	36	12		(六人)
谢青林	9	5	38	12		存2两(四人)
陈耀云	9	5	21	7		(七人)
哑吧	9	5	16	5		存1两(四人)
石云良	8	6	5	2		去前存1两
石成之	7	6	1	1		去前存2两
蔡世福	7	6	1	1		去前存2两
李顺民	9	7	15	5		(二人)
谢述容	9	4	6	2		
吴鼎元	9	2	2	1		存1两
谢芸璧	9	2	3	1		
王长宏	9	1	4	1		存1两
總計						

負責人簽章 ________ ________

32

13

华西实验区铜梁县西泉乡治蝗工作报告表及防治竹蝗奖纱登记表　9-1-233（35）

华西实验区铜梁县西泉乡治蝗工作报告表及防治竹蝗奖纱登记表 9-1-233（36）

第14頁

34

華西實驗區防治竹蝗獎紗登記表

銅梁縣第一輔導區西泉鄉　　竹蝗防治隊 7月6日

姓名	保	甲	捕蝗數量（兩）	發紗數量（排）	指章	備註
宋登禄	10	1	3	1		
陈宏謂	8	5	3	1		
石信谐	8	7	6	2		
陈富今	7	1	5	2		去前日1兩
代荣氏	8	6	3	1		
梁丙全	8	2	6	2		
代海田	8	6	6	2		
代云海	8	6	3	1		
7月6日一本日共計收蝗679兩 發紗221排 共存虫38兩 去存虫22兩						

7月7日

印定全	9	7	9	3		
王树云	9	4	16	5		谷1两（三人）
林锡九	9	3	9	3		（三人）
宋文彦	9	5	32	10		谷2两（七人）
屠寿福	9	5	4	1		谷1两
李锡九	9	5	7	2		谷1两（三人）
李世金	9	5	2			谷1两
王长璧	9	3	57	19		（八人）
王国九	9	3	12	4		（三人）
王子江	9	3	29	10		去前谷1两（二人）
王长久	9	1	6	2		
饶子姑	9	3	3	1		
王长珍	9	3	3	1		
~~钟银斋~~	~~9~~	~~5~~	~~12~~	~~4~~		~~谷2两（三人）~~
總　計						

負責人簽章 ____________ ____________

38.

华西实验区铜梁县西泉乡治蝗工作报告表及防治竹蝗奖纱登记表　9-1-233（37）

第15页

35

華西實驗區防治竹蝗獎紗登記表

銅梁縣第壹輔導區西泉鄉　　竹蝗防治隊之8710

姓名	保	甲	捕蝗數量（兩）	發紗數量（排）	指章	備註
李丙新	9	5	29	9		存2兩（六人）
陳治國	9	5	77	25		存2兩（八人）
董海洲	9	5	84	28		（十人）
		本日共計收蝗385兩	發紗125排	共存[illegible]11兩，尚[illegible]1兩		
		七月八日				
鍾銀齋	9	5	32	10		存2兩（四人）
夏瑞卿	9	5	26	9		尚前存1兩（三人）
羅光榮	9	5	21	7		（三人）
王樹才	9	5	28	9		存1兩（四人）
代文祿	8	6	3	1		

[illegible]						
李丙钦	9	5	28	10		谷3丙 (四人)
李王氏	9	5	28	9		谷1丙 (三人)
董海卅	9	5	20	6		谷2丙 (四人)
谢青林	9	5	18	6		(三人)
叶森林	9	6	30	10		(四人)
陈锡林	9	5	35	11		谷2丙 (三人)
陈晓氏	9	5	15	5		(三人)
罗天陞	8	7	3	1		
罗德林	9	6	15	5		(三人)
刘镜三	9	5	21	7		(三人)
董子齐	9	6	35	11		谷2丙 (三人)
宋国臣	9	6	7	2		谷1丙
刘才华	8	6	3	1		
杜金龙	8	6	3	1		
總　計						

負責人簽章 ________ ________

华西实验区铜梁县西泉乡治蝗工作报告表及防治竹蝗奖纱登记表　9-1-233（37）

华西实验区铜梁县西泉乡治蝗工作报告表及防治竹蝗奖纱登记表 9-1-233（38）

第16页

華西實驗區防治竹蝗奬紗登記表

銅梁縣第[illegible]輔導區西泉鄉 竹蝗防治隊 7月8日

姓名	保	甲	捕蝗數量（兩）	發紗數量（排）	指章	備註
王正全	9	3	33	11		（八人）
王长久	9	1	16	5		存1两（二人）
王國久	9	2	16	5		存1两（三人）
王子江	9	3	19	6		存1两（四人）
王长發	9	3	60	20		（七人）
王万全	9	3	15	5		（三人）
王子呑	9	3	16	5		存1两
銀子姑	9	3	12	4		（二人）
代宋氏	8	6	5	1		存2两
蒋兴恭	8	7	2			存2两
印长安	9	6	18	6		
[illegible]						

36

邱銀華	9	7	10	3		存1两
邱文蔵	9	6	18	6		(二人)
宋存宣	7	9	4	1		存1两
吞存信	8	5	10	3		存1两（二人）
吞大煖	8	7	9	3		
郭光德	9	7	20	6		存2两（二人）
刘光绪	9	3	27	6		未前存1两（二人）
代文丙	8	6	18	6		（二人）
林治文	9	4	10	3		存1两（二人）
谢贵鉴	9	4	5	2		未存1两
代焕奎	8	6	3	1		
王长安	9	1	3	1		
宋登禄	10	1	4	1		存1两
陈尝渭	8	5	6	2		
總計						

負責人簽章 ______ ______

19

36.

华西实验区铜梁县西泉乡治蝗工作报告表及防治竹蝗奖纱登记表　9-1-233（38）

华西实验区铜梁县西泉乡治蝗工作报告表及防治竹蝗奖纱登记表 9-1-233（39）

第17页

華西實驗區防治竹蝗奬紗登記表

銅梁縣第二輔導區西泉鄉　竹蝗防治隊　月　日

姓名	保	甲	捕蝗數量（兩）	發紗數量（綁）	指章	備註
代之康	8	6	3	1		
李順民	9	7	26	9		存[illegible]1兩（三人）
王安全	9	8	15	5		（三人）
李佳良	9	8	24	8		（三人）
代之炳	8	6	9	3		
印定全	9	7	26	8		存二兩（四人）
閔隆全	6	2	6	2		
罗之送	6	2	5	1		存二兩
蒋兴林	8	7	3	1		
陆元林	8	7	16	5		存1兩（三人）
罗之宗	6	2	3	1		
[illegible]	[illegible]	[illegible]	[illegible]	1		

曾文伍	8	[illegible]	[illegible]	[illegible]		
梁丙辉	8	2	6	2		
石家宝	8	5	6	2		
石存富	8	7	8	2		存2两（二人）
孙仙桃	7	4	5	1		存1两
陆鄢林	6	5	2	1		去前存1两
代文国	8	6	6	2		
李之跃	8	6	5	1		存1两
王国有	9	2	12	4		（二人）
王正才	9	2	21	7		（三人）
李锡九	9	5	10	4		去前存1两二人）
陆永吉	9	2	5	1		存1两
叶春凡	9	2	12	4		（二人）
罗天云	6	3	6	2		
郭炳登	8	8	10	3		存1两（二人）
總計						

負責人簽章____________ ____________

36.

华西实验区铜梁县西泉乡治蝗工作报告表及防治竹蝗奖纱登记表 9-1-233（39）

华西实验区铜梁县西泉乡治蝗工作报告表及防治竹蝗奖纱登记表　9-1-233（40）

38

第18頁

華西實驗區防治竹蝗獎紗登記表

銅梁縣第壹輔導區西泉鄉　竹蝗防治隊　7月8日

姓名	保	甲	捕蝗數量（两）	發紗數量（排）	指章	備註
黃鼎容	9	4	7	2		存1两
黃鼎元	9	4	2	1		去两存1两
謝送容	9	4	8	2		存3两
邱鼎德	8	1	2			存2两
陳富今	8	1	2			存2两
		本日共計收蝗206两发纱356排存蝗48两去两存10两				

總計						

負責人簽章 ____________ ____________

8

張

华西实验区铜梁县西泉乡治蝗工作报告表及防治竹蝗奖纱登记表　9-1-233（40）

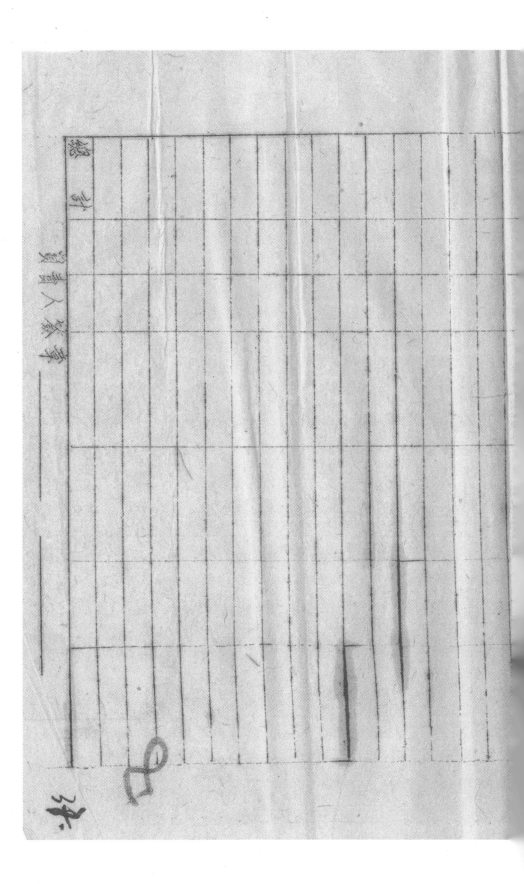

华西实验区铜梁县西泉乡治蝗工作报告表及防治竹蝗奖纱登记表 9-1-233（41）

第19号

29

铜梁西泉 七月九日

姓名	保	甲	捕蝗数量（两）	奖纱数量（绺）	指章	备注
卢忠海	8	8	4	1		存1两
闵述元	6	2	8	2		存2两（二人）
代述清	6	5	3	1		
曾永福	6	6	3	1		
王泽安	9	5	16	5		存1两（三人）
王述才	9	5	11	4		去存1两（二人）
杜方全	8	6	23	7		存2两（四人）
王裕轩	6	9	6	2		
邱云根	6	9	6	2		
曾银甫	6	9	6	2		
石庆云	7	8	4	1		存1两
黄世福	7	8	4	1		存1两
刘中沛	6	6	6	2		
[illegible]	6	9	6	2		

度贞林	6	9	3	1		
陈乡云	9	5	64	21	存1两	（八人
曾本华	6	9	6	2		
王诗轩	9	7	16	5	存1两	（二人
屈文良	9	5	32	10	存2两	（六人
曾李石	6	9	3	1		
代元福	9	7	16	5	存1两	（三人
金鱼	8	6	3	1		
代云国	8	6	3	1		
光文全	8	3	3	1		
代宋氏	8	6	3	1		
邱宪全	9	7	10	3	存1两	（二人
叶李林	9	6	40	13	存1两	（七人
宋国臣	9	7	9	3	[illegible]	
罗诗林	9	6	16	5	存1两	（三人
吕大嫂	8	6	5	1	存2两	

38

华西实验区铜梁县西泉乡治蝗工作报告表及防治竹蝗奖纱登记表　9-1-233（41）

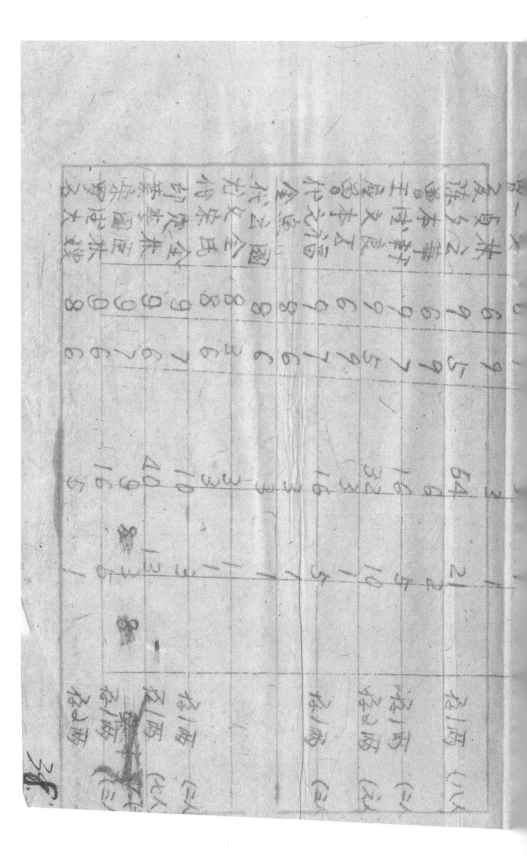

华西实验区铜梁县西泉乡治蝗工作报告表及防治竹蝗奖纱登记表　9-1-233（42）

40

铜梁西泉乡□□辅导区　七月九日　20页

姓名	保	甲	捕蝗数量（两）	奖纱数量（绺）	指导	备註
石家彬	8	5	7	2		存1两
鲁雪瑶	9	5	40	13		存1两
刘文山	9	5	40	13		存1两
王良宏	9	6	8	3		去前存1两
周正才	6	7	6	2		
孙仙桃	7	4	3	1		
代述良	6	8	6	2		
秦能富	6	8	3	1		
王长于	8	6	6	2		
罗六逵	6	2	3	1		
胡永开	9	5	88	29		存1两 （十人
印定华	9	7	5	2		去前存1两
李炳兴	9	5	38	13		去前存1两
[illegible]	[illegible]	[illegible]	[illegible]	[illegible]		[illegible]

[illegible]	[illegible]	[illegible]		[illegible]	[illegible]		
陸仕富	6	7		5	2		共前存1两
馮國民	6	6		3	1		
葉海州	9	5		80	26		存〤两（八人）
代海清	6	8		5	1		存2两
李世碧	7	6		11	3		存2两
王祥太	6	5		3	1		
閔夕安	6	5		6	2		
代玄全	6	7		3	1		
駕銀章	7	6		3	1		
吴永丰	6	7		5	1		存2两
代玄祿	8	6		3	1		
甘长安	6	6		4	1		存1两
代元福	6	7		3	1		
李九六	10	3		2			存〤两
陳坤福	6	6		7	2		存1两
代治明	6	8		3	1		

39

华西实验区铜梁县西泉乡治蝗工作报告表及防治竹蝗奖纱登记表　9-1-233（42）

华西实验区铜梁县西泉乡治蝗工作报告表及防治竹蝗奖纱登记表　9-1-233（43）

第21页

銅梁西泉第壹輔導区　　七月九日

姓名	保	甲	捕蝗數量（两）	奖紗數量（排）	指章	備註	
侯松林	9	8	8	2		存1两	
曾淡章	6	9	56	18		存2两	（五人）
梁炳輝	8	2	4	1		存1两	
吳傳書	8	9	4	2		共存2两	
胡兆燕	8	9	3	1			
馬禄富	7	2	6	2			
葉子青	9	6	9	3			（二人）
彭碧光	9	6	32	10		存2两	（五人）
王國育	9	2	9	3			（二人）
庄大鼎	9	3	11	3		存2两	（二人）
王正才	9	2	22	7		存1两	（三人）
葉春丸	9	2	13	4		存1两	（四人）
王星璧	9	3	22	7		存1两	（四人）
王子全	9	3	12	4			（二人）

41

罗[illegible]嫂	6	6	3	1		
罗天有	6	6	3	1		
罗未公	6	6	3	1		
王大[illegible]	7	7	8	2		存一两（一八）
张大明	6	1	3	1		去前存一两
[illegible]兆全	7	7	3	1		
[illegible]六林	8	7	3	1		
彭正连	6	1	4	1		存一两（一八）
杨荣富	6	1	3	1		
[illegible]朝以	8	6	18	6		
刘光修	4	3	12	4		
[illegible]公[illegible]	4	3	13	4		
林自荣	4	4	44	1.4		去前存一两
[illegible]元国	8	6	3	1		
[illegible]汉文	8	6	3	1		
刘中[illegible]	9	3	16	5		存一两

40

华西实验区铜梁县西泉乡治蝗工作报告表及防治竹蝗奖纱登记表 9-1-233（43）

华西实验区铜梁县西泉乡治蝗工作报告表及防治竹蝗奖纱登记表　9-1-233（44）

铜梁西泉乡治蝗[illegible]　七月九日

姓名	保	甲	捕蝗数量（两）	奖纱数量（排）	指章	备注
余光福	9	5	14	5		去前存1两
黄炳[illegible]	9	4	8	3		去前存1两
申[illegible]	7	4	3	1		
王[illegible]明	9	5	10	5		存1两
谢[illegible]	7	2	10	[illegible]		去前存二两
尹[illegible]	8	7	3	1		
何[illegible]	4	8	9	3		存二两
[illegible]	9	8	5	1		
廖[illegible]	9	8	3	1		存1两
曾华品	8	3	4	1		
[illegible]	9	4	6	2		
黄[illegible]	9	4	3	1		

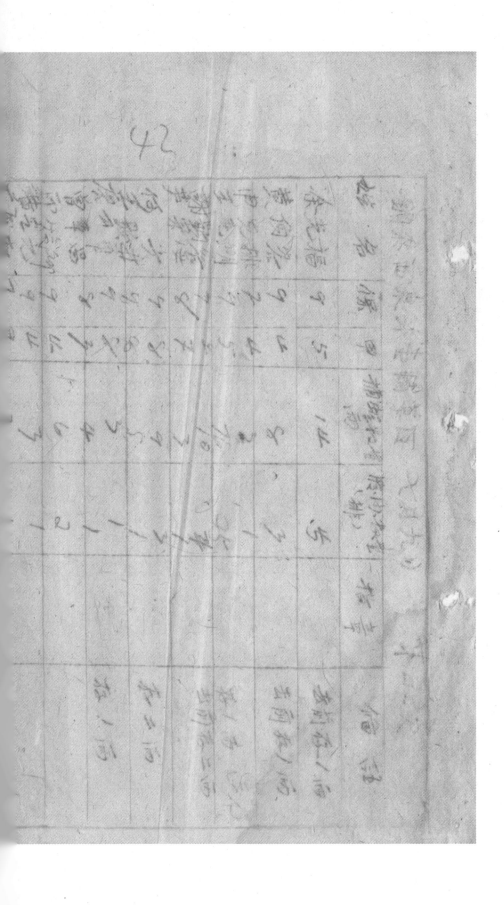

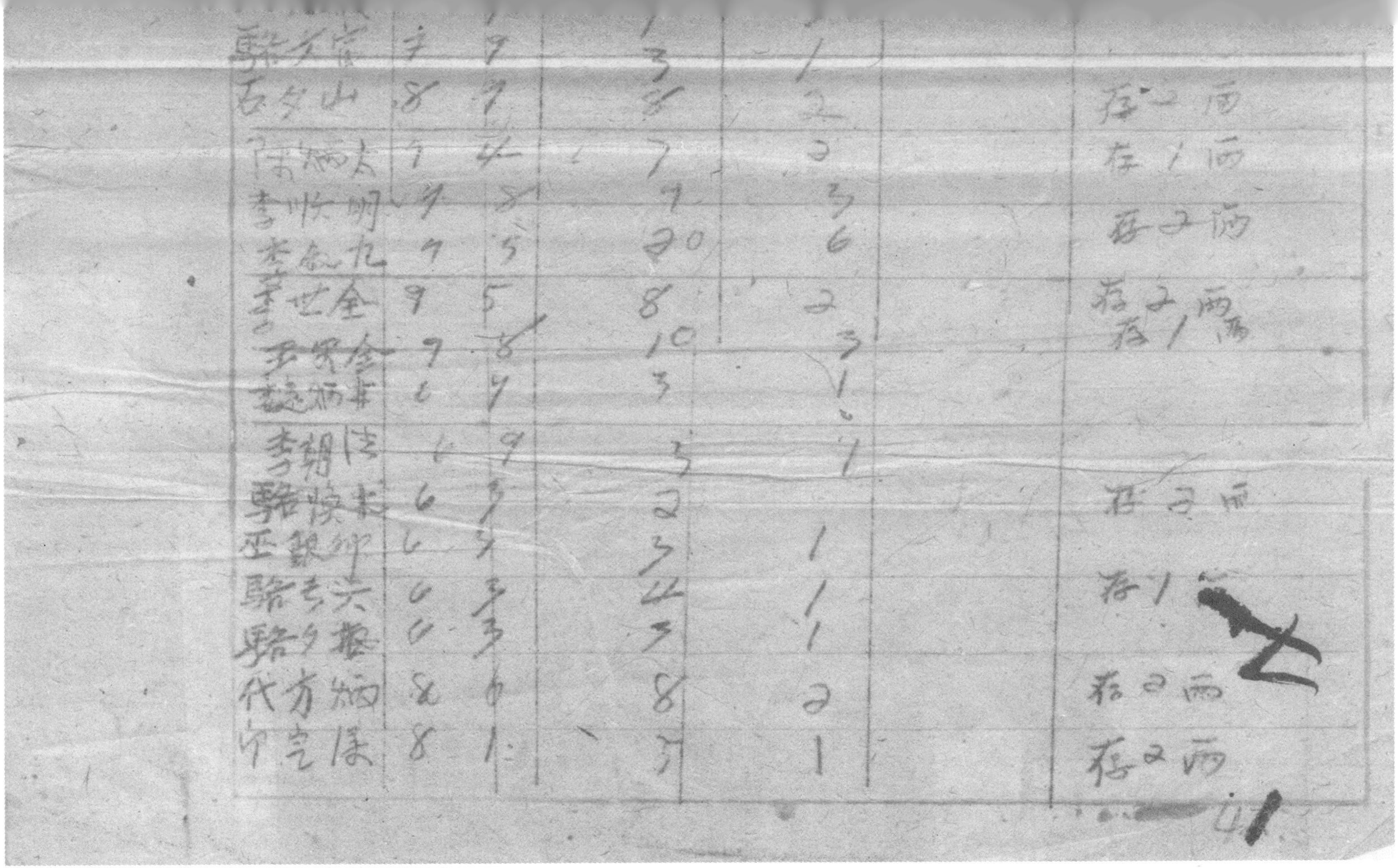

駱文富	3	7	3	1	
古夕山	8	7	8	2	存2两
陈炳文	7	4	7	2	存1两
李順明	9	8	7	3	存2两
李金九	9	5	20	6	
李世全	9	5	8	2	存2两
王炳金	9	8	10	3	存1两
魏炳华	6	4	3	1	
李朝臣	6	9	5	1	
駱焕才	6	3	2		存2两
巫银卿	6	3	3	1	
駱吉六	6	3	4	1	存1两
駱夕春	6	3	3	1	
代方炳	8	6	8	2	存2两
宁定保	8	1	3	1	存2两

七

41

华西实验区铜梁县西泉乡治蝗工作报告表及防治竹蝗奖纱登记表　9-1-233（44）

华西实验区铜梁县西泉乡治蝗工作报告表及防治竹蝗奖纱登记表 9-1-233（45）

43

銅梁第壹輔導區 西泉鎮 七月九日 第23頁

姓名	保	甲	捕蝗數量（兩）	換紗數量（[illegible]）	指章	
陳福金	8	1	3	1		
駱叔華	8	9	3	1		
陳廷安	8	4	5	1		存2兩
金玉清	9	1	3	1		
宋金山	10	1	3	1		
陳炳武	8	5	3	1		
陳良福	6	5	8	2		存2兩
曹羅氏	8	8	6	2		
邱炳華	8	8	6	2		
李榮成	8	9	3	1		
陳炳清	8	5	3	1		

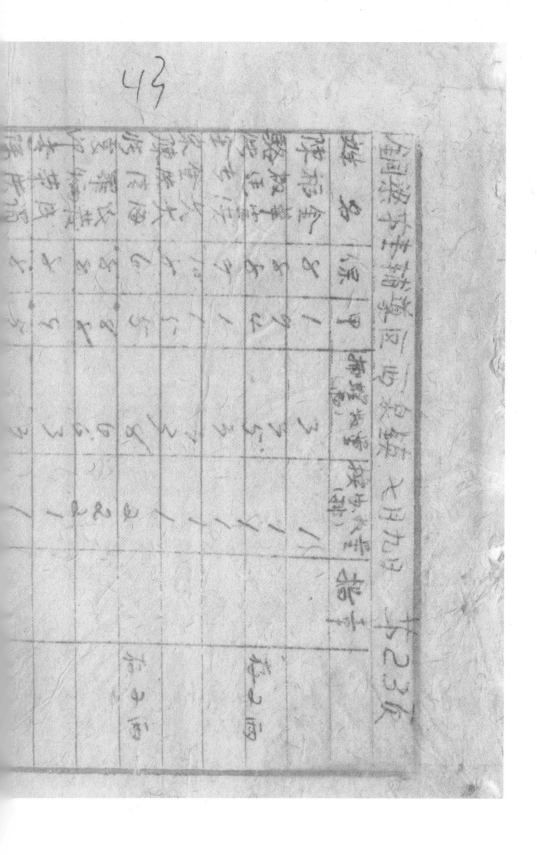

骆大[illegible]	6	[illegible]	4	2		去前[illegible]
闻[illegible]元	6	2	3	1		
王[illegible]游	8	5	3	1		
骆天[illegible]	6	3	6	2		
石家安	8	5	3	1		
李[illegible]贵	8	7	6	2		
代治良	8	6	6	2		
杨[illegible]凤	6	1	3	1		
钟[illegible][illegible]	6	1	3	1		
曾[illegible]全	6	6	12	4		
石存福	8	7	6	2		
代[illegible]德	8	9	6	2		
[illegible]天民	6	1	1			存1两
代焕[illegible]	8	6	9	3		
[illegible]元德	8	9	9	3		

5

42.

华西实验区铜梁县西泉乡治蝗工作报告表及防治竹蝗奖纱登记表　9-1-233（45）

华西实验区铜梁县西泉乡治蝗工作报告表及防治竹蝗奖纱登记表 9-1-233（46）

銅梁華委輔導区 西泉鎮 七月九日 第24頁

姓名	保	甲	捕蝗數量（兩）	発紗數量（排）	指章	備註
代吉昌	8	6	28	9		存1兩
石存漢	8	7	13	4		存1兩
代元康	8	6	12	4		
代宋氏	8	6	6	2		
謝煥容	9	4	17	5		存2兩
謝[illegible]	9	[illegible]	1	1		去[illegible]兩
何海廷	8	6	3	1		
	本日共計收蝗1611兩 發紗517排，共存蝗78兩 去存蝗18兩					

9

43.

华西实验区铜梁县西泉乡治蝗工作报告表及防治竹蝗奖纱登记表　9-1-233（46）

华西实验区铜梁县西泉乡竹蝗分布简图　9-1-234（74）

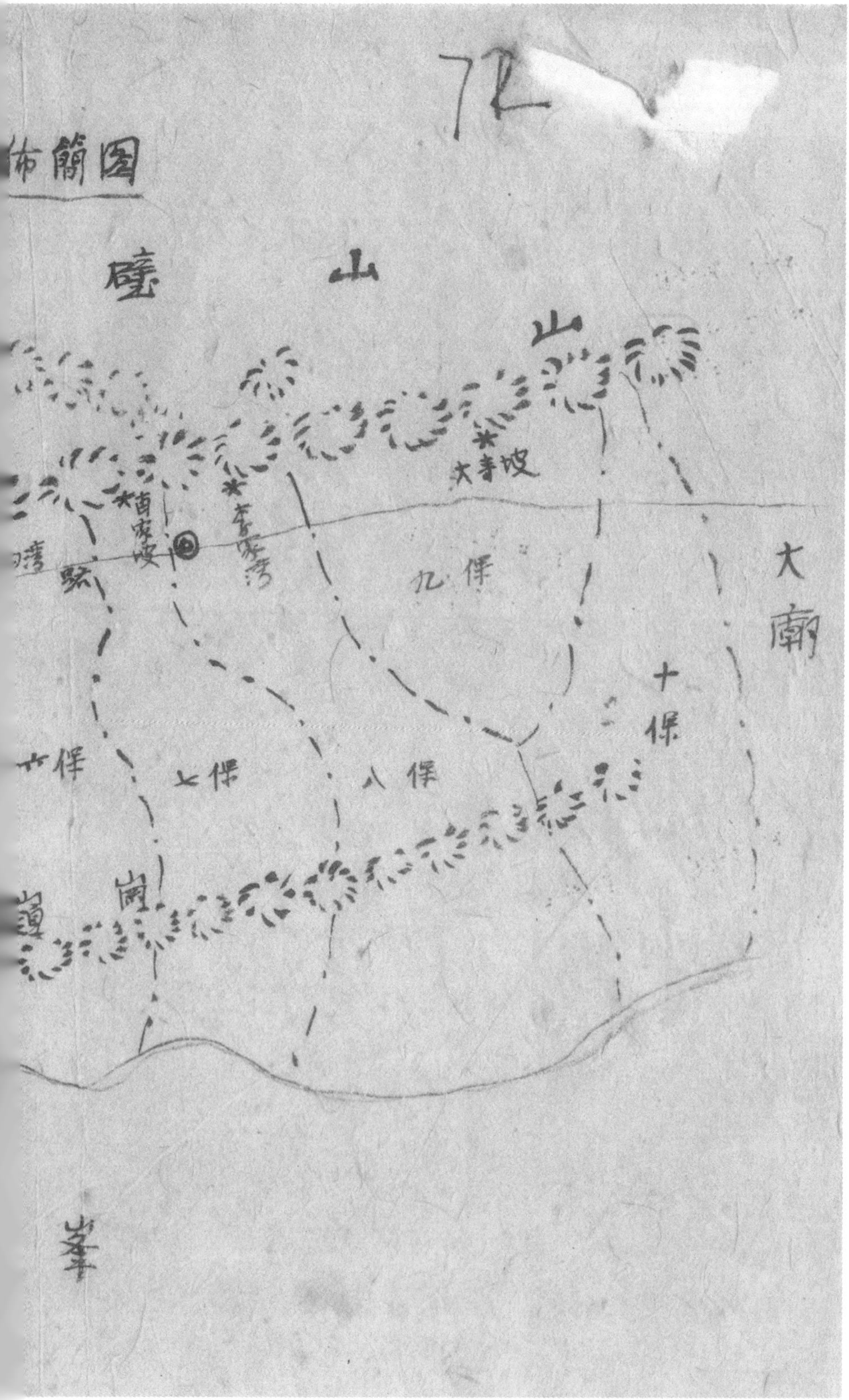

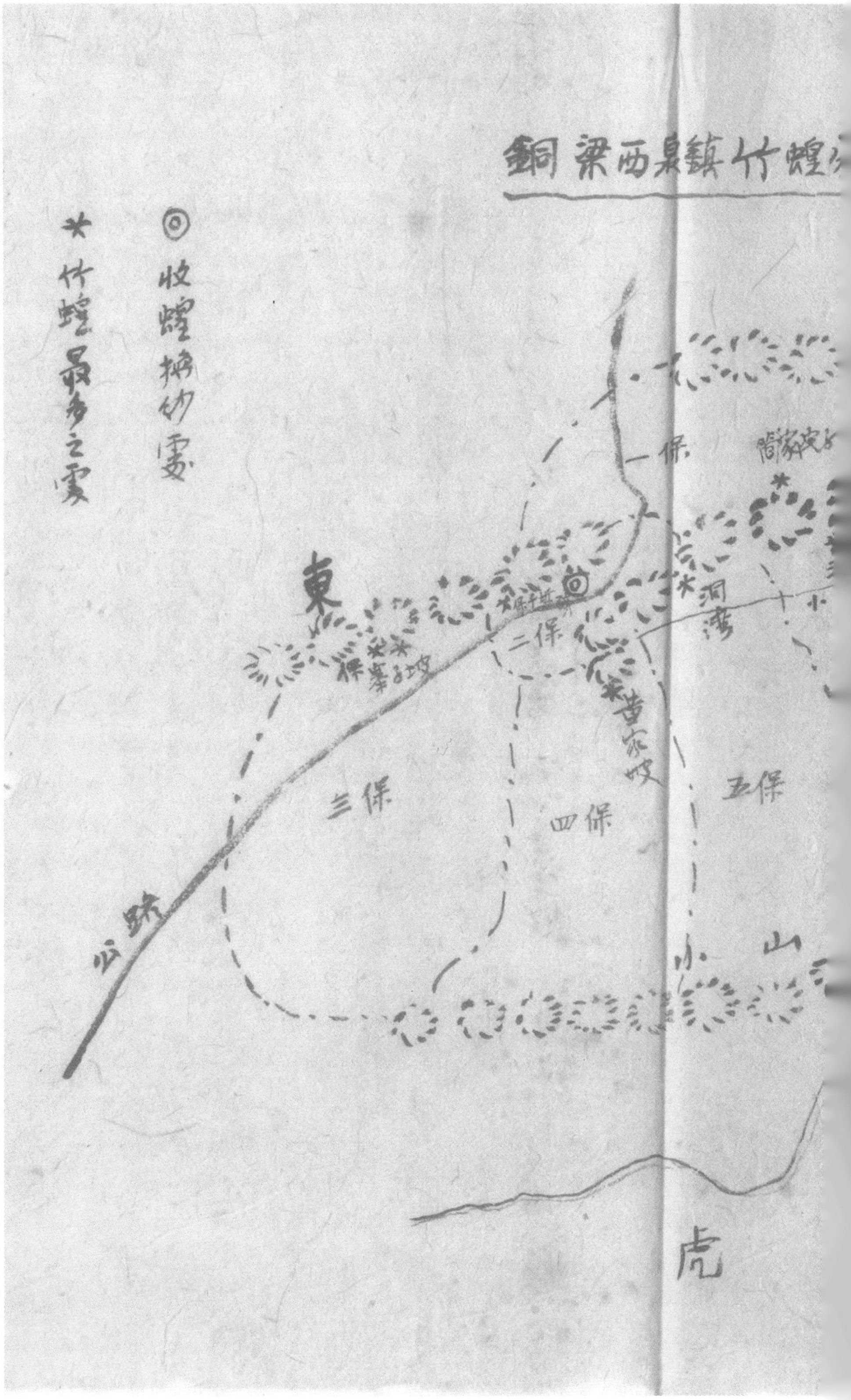

华西实验区铜梁县西泉乡竹蝗分布简图　9-1-234（74）

华西实验区铜梁县天锡乡治蝗工作总报告表及防治竹蝗奖纱登记表与地图 9-1-234（2）

334 卷 22 页

銅梁縣 天錫鄉 治蝗工作總報告表

(一) 蝗區調查（填明保甲小地名及面積數量並附簡圖）
(1) 三 保 甲（小地名）九倒拐、大水溝、斗石坑、觀音堂。
(2) 四 保 甲（ 〃 ）瓦廠坝、流水溝、斗石楓香屏、凉水井、晏家河溝。
(3) X 保 X 甲（ 〃 ）
(二) 發現竹蝗日期 六 月廿八日 竹蝗大小 二至三 齡
(三) 開始捕蝗日期 七 月 三 日、捕蝗辦法 由鄉公所將各保組成若干分隊協助捕捉並由輔導員及民教主任督導之
(四) 捕蝗奬紗分期
(1) 第一期自 七 月 三 日至 四 日蝗虫 四 兩奬紗 二 排
(2) 第二期自 七 月 五 日至 十 日蝗虫 三 兩奬紗 一 排
(3) 第三期自 七 月 十一 日至 十五 日蝗虫 四 兩奬紗 一 排
(五) 已領紗（合1688排）(共) 發出紗 1154（排）結存紗 1654排（ ）
(六) 每日捕蝗統計

月 日	動員人數	捕蝗兩數	奬紗排數	備註
7.3.	41	208	104	
〃.4	19	80	40	以上第一期
〃.5	44	211	87	

4.

〃.6.	18	57	11	
〃.7.	—	—	—	大雨整日.
〃.8.	27	48	16	
〃.9.	46	225	75	
〃.10.	75	501	166	以上第二期
〃.11.	22	120	30	
〃.12.	54	406	100	
〃.13.	45	519	128	
〃.14.	85	785	195	
〃.15.	84	792	197	以上第三期
總計	560	4002	1164	

鄉長
負責人 李世璽　保長 秦[illegible]山 秦澤高[illegible]　填表日期 七月十六日

华西实验区铜梁县天锡乡治蝗工作总报告表及防治竹蝗奖纱登记表与地图　9-1-234（2）

华西实验区铜梁县天锡乡治蝗工作总报告表及防治竹蝗奖纱登记表与地图 9-1-234（3）

華西实驗区防治竹蝗奬紗登記表

銅梁縣第　輔導區　天錫鄉　　竹蝗防治隊　　月　日

姓名	保	甲	捕蝗數量（兩）	奬紗數量（排）	指章	備註
何小[illegible]	14	5	24	12		五人
罗素依	5	6	34	[illegible]		七人
何[illegible]	[illegible]	8	32	[illegible]		四人

総計			80	40		19人

負責人簽章 ________ ________

华西实验区铜梁县天锡乡治蝗工作总报告表及防治竹蝗奖纱登记表与地图　9-1-234（3）

华西实验区铜梁县天锡乡治蝗工作总报告表及防治竹蝗奖纱登记表与地图 9-1-234（4）

華西实驗区防治竹蝗獎紗登記表

銅梁縣第一輔導區天錫鄉　　竹蝗防治隊　七月五日

姓名	保	甲	捕蝗數量（兩）	發紗數量（排）	指章	備註
[illegible]	3	6	54	18		6人
李云武	3	9	9	3		3人
李四明	4	5	36	12		5人
李永山	3	2	28	16		7人
張[illegible]	[illegible]	1	[illegible]	8		4人
張萬金	2	6	42	14		7人
無明俊	6	1	21	7		4人
黃永貴	4	6	9	3		3人
何維山	1	1	39	13		5人

總　計		261	87		44人

負責人簽章

4.

华西实验区铜梁县天锡乡治蝗工作总报告表及防治竹蝗奖纱登记表与地图　9-1-234（4）

华西实验区铜梁县天锡乡治蝗工作总报告表及防治竹蝗奖纱登记表与地图 9-1-234（5）

十八

華西实驗区防治竹蝗奬紗登記表

銅梁縣第一輔導區天錫鄉　　竹蝗防治隊　7月6日

姓名	保	甲	捕蝗數量（兩）	發紗數量（排）	指章	備註
黎洪德	五	二	87	9		6人
熊明俊	六	一	30	10		7人

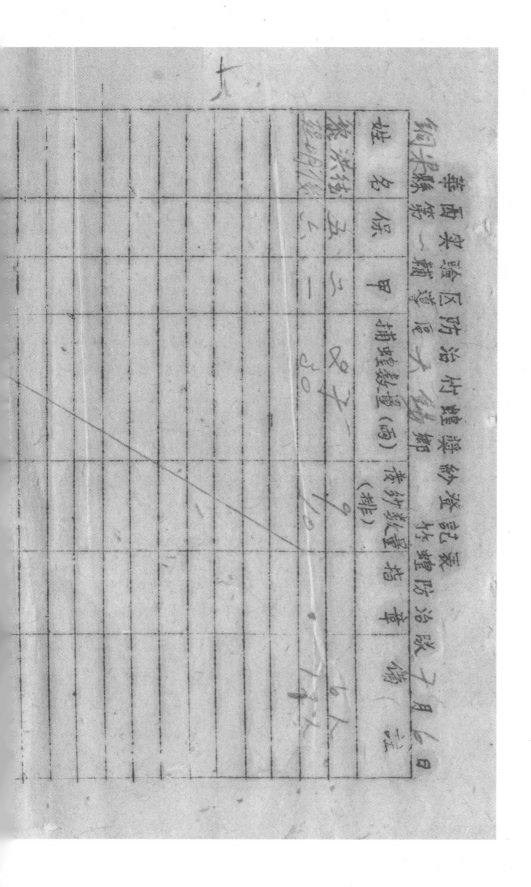

総　計			57	19		18人

負責人簽章 ________ ________

5

华西实验区铜梁县天锡乡治蝗工作总报告表及防治竹蝗奖纱登记表与地图　9-1-234（5）

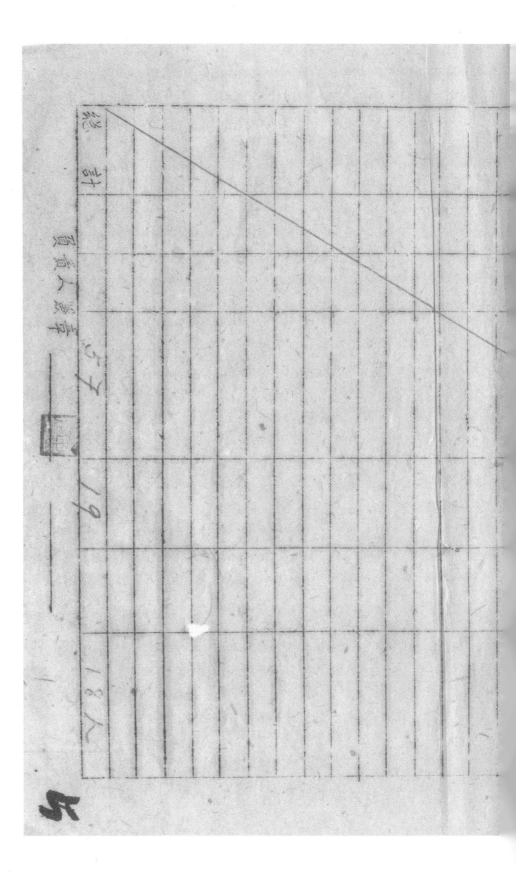

华西实验区铜梁县天锡乡治蝗工作总报告表及防治竹蝗奖纱登记表与地图 9-1-234（6）

6

華西实驗区防治竹蝗奬紗登記表

銅梁縣第一輔導區 天錫鄉 竹蝗防治隊 7月8日

姓名	保	甲	捕蝗数量（两）	发纱数量（排）	指章	備註
李樹林	4	3	9	3	—	6人
盧承義	〃	1	9	3		7人
何崇武	〃	9	30	10		14人

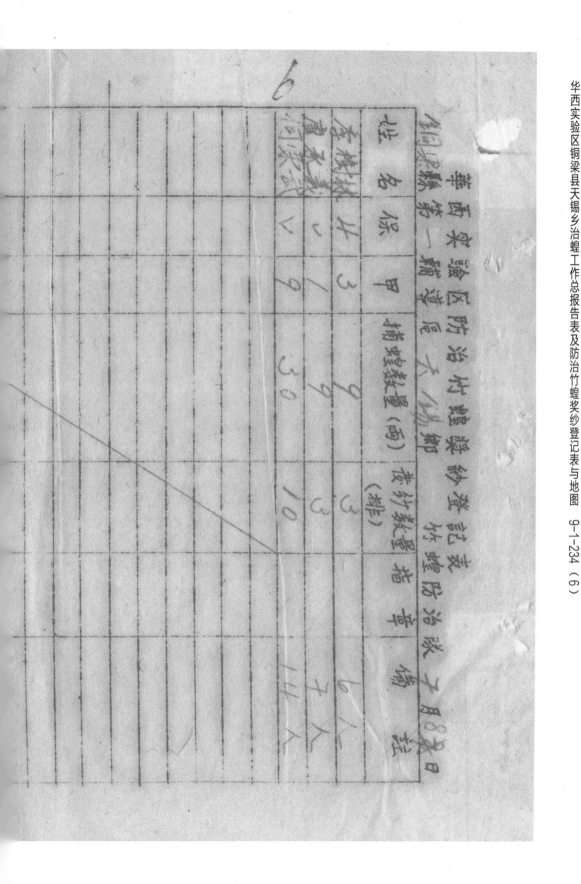

総　計			48	16		27人

負責人簽章 ________ ________

6

华西实验区铜梁县天锡乡治蝗工作总报告表及防治竹蝗奖纱登记表与地图　9-1-234（6）

华西实验区铜梁县天锡乡治蝗工作总报告表及防治竹蝗奖纱登记表与地图 9-1-234（7）

7

華西实驗区防治竹蝗獎紗登記表

銅梁縣第一輔導區大錫鄉 竹蝗防治隊 7月9日

姓名	保	甲	捕蝗數量（両）	發纱數量（排）	指章	備註
冉[illegible]康	3	8	6	2		3人
唐兴[illegible]	3	8	3	1		3人
秦宗文	4	6	30	10		5人
唐成[illegible]	4	1	6	2		3人
唐海经	5	10	18	6		6人
石晨中	~~4~~3	6	18	6		6人
何小[illegible]	4	5	12	4		4人
何[illegible]值	4	5	24	8		5人
秦宗雲	4	4	12	4		4人
馬春廷	4	4	96	32		7人

総　計			225	75		46人

負責人簽章 ______ ______

7.

华西实验区铜梁县天锡乡治蝗工作总报告表及防治竹蝗奖纱登记表与地图　9-1-234（7）

华西实验区铜梁县天锡乡治蝗工作总报告表及防治竹蝗奖纱登记表与地图　9-1-234（8）

8

華西实驗区防治竹蝗奬紗登記表

銅梁縣第一輔導區天錫鄉　　竹蝗防治隊　7月10日

姓名	保	甲	捕蝗數量（兩）	發紗數量（排）	指章	備註
[illegible]	4	4	42	14		6人
[illegible]	4	1	24	8		5人
[illegible]	4	4	60	20		8人
[illegible]	4	5	37	12		存一兩　5人
秦宗成	4	4	40	13		存一兩　6人
[illegible]	4	4	9	3		3人
秦宗福	4	4	4	1		存一兩　3人
李兴衡	3	8	33	11		5人
[illegible]	5	10	27	9		4人
[illegible]	5	9	54	19		5人
[illegible]	4	1	41	17		6人
[illegible]	5	[illegible]	63	21		9人

秦仙区	3	6	24	8		4人
總　計			501	166		75人

負責人簽章 ________ ________

华西实验区铜梁县天锡乡治蝗工作总报告表及防治竹蝗奖纱登记表与地图 9-1-234（9）

華西实驗区防治竹蝗奬紗登記表

銅梁縣第一輔導區天錫鄉　　竹蝗防治隊　7月11日

姓名	保	甲	捕蝗數量（兩）	發紗數量（排）	指章	備註
廖成文	5	9	44	11		9人
黎海清	5	9	28	7		5人
何義恩	4	3	48	12		8人

総　計			120	30		22人

負責人簽章 ____________ ____________

9.

华西实验区铜梁县天锡乡治蝗工作总报告表及防治竹蝗奖纱登记表与地图　9-1-234（9）

华西实验区铜梁县天锡乡治蝗工作总报告表及防治竹蝗奖纱登记表与地图 9-1-234（10）

10

華西实驗区防治竹蝗獎紗登記表

銅梁縣第一輔導區 天錫鄉 竹蝗防治隊 7月12日

姓名	保	甲	捕蝗數量（两）	發纱數量（排）	指章	備註
果春林	4	5	2.3	5		存三两4人
馬春廷	4	4	75	18		存三两8人
秦家和	4	4	20	5		4人
盧成文	5	9	68	17		9人
秦中云	4	4	20	5		5人
秦宗良	4	3	72	18		7人
盧剛文	5	9	40	10		9人
李玉成	4	3	36	9		3人
何天美	4	8	52	13		5人

總 計			~~400~~ 406	100		54人

負責人簽章 ________ ________

10.

华西实验区铜梁县天锡乡治蝗工作总报告表及防治竹蝗奖纱登记表与地图　9-1-234（10）

华西实验区铜梁县天锡乡治蝗工作总报告表及防治竹蝗奖纱登记表与地图　9-1-234（11）

華西实驗区防治竹蝗奬紗登記表

銅梁縣第一輔導區天錫鄉　竹蝗防治隊七月13日

姓名	保	甲	捕蝗数量（两）	发纱数量（排）	指章	備註
盧長文	5	9	84	21		5人
唐玉良	5	9	82	20		6人 存二两
秦中成	4	4	54	13		4人 存二两
罗定一	5	9	32	8		3人
马春廷	4	4	106 加13日存3两共109	27		5人 加13日存 [illegible]
盧長文	5	9	81	20		9人 存一两
羅定一	5	9	39	9		6人 存三两
盧玉良	〃	〃	21	5		4人 存一两
王世生	〃	〃	20	5		3人

総計			519	128		45人

負責人簽章

11

华西实验区铜梁县天锡乡治蝗工作总报告表及防治竹蝗奖纱登记表与地图　9-1-234（11）

华西实验区铜梁县天锡乡治蝗工作总报告表及防治竹蝗奖纱登记表与地图 9-1-234（12）

华西实验区防治竹蝗奖纱登记表

铜梁县第一辅导区天锡乡　　竹蝗防治队　月　日

姓名	保	甲	捕蝗数量（两）	发纱数量（排）	指章	备注
吴少伯	第一保	1	12	6		4人
何君培	第一保	2	12	6		4人
冉缵宗	第三保		8	4		3人
罗炳荣	〃		4	2		3人
龚丕全	〃	3	48	24		6人
石玉江	〃	5	16	8		3人
熊永铭	〃	9	40	20		5人
熊罗中	〃	5	12	6		3人
张荣熙	二保	8	8	4		3人
赵书清	四保	2	48	24		7人

総　計			208	104		41人

負責人簽章 ________ ________

2

华西实验区铜梁县天锡乡治蝗工作总报告表及防治竹蝗奖纱登记表与地图　9-1-234（12）

华西实验区铜梁县天锡乡治蝗工作总报告表及防治竹蝗奖纱登记表与地图 9-1-234（14）

15

華西实驗区防治竹蝗奬紗登記表

铜梁縣第　輔導區　天錫鄉　竹蝗防治隊　7月14日

姓名	保	甲	捕蝗數量（两）	發紗數量（排）	指章	備註
卢長文	5	9	99 [illegible]	25		9人在四[illegible]河
唐玉良	5	8	60 [illegible]	15		6人存3两 〃〃
杨玉河	5	9	16	4		3人 〃〃
罗定一	5	9	40	10		6人 〃〃
罗昌福	5	9	48	12		6人 〃〃
秦中良	4	3	184	46		15人 四保自衛隊
唐海金	5	10	40	10		5人
黎洪德	4	1	48	12		3人
罗少先	5	7	24	6		5人
陳德良	5	8	8	2		2人
唐玉良	5	8	35 [illegible]	9		4人 存2两
卢長文	5	9	67	16		6人 存3两
[illegible]	5	[illegible]	[illegible]	[illegible]		[illegible]

黎永貴	4	1	18	4		3人 存二两
唐承義	4	1	18	4		3人 存二两
総　計			785	195		85人

負責人簽章 ______ ______

13

华西实验区铜梁县天锡乡治蝗工作总报告表及防治竹蝗奖纱登记表与地图　9-1-234（14）

华西实验区铜梁县天锡乡治蝗工作总报告表及防治竹蝗奖纱登记表与地图 9-1-234（15）

14

華西实驗区防治竹蝗奬紗登記表

銅梁縣第一輔導區天錫鄉　　竹蝗防治隊　7月15日

姓名	保	甲	捕蝗數量（兩）	奬紗數量（排）	指章	備註
秦中成	4	4	92	23		5人
秦江河	4	4	8	2		1人
唐成云	4	1	24	6		3人
陳世明	4	4	10	5		3人
黎永首	4	1	24	6		3人
黎洪德	5	1	12	3		3人
唐宋海	5	8	36	9		7人
陳樹吉	5	2	138	34		12人 存二兩
唐玉良	5	8	48	12		6人
唐海權	5	10	24	6		3人
王國安	5	9	32	8		3人
熊丕德	5	4	95	23		12人 存三兩
[illegible]	[illegible]	[illegible]	[illegible]	[illegible]		

[illegible]	[illegible]	[illegible]	[illegible]	[illegible]		[illegible]
詹长文	5	9	99 [illegible]	25		9人 [illegible]
総計			792	197		84人

負責人簽章

14

华西实验区铜梁县天锡乡治蝗工作总报告表及防治竹蝗奖纱登记表与地图　9-1-234（15）

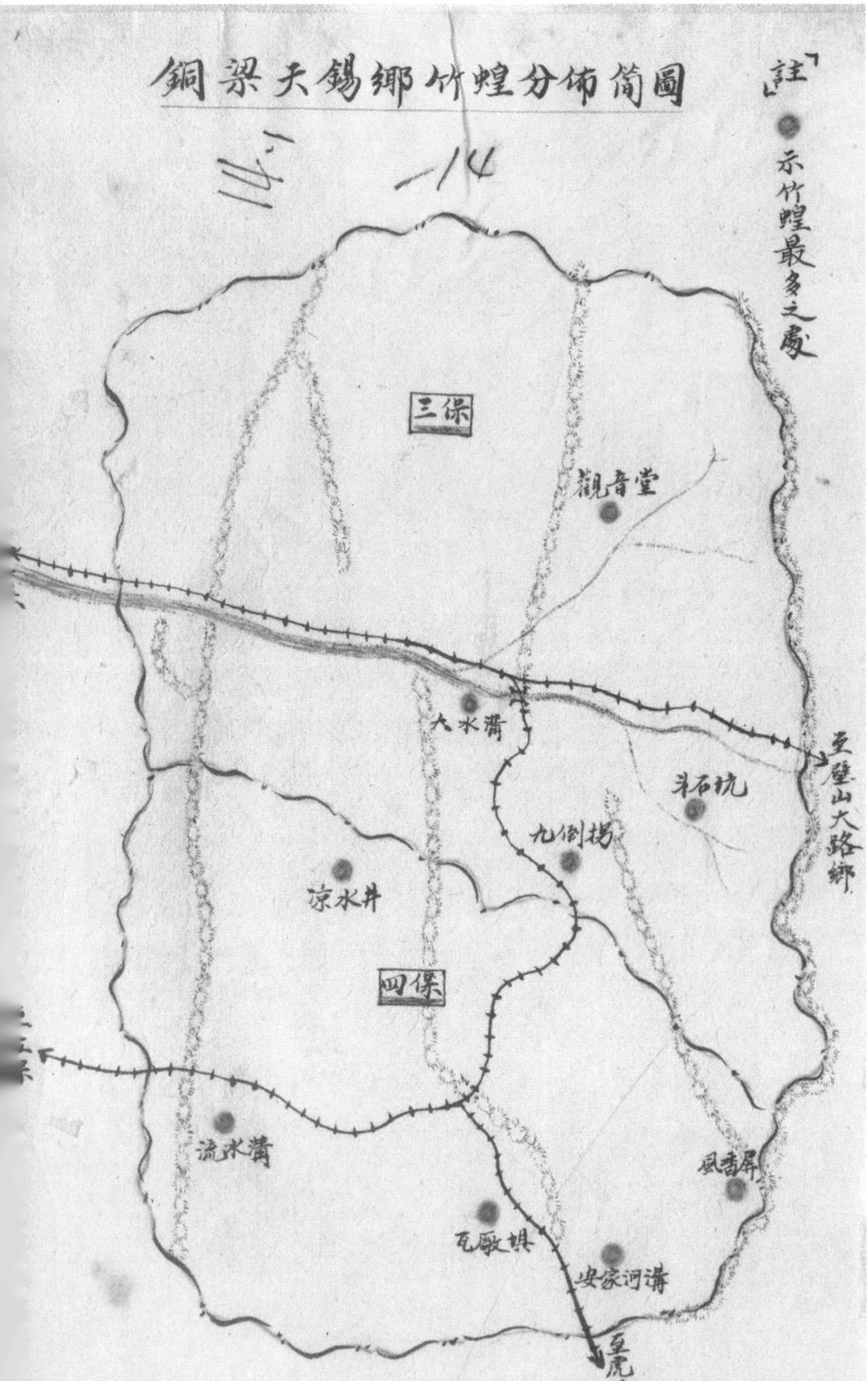

华西实验区铜梁县天锡乡治蝗工作总报告表及防治竹蝗奖纱登记表与地图　9-1-234（16）

华西实验区铜梁县天锡乡治蝗工作总报告表及防治竹蝗奖纱登记表与地图 9-1-234（17）

銅梁縣天錫鄉治蝗工作總報告表

（一）蝗區調查（塡明保甲小地名及面積數量並附簡圖）

（1）三保　甲（小地名）瓦廠塥、流水溝、凉水井、風香屏、

（2）四保　甲（　〃　）九倒拐、大水溝、斗石坑、

（3）　保　甲（　〃　）

（二）發現竹蝗日期　六月　日、竹蝗大小　二至三齡

（三）開始捕蝗日期　七月三日、捕蝗辦法　由鄉公所組織若干分隊協助人民捕捉、

（四）捕蝗獎紗分期

（1）第一期自七月三日至四日蝗虫288兩獎紗　144　排

（2）第二期自七月五日至十日蝗虫1092兩獎紗　363　排

（3）第三期自七月十一日至十五日蝗虫　兩獎紗　排

（五）已領紗　（并）發出紗　（并）結餘紗　（并）

（六）每日捕蝗統計

月日	動員人數	捕蝗兩數	獎紗排數	備註
七、三	41	208	104	

3.

〃五	44	261	87	
〃六	18	57	19	
〃七	—	—	—	大雨一日稻道被水淹浸
〃八	27	48	16	
〃九	46	225	75	
〃十	75	501	166	
〃十一	22	120	30	
〃十二	54	406	100	
〃十三	45	519	128	
〃十四	85	785	195	
〃十五	84	792	197	
總計	560	4002	1157	

鄉長＿＿＿＿ 保長＿＿＿＿＿＿
負責人＿＿＿＿＿ ＿＿＿＿＿＿ 填表日期

15

华西实验区铜梁县天锡乡治蝗工作总报告表及防治竹蝗奖纱登记表与地图　9-1-234（17）

华西实验区铜梁县天锡乡治蝗工作总报告表及防治竹蝗奖纱登记表与地图 9-1-234（18）

16

華西実驗区防治竹蝗奬紗登記表

銅梁縣第一輔導區 天錫鄉 竹蝗防治隊 7月3日

姓名	保	甲	捕蝗數量(両)	发纱數量(排)	指章	備註
吴[illegible]伯	第一保	1	12	6		4人
何[illegible]	第二保	2	12	6		4人
冉德宗	第三保		8	4		3人
罗[illegible]	〃		4	2		3人
張玉全	〃	3	48	24		10人
王玉江	〃	5	16	8		3人
[illegible]	〃	9	40	20		5人
[illegible]	〃	5	12	6		3人
張[illegible]	二保	8	8	4		3人
趙素清	四保	2	48	24		7人

總　計			208	104		41人

負責人簽章

16

华西实验区铜梁县天锡乡治蝗工作总报告表及防治竹蝗奖纱登记表与地图 9-1-234（19）

華西实驗区防治竹蝗奬紗登記表

縣第 輔導區 天锡 鄉 竹蝗防治隊 月 日

姓名	保	甲	捕蝗數量（兩）	發紗數量（排）	指章	備註
[illegible]	[illegible]	5	[illegible]	[illegible]		五人
[illegible]	[illegible]	[illegible]	[illegible]	[illegible]		七人
[illegible]	[illegible]	[illegible]	22	[illegible]		四人

総計			80	40		19人

負責人簽章